Teubner Studienbücher Chemie

Hermann Weingärtner

Chemische Thermodynamik

Teubner Studienbücher Chemie

Die Studienbücher der Reihe Chemie sollen in Form einzelner Bausteine grundlegende und weiterführende Themen aus allen Gebieten der Chemie umfassen. Sie streben nicht die Breite eines Lehrbuchs oder einer umfangreichen Monographie an, sondern sollen den Studenten der Chemie – aber auch den bereits im Berufsleben stehenden Chemiker – kompetent in aktuellen und sich in rascher Entwicklung befindende Gebiete der Chemie einführen. Die Bücher sind zum Gebrauch neben der Vorlesung, aber auch – anstelle von Vorlesungen geeignet. Es wird angestrebt, im Laufe der Zeit alle Bereiche der Chemie in derartigen Lehrbüchern vorzustellen. Die Reihe richtet sie auch an Studenten anderer Naturwissenschaften, die an einer exemplarischen Darstellung der Chemie interessiert sind.

Hermann Weingärtner

Chemische Thermodynamik

Einführung für Chemiker und Chemieingenieure

B. G. Teubner Stuttgart · Leipzig · Wiesbaden

Bibliografische Information der Deutschen Bibliothek
Die Deutsche Bibliothek verzeichnet diese Publikation in der Deutschen Nationalbibliographie; detaillierte bibliografische Daten sind im Internet über <http://dnb.ddb.de> abrufbar.

Prof. Dr. Hermann Weingärtner
Geboren 1948 in Offenburg. Chemiestudium an der Universität Karlsruhe, Promotion in Physikalischer Chemie bei H. G. Hertz, 1986 Habilitation in Physikalischer Chemie in Karlsruhe mehrere Auslandsaufenthalte u.a. 1980 - 1981 an der research School of Physical Sciences, Australian national University, Canberra. Seit 1996 Professor für Physikalische Chemie an der Ruhr-Universität Bochum Hauptarbeitsgebiete: Struktur und Dynamik von Flüssigkeiten und ihre Auswirkungen auf Phasengleichgewichte und Transporteigenschaften, Kritische Phänomene, Hochdruckchemie.

1. Auflage April 2003

Der B. G. Teubner Verlag ist ein Unternehmen der Fachverlagsgruppe BertelsmannSpringer.
www.teubner.de

Umschlaggestaltung: Ulrike Weigel, www.CorporateDesignGroup.de

Gedruckt auf säurefreiem und chlorfrei gebleichtem Papier.

ISBN 978-3-519-03534-3 ISBN 978-3-322-91221-3 (eBook)
DOI 10.1007/978-3-322-91221-3

Vorwort

Die Thermodynamik wurde im 19. Jahrhundert zur Beschreibung von Prozessen in Wärmekraftmaschinen entwickelt. In weiterer Folge wurde klar, daß die thermodynamischen Prinzipien auch die Beschreibung der Gleichgewichtszustände der Stoffe sowie der Phasen- und Reaktionsgleichgewichte ermöglichen. Diese Erweiterung stellte einen wesentlichen Schritt auf dem Weg der Chemie zu einer exakten Wissenschaft dar. Im Laufe der Zeit ist daraus mit der chemischen Thermodynamik eine selbständige Disziplin entstanden, die heute einen integralen Bestandteil der Ausbildung im Rahmen der Studiengänge der Chemie und des Chemieingenieurwesens an Universitäten und Fachhochschulen bildet.

Das vorliegende Buch ist aus der Lehrtätigkeit des Verfassers in Vorlesungen, Übungen und Praktika in physikalischer Chemie im Rahmen dieser Studiengänge an den Universitäten Bochum und Karlsruhe entstanden. Es soll eine Übersicht über Grundlagen, Methoden und Anwendungen der chemischen Thermodynamik geben. Je nach Stoffauswahl kann es sowohl Lehrinhalte von Grund- als auch von Fortgeschrittenenvorlesungen vermitteln. Die Kenntnis mathematischer und physikalischer Grundbegriffe, etwa im Rahmen einführender Hochschulvorlesungen, wird vorausgesetzt. Da heute die Thermodynamik auch auf vielen benachbarten Gebieten, wie z. B. in den Materialwissenschaften, der Metallurgie, den Geowissenschaften oder den Biowissenschaften, eine wichtige Rolle spielt, ist das Buch auch für Studierende anderer natur- und ingenieurwissenschaftlicher Disziplinen mit Interesse an thermodynamischen Fragestellungen geeignet.

Die moderne chemische Thermodynamik ist durch mehrere grundsätzliche Entwicklungen gekennzeichnet. Die phänomenologische Thermodynamik wendet sich vor allem der Ausweitung auf komplexe Systeme und ungewöhnliche Bedingungen zu. Parallel dazu hat sich im Laufe der Jahre die statistische Thermodynamik entwickelt, die die makroskopischen Eigenschaften der Stoffe auf ihre molekulare Eigenschaften und die zwischenmolekularen Wechselwirkungen zurückführt. Die Einbindung statistisch-thermodynamischer Methoden in Modellierungen der Stoffeigenschaften wird in Zukunft immer wichtiger werden. Die Entwicklungen der Computertechnologie ermöglichen inzwischen die numerische Behandlung von Problemen, die mit sehr hohem Rechenaufwand verbunden sind. Da solche Ansätze bei praktischen Berechnungen realer Systeme in Zukunft vermehrt Anwendung finden werden, sollte die molekulare Sichtweise auch bei der Behandlung der chemischen Thermodynamik eine wichtige Rolle spielen. Das vorliegende Buch versucht, im Rahmen des vorgegebenen Umfangs diese Entwicklungen zu berücksichtigen. Es wurde jedoch darauf geachtet, den die statistische Thermodynamik betreffenden Teil des Stoffs in eigenständigen Kapiteln abzuhandeln, so daß bei Benutzung des Buchs eine Beschränkung auf die phänomelogische Thermodynamik ohne weiteres möglich ist.

Da in der chemischen Thermodynamik die *quantitative* Beschreibung der Systemeigenschaften im Mittelpunkt steht, wurde auf eine klare Formulierung der Konzepte und auf straffe mathematische Ableitungen und Formulierungen Wert gelegt. Auf manche Punkte konnte, um den vorgegebenen Seitenumfang nicht zu sprengen, nur recht knapp eingegangen werden. So wird beispielsweise nur sehr kurz auf die vielen Modelle zur Vorhersage von Realfluid-Eigenschaften von Reinstoffen und Gemischen eingegangen. Ebenfalls werden die thermodynamischen Eigenschaften von Festkörpern nur kurz behandelt. Hier muß auf die weiterführende Literatur verwiesen werden. Ebenso werden thermodynamische Prozesse, die z. B. zur Umwandlung von Arbeit in Wärme dienen, nicht behandelt. Diese sind Gegenstand der technischen Thermodynamik. Die Grenze zwischen technischer und chemischer Thermodynamik ist allerdings oft nicht scharf.

Andere Sachgebiete wurden gegenüber den älteren Lehrbüchern stärker gewichtet. Dies gilt z. B. für die Behandlung von Fluideigenschaften unter Betonung des Drucks als Zustandsvariable, die Diskussion von Flüssig-Gas-Eigenschaften im kritischen und überkritischen Bereich sowie die Beschreibung der Eigenschaften von Systemen mit geladenen Teilchen.

Die Ausführungen sind durch zahlreiche Rechenbeispiele unterschiedlicher Schwierigkeit illustriert, die als Grundlage von begleitenden Rechenübungen dienen können. Dabei wurden grundsätzliche Fragestellungen in der Regel spezielleren Anwendungen vorgezogen.

Eine gewisse Schwierigkeit bei der Abfassung ergab sich aus den in Chemie und Ingenieurwesen oft unterschiedlichen Darstellungen, die von unterschiedlichen Symbolen und Konventionen bis hin zu unterschiedlichen Konzepten reichen. Daher wurde auf eine sorgsame Definition der einzelnen Größen, Vorzeichen und Bezugssysteme geachtet. Auf grundsätzliche Unterschiede wird u. a. in Fußnoten hingewiesen.

Bei der Abfassung des Buches war der Kontakt zu vielen Kollegen äußerst wertvoll. Insbesondere haben Prof. Dr. K. Tödheide (Karlsruhe) und Prof. Dr. G. M. Schneider (Bochum) Manuskripte zu verschiedenen Vorlesungen in physikalischer Chemie für Chemiker und Chemieingenieure zur Verfügung gestellt, ohne die dieses Buch in der vorliegenden Form nicht zustande gekommen wäre. Beiden Kollegen danke ich auch für zahlreiche Diskussionen. Herrn Dr. D. Tuma und meiner Tochter Regina danke ich für die Korrektur des zunächst mit unzähligen Fehlern versehenen Manuskripts. Herr Dr. A. Kohlmeyer gab viele nützliche Hinweise zur technischen Erstellung.

Dem Teubner-Verlag, insbesondere den Herren Dr. P. Spuhler und U. Sandten, bin ich für die freundliche Betreuung und ihre Geduld dankbar.

Bochum, im Dezember 2002 H. Weingärtner

Inhalt

Symbole und Einheiten

Einheiten

Alle Einheiten beruhen auf dem *Internationalen Einheitensystem* (Système International d'Unités, SI-System),[1] das sieben Basisgrößen benutzt, von denen sechs im folgenden benötigt werden. Bei Bedarf können Vorsatzzeichen wie z. B. „m" (milli-), „k" (kilo-) oder „M" (Mega-) angefügt werden. Für einige abgeleitete Größen sind eigene Einheitszeichen erlaubt.

Basisgröße	**Symbol**	**Einheitszeichen**	
Länge	l	m	Meter
Masse	m	kg	Kilogramm
Zeit	t	s	Sekunde
Temperatur	T	K	Kelvin
Stoffmenge	n	mol	Mol
elektrische Stromstärke	I	A	Ampere

Abgeleitete Größe	**Symbol**	**Einheitszeichen**		
Kraft	F	N	Newton	$1\ \mathrm{N} = 1\ \mathrm{kg\ m\ s^{-2}}$
Energie	E	J	Joule	$1\ \mathrm{J} = 1\ \mathrm{kg\ m^2\ s^{-2}}$
elektrische Ladung	q	C	Coulomb	$1\ \mathrm{C} = 1\ \mathrm{A\ s}$
elektrisches Potential	U	V	Volt	$1\ \mathrm{V} = 1\ \mathrm{A^{-1}\ s^{-1}}$
elektrischer Widerstand	R	Ω	Ohm	$\mathrm{V\ A^{-1}}$
Druck	P	Pa	Pascal	$1\ \mathrm{Pa} = 1\ \mathrm{N\ m^{-2}}$
		bar	Bar	$1\ \mathrm{bar} = 10^5\ \mathrm{Pa}$

Bei Rückgriff auf ältere Literatur und Tabellenwerke wird zusätzlich die im SI-System nicht erlaubte Druckeinheit 1 atm (1 Atmosphäre) benötigt:

$$1\ \mathrm{atm} = 1.01325\ \mathrm{bar}.$$

[1] Siehe z. B.: International Union of Pure and Applied Chemistry (IUPAC), I. Mills, T. Cvitaš, K. Homann, N. Kallay, K. Kuchitsu (eds.), *Quantities, Units and Symbols in Physical Chemistry*, Blackwell Scientific Publications, London, 1993; deutsche Fassung: *Größen, Einheiten und Symbole in der Physikalischen Chemie*, VCH, Weinheim, 1996.

Wichtige Symbole

Die Benennung der Größen folgt im wesentlichen den Empfehlungen der *International Union of Pure and Applied Chemistry* (IUPAC).[2]

Symbol	Größe	SI-Einheit
a	VAN DER WAALS-Konstante	$m^6\ Pa^{-1}\ mol^{-2}$
a_k	Aktivität der Komponente k	ohne Einheit
A	HELMHOLTZ-Energie	J
A_S	Fläche	m^2
b	VAN DER WAALS-Konstante	$m^3\ mol^{-1}$
B	zweiter Virialkoeffizient (Leiden-Form)	$m^3\ mol^{-1}$
B'	zweiter Virialkoeffizient (Berlin-Form)	Pa^{-1}
c_k	Konzentration der Komponente k	$mol\ m^{-3}$
C	dritter Virialkoeffizient (Leiden-Form)	$m^6\ mol^{-2}$
C'	dritter Virialkoeffizient (Berlin-Form)	Pa^{-2}
C_V, C_P	Wärmekapazitäten	$J\ K^{-1}$
d	Durchmesser harter Kugeln	m
E	elektromotorische Kraft	V
E	Energie	J
f	Zahl der Freiheitsgrade	ohne Einheit
f_k	Fugazität der Komponente k	Pa
F	Kraft	N
G	GIBBS-Energie	J
h	Höhe im Schwerefeld der Erde	m
H	Enthalpie	J
I	Trägheitsmoment	$kg\ m^2$
I	elektrische Stromstärke	A
I	auf die Molalität bezogene Ionenstärke	$mol\ kg^{-1}$
K	Zahl der Komponenten des Systems	ohne Einheit
K_a	auf die Aktivität bezogene Gleichgewichtskonstante	ohne Einheit
K_b	ebullioskopische Konstante	$K\ kg\ mol^{-1}$
K_c	auf die Konzentration bezogene Gleichgewichtskonstante	ohne Einheit
K_D	NERNSTscher Verteilungskoeffizient	ohne Einheit
K_f	kryoskopische Konstante	$K\ kg\ mol^{-1}$
K_f	auf die Fugazität bezogene Gleichgewichtskonstante	ohne Einheit
$K_{j,i}$	HENRY-Konstante des Stoffs j in Stoff i	Pa
K_P	auf den Druck bezogene Gleichgewichtskonstante	ohne Einheit
K_S	Säurekonstante	ohne Einheit
K_W	Ionenprodukt des Wassers	ohne Einheit
K_x	auf den Molenbruch bezogene Gleichgewichtskonstante	ohne Einheit
m	Masse, Masse eines Teilchens	kg
m_k	Molalität der Komponente k	$mol\ kg^{-1}$

[2]Siehe z. B.: I. Mills, T. Cvitaš, K. Homann, N. Kallay, K. Kuchitsu (eds.), *Quantities, Units and Symbols in Physical Chemistry*, Blackwell Scientific Publications, London, 1993; deutsche Fassung: *Größen, Einheiten und Symbole in der Physikalischen Chemie*, VCH, Weinheim, 1996.

M	Molmasse	kg mol^{-1}
n	Stoffmenge	mol
N	Teilchenzahl	ohne Einheit
p	Zahl der Phasen (Phasengesetz)	ohne Einheit
p_i	Wahrscheinlichkeit eines Zustands i	ohne Einheit
P	Druck	Pa (bar)
P_k	Partialdruck der Komponente k	Pa
q	Ladung	C
Q	Wärme	J
Q_P	Reaktionsquotient	ohne Einheit
Q_N	N-Teilchen-Konfigurationsintegral	m^3
r	Abstand, Radius, Krümmungsradius	m
S	Entropie	J K^{-1}
t	Zeit	s
T	Temperatur	K
$u(r)$	Paarpotential	J
U	innere Energie	J
U	Spannung	V
$\mathcal{U}_N$	N-Teilchen-Konfigurationsenergie	J
V	Volumen	m^3
W	Arbeit (Volumenarbeit)	J
W_{el}	elektrische Arbeit	J
W_σ	Oberflächenarbeit	J
x	Ortskoordinate	m
x_k	Molenbruch	ohne Einheit
Y	Zustandsfunktion	unterschiedlich
z	Realgasfaktor	ohne Einheit
z	Zustandssumme des Einzelteilchens	ohne Einheit
z_+, z_-	vorzeichenbehaftete Ladungszahlen	ohne Einheit
Z	kanonische (System-)Zustandssumme	ohne Einheit
α	Trennfaktor	ohne Einheit
α	Dissoziationsgrad	ohne Einheit
α_P	isobarer thermischer Ausdehnungskoeffizient	K^{-1}
β_V	Spannungskoeffizient	Pa K^{-1}
γ	Adiabatenkoeffizient	ohne Einheit
γ	Oberflächenspannung	J m^{-2}
γ_k	Aktivitätskoeffizient im RAOULTschen Bezugssystem	ohne Einheit
γ_k^{H}	Aktivitätskoeffizient im HENRYschen Bezugssystem	ohne Einheit
$\gamma_\pm$	mittlerer ionischer Aktivitätskoeffizient	ohne Einheit
Γ	Oberflächenexzeßkonzentration	mol m^{-2}
ε	Energie eines Teilchens	J
ε_{r}	Dielektrizitätszahl (relative Permittivität)	ohne Einheit
ζ	volumenbezogene Zustandssumme	m^{-3}
η	thermischer Wirkungsgrad	ohne Einheit
ϕ_k	Volumenbruch der Komponente k	ohne Einheit

φ_k	Fugazitätskoeffizient der Komponenten k	ohne Einheit
Φ	GIAUQUE-Funktion	J mol^{-1} K^{-1}
Φ	Halbzellenpotential	V
Φ	osmotischer Koeffizient	ohne Einheit
θ_D	DEBYE-Temperatur	K
θ_E	EINSTEIN-Temperatur	K
θ_{rot}	Rotationstemperatur	K
θ_{vib}	Schwingungstemperatur	K
Θ	Bedeckungsgrad	ohne Einheit
κ_D	DEBYEscher Abschirmparameter	m^{-1}
κ_T	isotherme Kompressibilität	Pa^{-1}
λ	thermische Wellenlänge	m
μ	elektrisches Dipolmoment	C m
μ	chemisches Potential eines Reinstoffs	J mol^{-1}
μ_k	chemisches Potential der Komponente k	J mol^{-1}
μ_r	reduzierte Masse	kg
ν	Frequenz	s^{-1}
ν_k	stöchiometrischer Koeffizient der Komponente k	ohne Einheit
ξ	Reaktionslaufzahl	mol
Ξ	großkanonische Zustandssumme	ohne Einheit
π	Filmdruck	J m^{-2}
Π	osmotischer Druck	Pa
ρ	Massendichte	kg m^{-3}
σ	Symmetriezahl eines Moleküls	ohne Einheit
σ	Oberfläche	m^2
χ	FLORY-HUGGINS-Parameter	J
τ	relativer Temperaturabstand vom krit. Punkt	ohne Einheit
ω	PITZERscher azentrischer Faktor	ohne Einheit
Ω	Zahl der erreichbaren Zustände	ohne Einheit

Indices und ähnliche Bezeichnungen

Index	Bedeutung
$\overline{X}_k$	partielle molare Größe
$\overline{X}^*$	molare Größe (bei Reinstoffen)
X°	Größe im Standardzustand
X^∞	Größe der ideal verdünnter Lösung
X^{res}	Realanteil der Größe X
X^{pg}	Größe des idealen Gases
X^{id}	Größe einer idealen Mischung
X^E	thermodynamische Exzeßgröße
X^S	auf die Oberfläche bezogene Größe
X_c	Größe am kritischen Punkt
X_{red}	reduzierte Größe

$\Delta_{ads}X$	Adsorptionsgröße
$\Delta_c X$	Verbrennungsgröße
$\Delta_f X$	Bildungsgröße
$\Delta_{fus}X$	Schmelzgröße
$\Delta_r X$	Reaktionsgröße
$\Delta_{vap}X$	Verdampfungsgröße
$\Delta_{subl}X$	Sublimationsgröße

Naturkonstanten

Konstante	Symbol	Wert
AVOGADRO-Konstante	L	$6.02214 \cdot 10^{23}$ mol^{-1}
BOLTZMANN-Konstante	$k_B = R/L$	$1.38066 \cdot 10^{-23}$ J K^{-1}
elektrische Feldkonstante	ε_0	$8.85419 \cdot 10^{-12}$ C^2 J^{-1} m^{-1}
Elementarladung	e	$1.602177 \cdot 10^{-19}$ C
FARADAY-Konstante	$F = eL$	$9.64853 \cdot 10^4$ C mol^{-1}
allgemeine Gaskonstante	R	8.31451 J mol^{-1} K^{-1}
PLANCKsche Konstante	h	$6.62608 \cdot 10^{-34}$ J s
Lichtgeschwindigkeit im Vakuum	c	$2.99792 \cdot 10^8$ m s^{-1}
Normal-Fallbeschleunigung	g	9.80665 m s^{-2}

Für weitere Konstanten, genauere Werte und Fehlergrenzen siehe z. B.: International Union of Pure and Applied Chemistry (IUPAC), I. Mills, T. Cvitaš, K. Homann, N. Kallay, K. Kuchitsu (eds.), *Quantities, Units and Symbols in Physical Chemistry*, Blackwell Scientific Publications, London, 1993; deutsche Fassung: *Größen, Einheiten und Symbole in der Physikalischen Chemie*, VCH, Weinheim, 1996.

1 Einführung

Es ist bekannt, daß im Hochofen das Eisenoxid durch Kohlenmonoxid gemäß $Fe_2O_3 + 3\,CO \rightleftharpoons 2\,Fe + 3\,CO_2$ reduziert wird. Jedoch enthält das aus dem Kamin ausströmende Gas eine beträchtliche Menge an Kohlenmonoxid, so daß eine große Menge an ungenutzter Wärme entweicht. Da diese unvollständige Reaktion auf eine ungenügende Verweilzeit des Kohlendioxids am Eisenerz zurückgeführt wurde, vergrößerte man die Dimensionen der Öfen. In England wurden bis zu 30 m hohe Öfen gebaut. Jedoch verringerte sich die Menge des entweichenden Kohlenmonoxids nicht, so daß durch ein mehrere hunderttausend Franken teures Experiment gezeigt wurde, daß diese Reduktion eine unvollständige Reaktion ist. Eine Kenntnis der Gesetze der Thermodynamik hätte dieses Ergebnis schneller und weitaus kostengünstiger geliefert.

H. LE CHATELIER, 1888; nach der engl. Übersetzung in: G. N. LEWIS und M. RANDALL, „Thermodynamics and the Free Energy of Chemical Substances“, McGraw-Hill, New York, 1923.

Die Thermodynamik wurde im 19. Jahrhundert zur Beschreibung von Prozessen in Wärmekraftmaschinen entwickelt. Dabei wurde klar, daß Wärme eine Form der Energie ist, die in Arbeit umgewandelt werden kann. Diese Äquivalenz wurde 1842 von JULIUS ROBERT MAYER erstmals klar formuliert und 1843–1848 in Experimenten durch JAMES PRESCOTT JOULE quantitativ nachgewiesen. Andererseits zeigten die Arbeiten von SADI CARNOT, daß in den zyklisch ablaufenden Prozessen der Wärmekraftmaschinen keine vollständige Umwandlung von Wärme in Arbeit möglich ist. Auf der Grundlage dieser Beobachtungen wurde u. a. durch RUDOLF CLAUSIUS, WILLIAM THOMSON (dem späteren LORD KELVIN) und HERMANN VON HELMHOLTZ eine phänomenologische thermodynamische Theorie entwickelt, die als *Thermodynamik der Kreisprozesse* bezeichnet wird.

Als Vater der *chemischen Thermodynamik* kann JOSIAH WILLARD GIBBS (1839–1903) angesehen werden, der erkannt hat, daß thermodynamische Prinzipien auch die Beschreibung der Gleichgewichtszustände der Stoffe sowie der Phasen- und Reaktionsgleichgewichte ermöglichen und die entsprechenden theoretischen Grundlagen herausgearbeitet hat. Diese Erweiterung stellte einen wesentlichen Schritt auf dem Weg der Chemie zu einer exakten Wissenschaft dar. Heute spielt die chemische Thermodynamik als interdisziplinäre Wissenschaft auf vielen Gebieten der Natur- und Ingenieurwissenschaften eine wichtige Rolle.

Die Gesetze der phänomenologischen Thermodynamik machen an keiner Stelle von Vorstellungen über den molekularen Aufbau der Materie Gebrauch, jedoch hat sich parallel zur phänomenologischen Thermodynamik die *statistische Thermodynamik* entwickelt, die makroskopische Stoffeigenschaften auf molekulare Eigenschaften zurückführt. Allerdings sind die entsprechenden formalen Zusammenhänge nur für ideale Systeme, wie verdünnte Gase und perfekte Kristalle, einfach darstellbar. Die statistisch-thermodynamische Behandlung idealer Systeme bildet seit langem einen integralen Bestandteil der chemischen Thermodynamik. Dagegen stellt die Beschreibung von realen Gasen und Flüssigkeiten ein aktuelles Problem moderner Forschung dar. Die rapiden Entwicklungen der Computertechnologie machen inzwischen mit hohem Rechenaufwand verbundene numerische Behandlungen dieser Probleme möglich. Daher werden statistisch-thermodynamische Ansätze auch bei praktischen Berechnungen realer Systeme in Zukunft eine immer größere Rolle spielen.

1.1 Grundbegriffe

Thermodynamische Systeme. – Wir bezeichnen im folgenden den interessierenden Teil eines Objekts als *System*, alles andere als *Umgebung*. Wir unterscheiden zwischen

- *offenen* Systemen, in denen Stoff- und Energieaustausch mit der Umgebung möglich ist,
- *geschlossenen* Systemen, die nur Energieaustausch erlauben und
- *abgeschlossenen* Systemen, bei denen kein Stoff- und Energieaustausch mit der Umgebung auftritt.

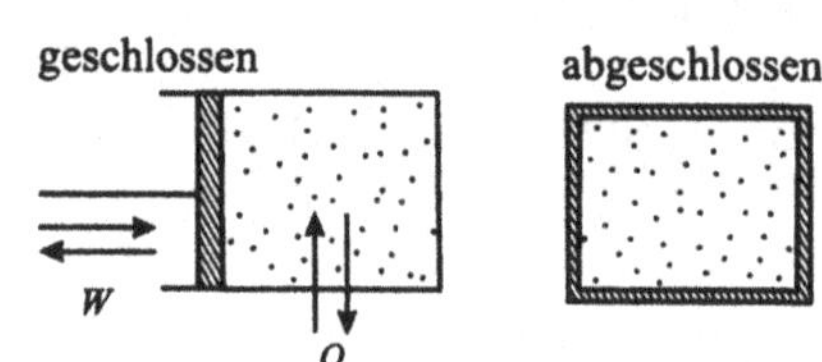

Abb. 1.1
Zur Definition geschlossener und abgeschlossener Systeme.

Wir betrachten in Abb.1.1 ein *geschlossenes* System. Die Wände sind stofflich undurchlässig, jedoch kann mit der Umgebung Energie in Form von Wärme (Q) oder Arbeit (W) ausgetauscht werden. Wir werden später vor allem *Volumenarbeit* betrachten, bei der das Volumen des Systems durch eine Kraft auf den beweglichen Stempel geändert wird. Bei einem *abgeschlossenen* System (Abb. 1.1) wird dieser Arbeits- und Wärmeaustausch durch starre, thermisch isolierende Wände verhindert. Thermisch isolierende Wände heißen *adiabatisch*.

Phasen. – Thermodynamische Systeme bestehen aus einem oder mehreren Bereichen, in denen die physikalischen Eigenschaften konstant sind. Diese Bereiche werden als *Phasen* bezeichnet. Ein einphasiges System heißt *homogen*, ein mehrphasiges *heterogen*. Das Konzept einer Phase setzt voraus, daß die Bereiche eine makroskopische Ausdehnung besitzen. Ein Wassertropfen ist in diesem Sinn eine Phase, eine Gruppe von Wassermolekülen nicht.

Beispiel 1.1. Die Wahl des Systems kann nach Zweckmäßigkeit erfolgen. Wir wollen als Beispiel ein Gefäß betrachten, das Wasser und mit Wasserdampf gesättigte Luft enthält. Beziehen wir das System auf den gesamten Inhalt des Gefäßes, besteht es aus einer flüssigen und einer gasförmigen Phase und ist damit zweiphasig und heterogen. Je nach Beschaffenheit der Gefäßwände ist dieses System geschlossen oder abgeschlossen. Wird das System nur aus dem Gas (oder der Flüssigkeit) gebildet, ist es homogen und offen, da Energie- und Stoffaustausch zwischen Gas und Flüssigkeit möglich ist. Wir können gegebenenfalls auch den Behälter in das System einbeziehen.

Thermodynamische Variablen. – Symbole und Einheiten der im folgenden verwendeten Variablen sind im Vorspann dieses Buchs zusammengestellt. Zur Festlegung eines Zustands ist nur eine begrenzte Anzahl von unabhängigen Variablen erforderlich, die als *Zahl der Freiheitsgrade* bezeichnet wird. Ihre Wahl kann willkürlich erfolgen. Beispielsweise sind Druck P, Volumen V, Temperatur T und Stoffmenge n eines Reinstoffs über die sog. *thermische Zustandsgleichung* verknüpft, die je nach Zweckmäßigkeit in volumenexpliziter Form $V = V(P, T, n)$ oder druckexpliziter Form $P = P(V, T, n)$ angegeben wird.

Intensive, extensive und molare Größen. – Eine Reihe von Variablen hängt von der Systemgröße ab, während andere davon unbeeinflußt bleiben:

- *Intensive* Variablen, wie Druck und Temperatur, besitzen unabhängig von den Substanzmengen an jedem Punkt eines Systems den gleichen Wert;
- *extensive* Variablen, wie Masse, Energie und Volumen, nehmen den k-fachen Wert an, wenn die Substanzmenge um das k-fache vergrößert wird.

Es liegt nahe, die zur Charakterisierung des Systems benötigten extensiven Größen ebenfalls unabhängig von der Systemgröße anzugeben. In der chemischen Thermodynamik führen wir dazu auf die Einheit der Stoffmenge bezogene, sog. *molare Größen*

$$\overline{Y} \stackrel{def}{=} Y/n \tag{1.1}$$

ein, die durch einen Querstrich über dem Symbol gekennzeichnet werden.[1] Die Stoffmenge n (Einheit 1 mol) ist eine Grundgröße des SI-Systems:

- 1 mol ist diejenige Stoffmenge, die ebenso viele Teilchen wie 12 g des Kohlenstoffisotops ^{12}C enthält.

Die Masse von 1 mol des Reinstoffs bezeichnen wir als Molmasse M. Die Molmasse ist durch die chemische Zusammensetzung des Stoffs festgelegt. Zwischen der Stoffmenge n und der Zahl der Teilchen N eines Reinstoffs besteht die Beziehung

$$N = Ln\,. \tag{1.2}$$

Der Wert der AVOGADRO- (oder LOSCHMIDT)-Zahl L beträgt

$$L = 6.02214 \cdot 10^{23}\ \mathrm{mol}^{-1}\,. \tag{1.3}$$

Gleichgewichtszustand und thermodynamischer Prozeß. – Die Eigenschaften eines Stoffs werden durch seinen aktuellen Zustand bestimmt. Die zur Beschreibung dieses Zustands erforderlichen Variablen enthalten keine Information über die Vorgeschichte. Bringen wir zwei Systeme in Kontakt, ändern sich bei Abwesenheit kinetischer Hemmungen ihre Eigenschaften spontan, bis sich ein *Gleichgewichtszustand* einstellt. Die chemische Thermodynamik befaßt sich nur mit Gleichgewichtszuständen.

Ändert man den Zustand, spricht man von einem *Prozeß*. Unter den zu betrachtenden Prozessen nehmen *reversible* (*umkehrbare*) Prozesse eine Sonderstellung ein. Ein Vorgang

---

[1] In der technischen Thermodynamik verwendet man meist auf die Masse bezogene, sog. *spezifische Größen*. Da zwischen der Masse und Stoffmenge eines Reinstoffs die Beziehung $m = nM$ besteht, sind spezifische und molare Größen leicht ineinander umrechenbar.

heißt reversibel, wenn eine Umkehrung möglich ist, wobei die Variablen die gleichen Werte wie beim ursprünglichen Prozeß in umgekehrter Richtung durchlaufen und nach Ablauf keine Veränderungen in der Umgebung zurückbleiben. Dazu muß sich das System in jedem durchlaufenen Zustand im Gleichgewicht befinden, da nur dann die infinitesimale Änderung einer Variablen genügt, um den Vorgang umzukehren. Wir fordern also:

- Bei reversiblen Prozessen wird eine Folge von Gleichgewichtszuständen durchlaufen, wobei der Prozeß jederzeit rückgängig gemacht werden kann.

Vorgänge in der Natur sind *irreversibel*, jedoch können wir idealisierte Prozesse ersinnen, die reversiblen Vorgängen beliebig nahe kommen. In der Praxis bedeutet dies, daß ein Prozeß hinreichend langsam, d. h. *quasistatisch*, abläuft und keine *dissipativen Effekte* vorliegen, bei denen Energie in eine Form umgewandelt wird, in der sie nicht wieder abgegeben werden kann. In Abb. 1.1 wäre ein dissipativer Effekt z. B. die Reibung des Stempels.

Beispiel 1.2. Fällt ein Körper im Schwerefeld der Erde von der Höhe h auf die Höhe $h = 0$, wird die potentielle Energie beim Aufprall in Wärme umgewandelt. Dieser Prozeß ist irreversibel, da der Körper die Wärme nicht wiederaufnehmen und auf die Höhe h zurückkehren kann. Der gleiche Weg kann jedoch reversibel zurückgelegt werden, wenn der Körper einen anderen Körper der gleichen Masse anhebt. Der Prozeß kann dann jederzeit umgekehrt werden.

Temperatur. – Die intensiven Variablen Druck und Temperatur nehmen in der Thermodynamik eine Sonderstellung ein, da ihre Werte den Zustand eines Systems beeinflussen und oft vollständig festlegen. Der Druck ist eine aus der Mechanik vertraute Größe. Die Temperatur besitzt kein Analogon in der Mechanik. Wir führen sie hier axiomatisch ein:[2]

- Stehen zwei Systeme B und C jeweils im thermischen Gleichgewicht mit einem dritten System A, stehen sie auch untereinander im thermischen Gleichgewicht. Wir ordnen ihnen dann die gleiche Temperatur zu.

Ein Körper B im thermischen Gleichgewicht mit einem Wärmebad A besitzt damit die gleiche Temperatur wie ein Probekörper (Thermometer) C im Gleichgewicht mit A. Eine quantitative Festlegung der Temperatur kann also anhand beliebiger temperaturabhängiger Eigenschaften eines Probekörpers erfolgen. Die heute benutzte Temperaturskala beruht auf dem Verhalten hochverdünnter Gase. ROBERT BOYLE hat 1661 gezeigt, daß bei vorgegebener Temperatur und Stoffmenge das Druck-Volumen-Produkt PV eines verdünnten Gases konstant ist (BOYLEsches Gesetz). Ändert man die Temperatur, ändert dieses Produkt seinen Wert. Wir definieren daher eine Temperatur T relativ zur Temperatur T_{ref} eines Referenzzustands im Grenzfall verschwindenden Drucks des Gases durch

$$\frac{T}{T_{\text{ref}}} = \lim_{P \to 0} \frac{PV}{(PV)_{\text{ref}}} . \tag{1.4}$$

Als Referenzzustand wählt man im SI-System den *Tripelpunkt* $(\text{s} + \ell + \text{g})$ des Wassers und legt seine Temperatur (Einheit 1 K = 1 KELVIN) zu $T = 273.16$ K fest. Am Tripelpunkt

[2]Dies wird oft als *nullter Hauptsatz der Thermodynamik* bezeichnet. Diese Einführung der Temperatur ist zwar bequem, aber für einen axiomatischen Aufbau der Thermodynamik nicht zwingend. CARATHÉODORY hat beispielsweise die Temperatur in Zusammenhang mit der Definition der Entropie eingeführt.

stehen die feste (Index „s" für engl. *solid*), flüssige (Index „ℓ" für *liquid*) und gasförmige Phase (Index „g" für *gas*) im Gleichgewicht. Der Wert von 273.16 K wird gewählt, um dem Temperaturintervall 1 K dieselbe Größe zuzuweisen, wie dem im täglichen Leben gebräuchlichen Temperaturintervall 1 °C in der CELSIUS-Skala. Letztere legt den Schmelz- und Siedepunkt des Wassers bei einem Druck von 1 atm zu $\vartheta = 0$ °C bzw. $\vartheta = 100$ °C fest. Die Schmelztemperatur des Wassers bei 1 atm liegt um 0.01 K unter der Tripelpunktstemperatur. Damit folgt $T/\mathrm{K} = \vartheta/°\mathrm{C} + 273.15$.

Ideale Gase. – Gl. (1.4) besagt, daß das Produkt PV proportional zu T ist. Da die extensive Größe V proportional zur Stoffmenge n ist, folgt daraus die *thermische Zustandsgleichung*

$$PV = nRT \qquad \text{bzw.} \qquad P\overline{V} = RT. \tag{1.5}$$

Die *allgemeine Gaskonstante* R besitzt für alle Gase den Wert

$$R = 8.31451 \ \mathrm{J\,K^{-1}\,mol^{-1}}. \tag{1.6}$$

Gl. (1.5) bezieht sich auf einen hypothetischen Zustand, der aus der Extrapolation der Eigenschaften realer Gase auf verschwindenden Druck folgt. Dieser Grenzzustand wird als *ideales* oder *perfektes Gas* bezeichnet und mit dem Index „pg" gekennzeichnet.[3]

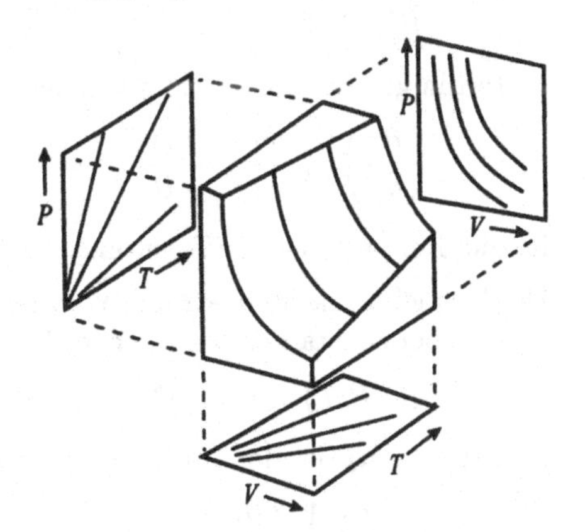

Abb. 1.2
Zustandsdiagramm des idealen Gases mit Projektionen in die P,V-, P,T- und V,T-Ebenen.

Abb. 1.2 zeigt eine dreidimensionale Auftragung des resultierenden Zustandsdiagramms bei vorgegebener Stoffmenge. Die Projektionen in die P,T- und V,T- und P,V-Ebenen liefern Linien konstanten Volumens, konstanten Drucks bzw. konstanter Temperatur, die als *Isochoren*, *Isobaren* bzw. *Isothermen* bezeichnet werden.

Zustandsfunktionen. – Thermodynamische Variablen zur Beschreibung des Zustands eines Systems sagen nichts über dessen Vorgeschichte aus. Daraus folgt, daß Änderungen

$$\Delta u \stackrel{def}{=} u_\mathrm{f} - u_\mathrm{i} \tag{1.7}$$

dieser Variablen vom Ausgangszustand „i" (engl. *initial*) zum Endzustand „f" (*final*) nicht vom Weg des Prozesses abhängen. Größen, die diese Bedingung erfüllen, heißen *Zustandsfunktionen*.

[3] Im Gegensatz zum englischen Sprachgebrauch werden die Begriffe *ideales* und *perfektes* Gas im Deutschen oft unterschiedlich verwendet. Ein perfektes Gas gehorcht neben Gl. (1.5) noch einer Bedingung an die molare Wärmekapazität. Diese Unterscheidung wird hier nicht vorgenommen.

Zustandsfunktionen besitzen besondere mathematische Eigenschaften, die in Anhang A.1 erläutert sind. Wir betrachten als Beispiel eine Zustandsfunktion $u(x, y)$. Infinitesimale Änderungen $\mathrm{d}x$ und $\mathrm{d}y$ der unabhängigen Variablen bewirken eine Änderung

$$\mathrm{d}u(x,y) = \left(\frac{\partial u}{\partial x}\right)_y \mathrm{d}x + \left(\frac{\partial u}{\partial y}\right)_x \mathrm{d}y \tag{1.8}$$

der abhängigen Variablen. Die Größen $(\partial u/\partial x)_y$ und $(\partial u/\partial y)_x$ sind *partielle Differentiale*, die die Änderungen von u als Funktion von x bzw. y bei jeweils konstantem Wert der anderen Variablen widerspiegeln. Für Zustandsfunktionen ist $\mathrm{d}u$ ein sog. *exaktes* (oder *vollständiges*) Differential. Nach dem SCHWARZschen Satz sind die gemischten zweiten Ableitungen einer Zustandsfunktion nicht von der Reihenfolge der Differentiation abhängig:

$$\left[\frac{\partial}{\partial y}\left(\frac{\partial u}{\partial x}\right)_y\right]_x = \left[\frac{\partial}{\partial x}\left(\frac{\partial u}{\partial y}\right)_x\right]_y . \tag{1.9}$$

Das Integral über $\mathrm{d}u$ ist dann unabhängig vom Integrationsweg. Für einen Kreisprozeß über einen Integrationsweg, bei dem Anfangs- und Endzustand identisch sind, folgt

$$\oint \mathrm{d}u = 0 . \tag{1.10}$$

Weiterhin gilt für Zustandsfunktionen die EULERsche Kettenregel

$$\left(\frac{\partial x}{\partial y}\right)_u \left(\frac{\partial y}{\partial u}\right)_x \left(\frac{\partial u}{\partial x}\right)_y = -1 , \tag{1.11}$$

die die drei partiellen Differentiale der Funktion $f(u, x, y) = 0$ miteinander verknüpft.

Als Beispiel betrachten wir das Volumen eines Reinstoffs als Funktion von Druck und Temperatur bei konstanter Stoffmenge. Die Zustandsgleichung $V(P,T)$ wird oft in der Form

$$\mathrm{d}V(P,T) = \alpha_P V\,\mathrm{d}T - \kappa_T V\,\mathrm{d}P \tag{1.12}$$

geschrieben. α_P ist der (isobare) *thermische Ausdehnungskoeffizient*

$$\alpha_P \stackrel{def}{=} \frac{1}{V}\left(\frac{\partial V}{\partial T}\right)_P , \tag{1.13}$$

κ_T die *isotherme Kompressibilität*

$$\kappa_T \stackrel{def}{=} -\frac{1}{V}\left(\frac{\partial V}{\partial P}\right)_T . \tag{1.14}$$

Die beiden Größen werden als *mechanische Koeffizienten* bezeichnet und sind experimentell meßbar. Die EULERsche Kettenregel (1.11) verknüpft α_P und κ_T mit einem weiteren, meßbaren Koeffizienten, dem *Spannungskoeffizienten*

$$\beta_V \stackrel{def}{=} \left(\frac{\partial P}{\partial T}\right)_V = \frac{\alpha_P}{\kappa_T} . \tag{1.15}$$

Für ein ideales Gas folgt mit der Zustandsgleichung (1.5)

$$\alpha_P^{\mathrm{pg}} = 1/T , \qquad \kappa_T^{\mathrm{pg}} = 1/P , \qquad \beta_V^{\mathrm{pg}} = P/T . \tag{1.16}$$

2 Hauptsätze der Thermodynamik

Die phänomenologische Thermodynamik beruht auf Sätzen von axiomatischem Charakter:

- Der *erste Hauptsatz* behandelt die Äquivalenz von Wärme und Arbeit sowie die Energieerhaltung bei thermodynamischen Prozessen.
- Der *zweite Hauptsatz* bestimmt die Richtung freiwillig ablaufender Prozesse.
- Der *dritte Hauptsatz* legt den Nullpunkt der Entropieskala fest und ermöglicht so die Absolutberechnung der Entropie.[1]

2.1 Der erste Hauptsatz der Thermodynamik

2.1.1 Innere Energie und erster Hauptsatz

In der Mechanik besitzt ein abgeschlossenes System eine zeitlich konstante Gesamtenergie. Die chemische Thermodynamik erfaßt in der Regel nur Prozesse, bei denen Änderungen von Variablen, wie z. B. Druck, Temperatur oder Stoffmenge, den *inneren* Zustand des Systems ändern. Äußere Beiträge, wie z. B. die potentielle Energie des Systems im Schwerefeld der Erde, werden meist nicht in die Gesamtenergie einbezogen. Die Gesamtenergie der inneren Freiheitsgrade wird als *innere Energie U* bezeichnet. Im geschlossenen System kann diese innere Energie durch Wärme- und Arbeitsaustausch mit der Umgebung geändert werden. Der erste Hauptsatz besagt:

- Die von einem System mit seiner Umgebung ausgetauschte Summe von Wärme und Arbeit ist gleich der Änderung der inneren Energie des Systems.

Ist $\mathrm{d}Q$ die infinitesimale ausgetauschte Wärme, folgt für einen infinitesimalen Prozeß

$$\mathrm{d}U = \mathrm{d}Q + \mathrm{d}W \tag{2.1}$$

und für einen endlichen Prozeß

$$\Delta U = Q + W. \tag{2.2}$$

Wärme und Arbeit sind wegabhängige *Austauschgrößen*, die nichts über den Anfangs- oder Endzustand des Systems aussagen. U ist dagegen eine Zustandsfunktion, deren Änderung vom Weg des Prozesses unabhängig ist. $\mathrm{d}U$ ist ein vollständiges Differential, $\mathrm{d}W$ und $\mathrm{d}Q$ sind unvollständige Differentiale. Die phänomenologische Thermodynamik liefert nur Aussagen über Änderungen der inneren Energie, nicht jedoch über deren Absolutwert.

Zur Festlegung des Vorzeichens der energieartigen Größen verwendet man in der chemischen Thermodynamik die sog. *altruistische* Vorzeichenkonvention:

[1] Der dritte Hauptsatz ist in einer axiomatischen Darstellung nicht unbedingt erforderlich.

- Alles, was dem System zugeführt wird, wird positiv gezählt.

Dies bedingt, daß die dem System zugeführte Wärme und die *am* System geleistete Arbeit ein positives Vorzeichen erhalten.[2]

Beispiel 2.1. Zur Illustration der Wegabhängigkeit von Wärme und Arbeit betrachten wir ein Analogon aus der Mechanik. Beim freien Fall in Beispiel 1.2 wird keine Arbeit geleistet. Die potentielle Energie wandelt sich beim Aufprall in die Wärme $Q = -mgh$ um (g ist die Erdbeschleunigung). Hebt der Körper ein Gewicht gleicher Masse an, wird die Arbeit $W = -mgh$ geleistet, jedoch ist $Q = 0$. Die Gesamtenergie $Q + W = -mgh$ ist in beiden Fällen gleich.

2.1.2 Formen der Arbeit

Die im folgenden wichtigste Form der Arbeit ist die *Volumenarbeit.* Wir betrachten dazu in Abb. 2.1 die Verschiebung eines Stempels der Fläche A_S durch eine äußere Kraft F_{ex} um die Strecke dx. Die mechanische Arbeit ist dann durch $dW = F_{ex}(x)\, dx$ gegeben. Wir ersetzen nun die äußere Kraft durch den Druck $P_{ex} = F_{ex}/A_S$ und beachten, daß im Gleichgewicht der äußere Druck P_{ex} gleich dem Systemdruck $P(V)$ ist, der vom Volumen des Systems abhängt. Wir finden unter Beachtung der Vorzeichenkonvention

$$dW = -P_{ex} A_S\, dx = -P_{ex}\, dV = -P(V)\, dV\,. \tag{2.3}$$

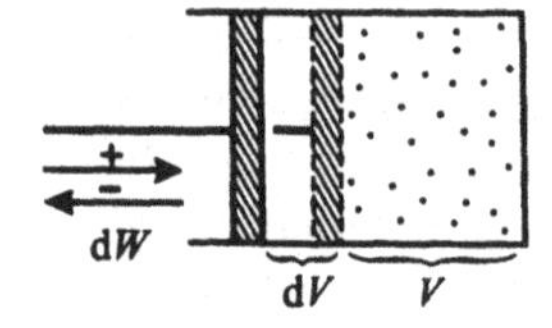

Abb. 2.1
Zur Definition der Volumenarbeit.

Betrachten wir nur Volumenarbeit, schreiben wir den ersten Hauptsatz also in der Form

$$dU = dQ - P\, dV\,. \tag{2.4}$$

Tab. 2.1 Einige Formen der reversiblen Arbeit.

Arbeit	l_i	L_i	
Volumenarbeit	Volumen V	(negativer) Druck $-P$	
Deformationsarbeit	Länge l	Zugkraft f	
Grenzflächenarbeit	Oberfläche σ	Grenzflächenspannung γ	siehe Kap. 16
elektrische Arbeit	Ladung q	elektrisches Potential Φ	siehe Kap. 14 und Kap. 15

Gl. (2.3) ist von der allgemeinen Form

$$dW_{rev} = L_i\, dl_i\,. \tag{2.5}$$

[2]In der technischen Thermodynamik wird oft die *vom* System an der Umgebung geleistete Arbeit positiv gezählt. In der chemischen Thermodynamik ist es sinnvoller, für Q und W konsistente Vorzeichen zu wählen.

Die intensive Größe L_i heißt *Arbeitskoeffizient*, die extensive Größe l_i *Arbeitskoordinate*. Gegebenenfalls sind weitere reversible Arbeitsanteile zu berücksichtigen, die ebenfalls der Form (2.5) genügen. Treten also neben der Volumenarbeit weitere Arbeitsformen auf, ist

$$dU = dQ + \sum_i L_i \, dl_i = dQ - P \, dV + \ldots \tag{2.6}$$

Tab. 2.1 stellt Formen der reversiblen Arbeit zusammen. Wir werden neben der Volumenarbeit später noch *elektrische Arbeit* und *Oberflächenarbeit* kennenlernen. Elektrische Arbeit ist erforderlich, um in einem elektrischen Potential die Ladung eines Teilchens zu ändern. *Oberflächenarbeit* ist zu leisten, wenn die Oberfläche des Systems vergrößert wird. Wir wollen zunächst nur die Volumenarbeit in den ersten Hauptsatz einbeziehen.

2.1.3 Enthalpie und Wärmekapazitäten

Für einen isochoren Prozeß ($dV = 0$) ist nach dem ersten Hauptsatz $(dU)_V = (dQ)_V$:

- Bei einem isochoren Prozeß ist die Änderung der inneren Energie gleich der mit der Umgebung ausgetauschten Wärme.

Da über große Temperaturbereiche ein konstantes Volumen nicht erzwungen werden kann, ist es einfacher, einen Prozeß bei konstantem Druck durchzuführen. Zur Beschreibung von isobaren Prozessen definieren wir eine als *Enthalpie* bezeichnete Zustandsfunktion durch

$$H \stackrel{def}{=} U + PV. \tag{2.7}$$

Das totale Differential ist dann wiederum ein vollständiges Differential:

$$dH = dU + d(PV) = dQ - P \, dV + P \, dV + V \, dP \;=\; dQ + V \, dP . \tag{2.8}$$

Für isobare Prozesse ($dP = 0$) folgt aus dieser Definition $(dH)_P = (dQ)_P$, d. h.

- die bei einem isobaren Prozeß mit der Umgebung ausgetauschte Wärme ist gleich der Änderung der Enthalpie.

U und H sind Funktionen der Temperatur. Zur Beschreibung der Temperaturabhängigkeit definieren wir isochore und isobare Wärmekapazitäten durch

$$C_V \stackrel{def}{=} \left(\frac{\partial U}{\partial T}\right)_V , \tag{2.9}$$

$$C_P \stackrel{def}{=} \left(\frac{\partial H}{\partial T}\right)_P . \tag{2.10}$$

Wärmekapazitäten sind extensive Größen, so daß üblicherweise Angaben in der Form von molaren Wärmekapazitäten $\overline{C}_V$ und $\overline{C}_P$ erfolgen. Für einen endlichen Prozeß von Zustand 1 nach Zustand 2 folgt nach Integration

$$(\Delta\overline{U})_V = \int_{T_1}^{T_2} \overline{C}_V(T) \, dT = Q_V , \qquad (\Delta\overline{H})_P = \int_{T_1}^{T_2} \overline{C}_P(T) \, dT = Q_P . \tag{2.11}$$

Die Wärmekapazitäten sind Funktionen der Temperatur. Über beschränkte Temperaturbereiche können sie oft als temperaturunabhängig angesehen werden. Wir finden dann

$$\left(\Delta\overline{U}\right)_V = \overline{C}_V\,(T_2 - T_1)\,, \qquad \left(\Delta\overline{H}\right)_P = \overline{C}_P\,(T_2 - T_1)\,. \tag{2.12}$$

Mit Hilfe des zweiten Hauptsatzes kann man zeigen, daß $\overline{C}_P$ und $\overline{C}_V$ über die Beziehung

$$\overline{C}_P - \overline{C}_V = T\overline{V}\alpha_P^2/\kappa_T \geq 0 \tag{2.13}$$

verknüpft sind. Für inkompressible Systeme ist $\overline{C}_P = \overline{C}_V$. Für ein ideales Gas folgt

$$\overline{C}_P^{\mathrm{pg}} - \overline{C}_V^{\mathrm{pg}} = R\,. \tag{2.14}$$

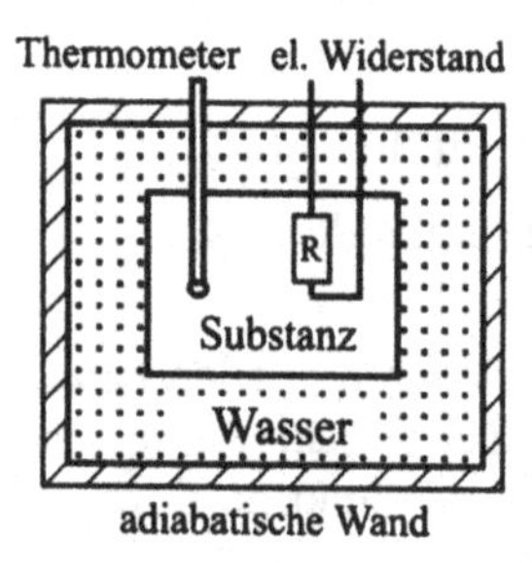

Abb. 2.2
Prinzip eines adiabatischen Kalorimeters zur Bestimmung von Wärmekapazitäten.

Abb. 2.2 zeigt das Prinzip eines *adiabatischen Kalorimeters* zur Messung von C_P. Am System wird über den elektrischen Widerstand R die elektrische Arbeit $W' = I^2Rt$ geleistet. Hierbei ist I die elektrische Stromstärke und t die Zeit. Das Kalorimeter befindet sich in einem äußeren Bad, dessen Temperatur auf den gleichen Wert wie die Temperatur des Kalorimeters geregelt wird, so daß der Wärmeaustausch zwischen Bad und Kalorimeter unterdrückt wird. Für eine hinreichend kleine Temperaturerhöhung ΔT folgt in einem adiabatischen System $\Delta H = C_P\,\Delta T = W'$. Die Wärmekapazität C_P ist gleich der Summe der Wärmekapazität der zu untersuchenden Substanz und der Wärmekapazität C_{Kal} des Kalorimeters. C_{Kal} wird durch Eichung mit einer Substanz bekannter Wärmekapazität bestimmt.

2.1.4 Temperaturabhängigkeit der Wärmekapazitäten

Abb. 2.3 zeigt die Temperaturabhängigkeit der Wärmekapazitäten einiger idealer Gase. Für atomare und zweiatomige Gase genügt es oft, $\overline{C}_P$ als temperaturunabhängig anzunehmen, was Berechnungen stark vereinfacht. Dagegen wird für größere Moleküle eine merkliche Temperaturabhängigkeit beobachtet. Die Temperaturabhängigkeit der molaren Wärmekapazitäten wird z. B. durch Polynomansätze der Form $\overline{C}_P = a + bT + cT^2 + \ldots$ wiedergegeben. Häufig ist auch der dreiparametrige Ansatz $\overline{C}_P = a + bT + cT^{-2}$ in Gebrauch.

Die Wärmekapazitäten von idealen Gasen gehorchen einfachen Regeln, die in Kap. 5 mit Methoden der statistischen Thermodynamik hergeleitet und in Tab. 2.2 mit experimentellen Ergebnissen verglichen werden:

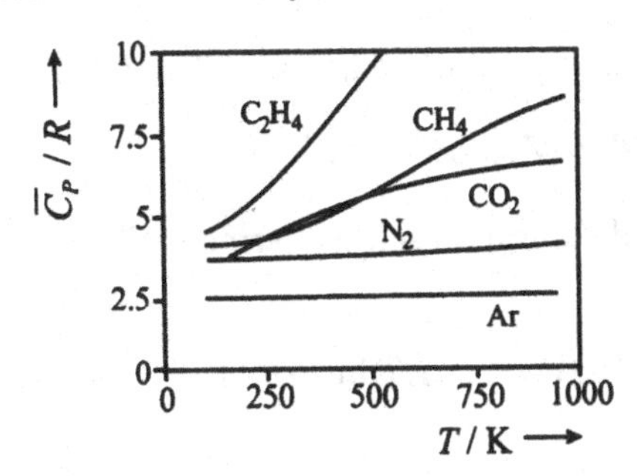

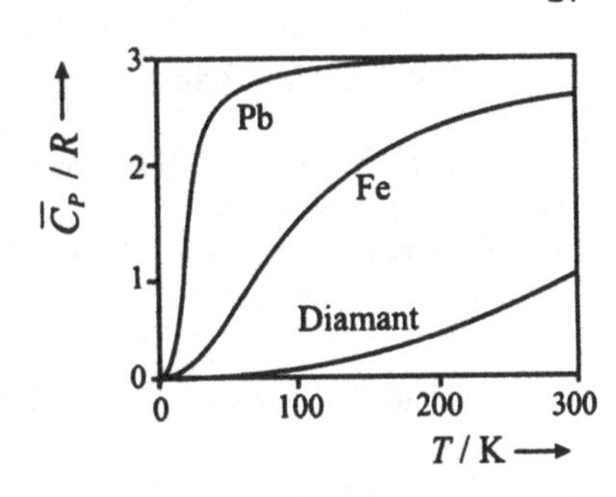

Abb. 2.3 Temperaturabhängigkeit der isobaren molaren Wärmekapazitäten $\overline{C}_P$ von einfachen Gasen (links) und Festkörpern (rechts). Für Festkörper ist $\overline{C}_P \simeq \overline{C}_V$. Quelle: [JAN].

- Für Gase aus atomaren Teilchen ist $\overline{C}_V = \overline{C}_P - R = (3/2)R$,
- für Gase aus linearen zwei- und mehratomige Molekülen ist $\overline{C}_V \geq (5/2)R$,
- für Gase aus allen anderen Molekülen ist $\overline{C}_V \geq 3R$.

Tab. 2.2 Vergleich vorhergesagter isochorer molarer Wärmekapazitäten von Gasen mit experimentellen Werten bei 298.15 K (Wärmekapazitäten sind in J K^{-1} mol^{-1} angegeben).

	Beispiel	$\overline{C}_V^{exp}$	
einatomig	Ar	12.48	$(3/2)R = 12.48$
zweiatomig	N_2	20.81	$(5/2)R = 20.78$
mehratomig, linear	CO_2	28.81	$(5/2)R = 20.78$
mehratomig, gewinkelt	NH_3	27.32	$3R = 24.94$

Wärmekapazitäten kristalliner Festkörper zeigen ebenfalls oft ein einfaches Verhalten. Experimentell läßt sich bei Festkörpern nur $\overline{C}_P$ genau bestimmen; $\overline{C}_V$ folgt aus Gl. (2.13). $\overline{C}_P$ ist nur um wenige Prozent größer als $\overline{C}_V$. Für atomare, kristalline Festkörper strebt $\overline{C}_V$ nach der DULONG-PETITschen Regel bei hohen Temperaturen dem Grenzwert $\overline{C}_V = 3R$ zu (Abb. 2.3). Die Temperaturabhängigkeit von $\overline{C}_V$ wird in Kap. 5.2 besprochen.

Beispiel 2.2. Die molare Wärmekapazität $\overline{C}_P$ des Stickstoffs wird zwischen 298.15 und 1500 K durch den Ausdruck $\overline{C}_P = a + bT + cT^2$ wiedergegeben. Wird $\overline{C}_P$ in der Einheit J K^{-1} mol^{-1} angegeben, ist $a = 26.984$ J K^{-1} mol^{-1}, $b = 5.910 \cdot 10^{-3}$ J K^{-2} mol^{-1} und $c = -3.76 \cdot 10^{-7}$ J K^{-3} mol^{-1}. Wir wollen berechnen, welche Wärme zugeführt werden muß, um 1 mol Stickstoff isobar von $T_1 = 298.15$ K auf $T_2 = 1273.15$ K zu erwärmen. Mit Gl. (2.11) folgt nach Integration

$$\Delta\overline{H} = a\,(T_2 - T_1) + (1/2)\,b\,(T_2^2 - T_1^2) + (1/3)\,c\,(T_2^3 - T_1^3).$$

Einsetzen der Koeffizienten liefert $Q_P = \Delta\overline{H} = 30.58$ kJ mol^{-1}.

2.1.5 Reversible Prozesse an idealen Gasen

Als Beispiel für einen reversiblen Prozeß betrachten wir die isotherm-reversible Kompression eines idealen Gases. In Kap. 3.1.5 wird gezeigt, daß die innere Energie eines idealen Gases nicht vom Volumen abhängt. Für das Differential $\mathrm{d}U$ folgt mit $\mathrm{d}T = 0$ und $(\partial U/\partial V)_T^{\mathrm{pg}} = 0$

$$(\mathrm{d}U^{\mathrm{pg}})_T = (\partial U/\partial T)_V \,\mathrm{d}T + (\partial U/\partial V)_T \,\mathrm{d}V = 0\,. \tag{2.15}$$

Für die *isotherm-reversible Arbeit* und die ausgetauschte Wärme ergibt sich

$$W_{\mathrm{rev}}^{\mathrm{pg}} = -Q_{\mathrm{rev}} = -nRT \int_{V_\mathrm{i}}^{V_\mathrm{f}} (1/V)\,\mathrm{d}V = -nRT \ln(V_\mathrm{f}/V_\mathrm{i})\,. \tag{2.16}$$

Die Arbeit entspricht geometrisch der Fläche unter der Isothermen im P,V-Diagramm.

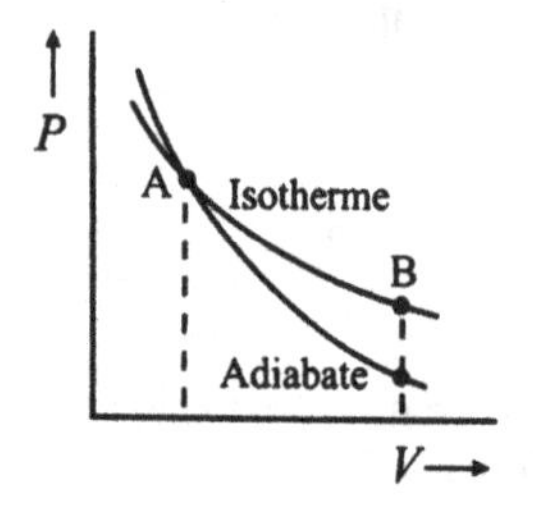

Abb. 2.4
Isotherme und adiabatische Zustandsänderungen des idealen Gases. Der Betrag der Arbeit bei einem Prozeß von Zustand A nach Zustand B entspricht der Fläche unter der Kurve.

Beispiel 2.3. Wir vergleichen eine isotherm-reversible Expansion von 1 mol eines idealen Gases bei 300 K von 10 bar auf 1 bar mit einer irreversiblen Expansion gegen den Außendruck 1 bar. In beiden Fällen ist $\Delta U = 0$ und $Q = -W$. Im reversiblen Fall liefert Gl. (2.16) $W = -5743$ J. Im irreversiblen Fall ergibt sich mit $P_{\mathrm{ex}} = const$ die Arbeit zu $W = -P_\mathrm{f}(V_\mathrm{f} - V_\mathrm{i})$. Wir berechnen die Volumina aus der Zustandsgleichung idealer Gase und finden $W = -2245$ J. Die reversible Expansion leistet mehr Arbeit an der Umgebung, gleichzeitig nimmt das Gas mehr Wärme auf.

Eine anderer Weg der reversiblen Prozeßführung benutzt *adiabatische Zustandsänderungen*. Mit $\mathrm{d}Q = 0$ gilt $\mathrm{d}U = \mathrm{d}W = -P\,\mathrm{d}V$. Da die innere Energie des idealen Gases unabhängig vom Volumen ist, ergibt sich daraus die Differentialgleichung

$$\overline{C}_V \,\mathrm{d}T = -(nRT/\overline{V})\,\mathrm{d}\overline{V}\,. \tag{2.17}$$

Ist $\overline{C}_V$ unabhängig von der Temperatur, führt die Integration zu

$$\overline{C}_V \ln(T_2/T_1) = R \ln(\overline{V}_1/\overline{V}_2)\,. \tag{2.18}$$

Mit der Definition des *Adiabatenkoeffizienten*

$$\gamma \stackrel{def}{=} \overline{C}_P/\overline{C}_V \geq 1 \tag{2.19}$$

folgt für ein ideales Gas $\gamma = 1 + R/\overline{C}_V$ und daraus

$$T\,V^{\gamma-1} = const\,, \tag{2.20}$$

$$P\,V^{\gamma} = const. \tag{2.21}$$

Gl. (2.21) heißt POISSONsches Gesetz oder Isentropengleichung (wir werden später sehen, daß ein adiabatisch-reversibler Prozeß bei konstanter Entropie verläuft). Da $\gamma > 1$ ist, verlaufen Adiabaten steiler als Isothermen (Abb. 2.4). Das Gas kühlt bei Expansion ab, da die adiabatische Expansion nur auf Kosten der inneren Energie geschehen kann.

Der Adiabatenkoeffizient ist u. a. durch Messung der Schallgeschwindigkeit bestimmbar, da aufgrund der schnellen Verdichtungen des Gases in der Schallwelle der Prozeß adiabatisch verläuft. Aus den Regeln für die isochoren Wärmekapazitäten idealer Gase folgt für einatomige Gase $\gamma^{\text{pg}} = \overline{C}_P/\overline{C}_V = 1 + R/\overline{C}_V \cong 5/3 = 1.667$ und für zweiatomige Gase $\gamma \cong 7/5 = 1.4$. Für inkompressible Phasen ist $\gamma = 1$.

Beispiel 2.4. Wir wollen Argon als ideales Gas behandeln und eine adiabatisch-reversible Expansion von 1 m^3 Argon vom Anfangsdruck 10 bar auf 1 bar bei einer Anfangstemperatur von 298.15 K betrachten. Für einatomige ideale Gase ist $\gamma = 5/3$. Nach Gl. (2.21) ergibt sich das Endvolumen zu $V_f = 3.981$ m^3. Die Endtemperatur erhalten wir aus Gl. (2.20) zu $T_f = 118.7$ K. Das Gas kühlt also ab. Für die Arbeit folgt mit $dQ = 0$ und $C_V = const$ die Beziehung $W = \Delta U = nC_V \, \Delta T$. Das ideale Gasgesetz ergibt die Stoffmenge $n = 403.5$ mol. Damit beträgt $W = -998.1$ kJ.

2.2 Entropie und zweiter Hauptsatz der Thermodynamik

Die Beschreibung der thermodynamischen Eigenschaften durch den ersten Hauptsatz ist unvollständig, da keine Aussage über die Richtung spontaner Prozesse erfolgt. Diese Aussage ist Gegenstand des zweiten Hauptsatzes, der die Entropie als Zustandsfunktion einführt.

2.2.1 Carnotscher Kreisprozeß und thermodynamische Temperatur

Bei der Formulierung des zweiten Hauptsatzes spielte ein 1824 von CARNOT beschriebener Kreisprozeß eine zentrale Rolle. CARNOT betrachtete eine Maschine, die in einem zyklischen Prozeß einem Reservoir hoher Temperatur Wärme entzieht, die zum Teil in Arbeit an der Umgebung umgewandelt wird, zum Teil an ein Reservoir tiefer Temperatur abgegeben wird (Abb. 2.5). Der Kreisprozeß besteht aus zwei isothermen Schritten (A → B und C → D) und zwei adiabatischen Schritten (B → C und D → A).[3] Tab. 2.3 stellt Aussagen über die ausgetauschte Wärme und Arbeit bei einem beliebigen Arbeitsstoff zusammen.

Tab. 2.3 Die Schritte des CARNOT-Prozesses.

Schritt		Randbedingung	Q	W
1	A → B	isotherme Expansion	$Q_1 > 0$	$W_1 < 0$
2	B → C	adiabatische Expansion	$Q = 0$	$W_2 < 0$
3	C → D	isotherme Kompression	$Q_2 < 0$	$W_3 > 0$
4	D → A	adiabatische Kompression	$Q = 0$	$W_4 > 0$
Summe			$Q_1 + Q_2$	$W_1 + W_2 + W_3 + W_4$

[3] Wird der Kreisprozeß in umgekehrter Richtung durchlaufen, entspricht er einer Wärmepumpe.

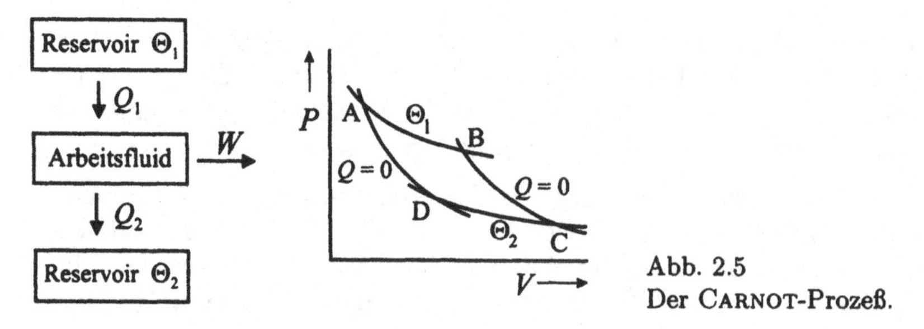

Abb. 2.5
Der CARNOT-Prozeß.

Da U eine Zustandsfunktion ist, folgt für den gesamten Kreisprozeß $\Delta U = 0$ und damit $-W = Q_1 + Q_2$. Wir definieren nun den *thermischen Wirkungsgrad* η durch das Verhältnis von Arbeit zur Wärme, die dem Reservoir hoher Temperatur entnommen wird:

$$\eta \stackrel{def}{=} -W/Q_1 = 1 + Q_2/Q_1 . \tag{2.22}$$

Die Erfahrung zeigt, daß kein Prozeß ohne Wärmeabgabe an das untere Reservoir abläuft, d. h. es gilt immer $\eta < 1$. Auf dieser Tatsache basieren viele historische bzw. für technische Zwecke erstellte Formulierungen des zweiten Hauptsatzes.

KELVIN hat vorgeschlagen, eine „thermodynamische" Temperaturskala über die im CARNOT-Prozeß ausgetauschten Wärmen durch

$$Q_1/Q_2 \stackrel{def}{=} \Theta_1/\Theta_2 , \qquad \eta = 1 - \Theta_2/\Theta_1 \tag{2.23}$$

zu definieren, wobei Θ_1 und Θ_2 die Temperaturen des oberen bzw. unteren Reservoirs sind. Man kann zeigen, daß diese Skala mit der in Kap. 1.1 eingeführten, auf den Eigenschaften des idealen Gases basierenden Temperaturskala identisch ist. Wir betrachten dazu die Arbeit eines CARNOT-Prozesses am idealen Gas. Die Arbeitsbeiträge der beiden adiabatischen Schritte heben sich weg, und wir erhalten

$$W = -nRT_1 \ln(V_B/V_A) - nRT_2 \ln(V_D/V_C) . \tag{2.24}$$

Gl. (2.20) bedingt weiterhin $T_1 V_A^{\gamma-1} = T_2 V_D^{\gamma-1}$ und $T_1 V_B^{\gamma-1} = T_2 V_C^{\gamma-1}$. Division der beiden Gleichungen liefert $V_B/V_A = V_C/V_D$ und damit

$$W = nR(T_1 - T_2) \ln(V_B/V_A) = -(Q_1 + Q_2) . \tag{2.25}$$

Gleichzeitig ist auf der Isothermen A $\rightarrow$ B für ein ideales Gas $\Delta U = 0$ und damit

$$Q_1 = -W_1 = nRT_1 \ln(V_B/V_A) . \tag{2.26}$$

Die Gln. (2.25) und (2.26) führen auf den Wirkungsgrad

$$\eta = 1 - T_2/T_1 , \tag{2.27}$$

der dem durch Gl. (2.23) definierten Wirkungsgrad entspricht. Die beiden Temperaturskalen sind also proportional zueinander und bei Bezug auf den gleichen Wert im Referenzzustand identisch.

2.2.2 Entropie und zweiter Hauptsatz

Um die für die chemische Thermodynamik zweckmäßigeste Formulierung des zweiten Hauptsatzes zu erhalten, formen wir das Ergebnis $1 + Q_2/Q_1 = 1 - T_2/T_1$ für den Wirkungsgrad des CARNOT-Prozesses zu $Q_1/T_1 + Q_2/T_2 = 0$ um. Da jeder *reversible* Kreisprozeß in eine Folge von CARNOT-Prozessen zerlegt werden kann, gilt für jeden *reversiblen* Kreisprozeß:

$$\oint \frac{\mathrm{d}Q_{\mathrm{rev}}}{T} = 0. \tag{2.28}$$

Bemerkenswerterweise besitzt die Größe Q_{rev}/T die Eigenschaft einer Zustandsfunktion.[4] Es ist daher naheliegend, eine als *Entropie* bezeichnete extensive Zustandsfunktion S durch

$$\mathrm{d}S \stackrel{def}{=} \frac{\mathrm{d}Q_{\mathrm{rev}}}{T} \tag{2.29}$$

zu definieren. Der der *zweite Hauptsatz der Thermodynamik* besagt dann:

- Für die Entropie eines geschlossenen Systems gilt

$$dS \quad \begin{cases} = \mathrm{d}Q_{\mathrm{rev}}/T & \text{für reversible Prozesse} \\ > \mathrm{d}Q_{\mathrm{rev}}/T & \text{für irreversible Prozesse.} \end{cases} \tag{2.30}$$

Wir zerlegen nun die Entropie in einen „äußeren“ Beitrag S^{ext} der mit der Umgebung ausgetauschten Wärme und einen „inneren“ Beitrag S^{int} der *Entropieerzeugung* im System:

$$\mathrm{d}S = \mathrm{d}S^{\mathrm{ext}} + \mathrm{d}S^{\mathrm{int}} = \mathrm{d}Q_{\mathrm{rev}}/T + \mathrm{d}S^{\mathrm{int}} \qquad \text{im geschlossenen System.} \tag{2.31}$$

Für reversible Prozesse ist $\mathrm{d}S^{\mathrm{int}} = 0$, für irreversible Prozesse ist $\mathrm{d}S^{\mathrm{int}} > 0$, d. h. die Entropieerzeugung ist bei irreversiblen Prozessen positiv. Trotzdem kann die Entropie eines geschlossenen Systems durch Energieaustausch über die Systemgrenzen abnehmen. Die Entropie der Umgebung muß dann um mindestens den gleichen Betrag zunehmen. Im abgeschlossenen System ist dieser Austausch unterbunden, d. h.

$$\mathrm{d}S = \mathrm{d}S^{\mathrm{int}} \geq 0 \qquad \text{im abgeschlossenen System.} \tag{2.32}$$

Da der Gleichgewichtszustand den Endpunkt spontaner Prozesse darstellt, folgt:

- Im abgeschlossenen System kann die Entropie nicht abnehmen. Bei einem spontanen Prozeß strebt sie im abgeschlossenen System einem Maximum zu.

2.2.3 Beispiele für Entropieänderungen

Wir betrachten zunächst einen *isochor-reversiblen* Prozeß ($\mathrm{d}V = 0$). Mit $(\mathrm{d}U)_V = C_V\,\mathrm{d}T = (\mathrm{d}Q)_V = T\,\mathrm{d}S$ folgt $(\mathrm{d}S)_V = (C_V/T)\,\mathrm{d}T$ und nach Integration

$$S(T_{\mathrm{f}}) = S(T_{\mathrm{i}}) + \int_{T_{\mathrm{i}}}^{T_{\mathrm{f}}} \frac{C_V(T)}{T}\,\mathrm{d}T. \tag{2.33}$$

[4] $1/T$ ist ein sog. *integrierender Faktor*, der aus dem unvollständigen Differential $\mathrm{d}Q_{\mathrm{rev}}$ ein vollständiges Differential $\mathrm{d}Q_{\mathrm{rev}}/T$ erzeugt.

Bei einem *isobar-reversiblen* Prozeß ($dP = 0$) gilt entsprechend

$$S(T_f) = S(T_i) + \int_{T_i}^{T_f} \frac{C_P(T)}{T} dT. \tag{2.34}$$

Beispiel 2.5. Wir wollen anhand der Angaben in Beispiel 2.2 die Entropieänderung des Stickstoffs berechnen. Für den in Beispiel 2.2 gegebenen Ansatz ist

$$\Delta\overline{S} = \int_{T_1}^{T_2} \left(\frac{a}{T} + b + cT\right) dT = a \ln (T_2/T_1) + b (T_2 - T_1) + (1/2) c \left(T_2^2 - T_1^2\right).$$

Mit den Koeffizienten aus Beispiel 2.2 ergibt sich $\overline{S} = 44.65$ J K^{-1} mol^{-1}.

Schließlich betrachten wir isotherme Zustandsänderungen ($dT = 0$). Wir erhalten

$$(dU)_T = \left(\frac{\partial U}{\partial V}\right)_T dV = T\,dS - P\,dV. \tag{2.35}$$

Wir können diese Beziehung zum jetzigen Zeitpunkt nur für ein ideales Gas auswerten, für das $(\partial U/\partial V)_T = 0$ ist, und erhalten für das Differential der Entropie

$$T\,dS = P\,dV. \tag{2.36}$$

Integration liefert

$$\Delta S^{pg} = nR \ln \frac{V_2}{V_1} = nR \ln \frac{P_1}{P_2}. \tag{2.37}$$

Bei der Berechnung von Entropieänderungen irreversibler Prozesse machen wir uns zunutze, daß die Entropie eine Zustandsfunktion ist: Zur Bestimmung der Entropieänderung bei einem irreversiblen Prozeß suchen wir nach einem reversiblen Weg zwischen dem gleichen Anfangs- und Endzustand, entlang dem die Entropie berechnet werden kann.

Beispiel 2.6. Wir betrachten als Beispiel die Einstellung des thermischen Gleichgewichts zwischen zwei Blöcken desselben Metalls mit gleicher Masse und unterschiedlicher Temperatur. Die Entropieänderung ist die Summe der Entropieänderungen der beiden Blöcke auf reversiblem Weg:

$$\Delta\overline{S} = \int_{T_1}^{T_f} \frac{\overline{C}_P}{T} dT + \int_{T_2}^{T_f} \frac{\overline{C}_P}{T} dT.$$

Für Blöcke gleicher Masse und Wärmekapazität beträgt die Endtemperatur $T_f = (T_1 + T_2)/2$. Damit folgt

$$\Delta\overline{S} = \overline{C}_P \ln \left(\frac{(T_1 + T_2)^2}{4T_1T_2}\right) > 0.$$

Der Prozeß verläuft spontan.

2.3 Dritter Hauptsatz und Absolutberechnung der Entropie

2.3.1 Dritter Hauptsatz der Thermodynamik

Der dritte Hauptsatz legt den Nullpunkt der Entropieskala fest. Dazu sei ein einfaches Experiment betrachtet: Schwefel tritt im festen Zustand in monokliner und rhombischer Form auf. Unterhalb von 368 K ist rhombischer Schwefel thermodynamisch stabil, jedoch kann monokliner Schwefel unterkühlt werden. Abb. 2.6 zeigt schematisch die Temperaturabhängigkeit der Entropien der beiden Modifikationen. Für $T \to 0$ geht die Umwandlungsentropie $\Delta_{\text{trans}}\overline{S}$ gegen null. Das gleiche Ergebnis erhält man für andere Phasenübergänge und für chemische Reaktionen. Diese Beobachtungen bilden die Grundlage des NERNSTschen Wärmetheorems:

- Bei $T = 0$ K sind im thermodynamischen Gleichgewicht die Entropien aller ideal kristallisierten reinen Stoffe gleich.

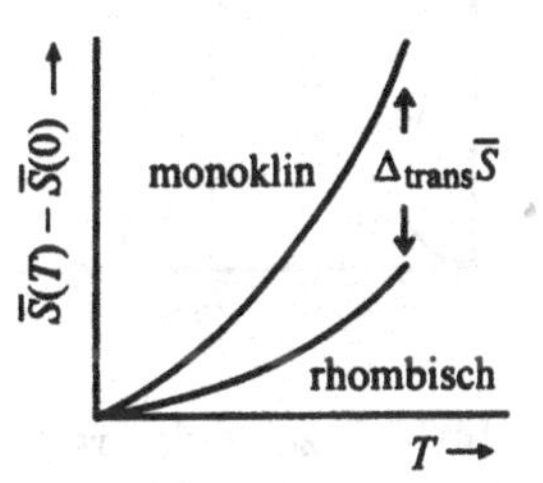

Abb. 2.6
Phasenumwandlungsentropie des Schwefels (schematisch).

Davon ausgehend kann nach PLANCK die folgende weitergehende Bedingung widerspruchsfrei eingeführt werden, die als *dritter Hauptsatz* der Thermodynamik bezeichnet wird:

- Bei $T = 0$ K besitzt die Entropie aller ideal kristallisierten Reinstoffe den Wert null.

Es gibt eine Reihe von Einschränkungen zum dritten Hauptsatz. Beispielsweise bezieht sich der dritte Hauptsatz nicht auf die isotopische Zusammensetzung der Stoffe. Weiterhin müssen sich die Stoffe im inneren Gleichgewicht befinden. Dies trifft u. a. für Gläser nicht zu, bei denen die zur Kristallisation nötigen Umordnungsprozesse eingefroren sind. Wir sprechen dann von einer *Nullpunktsentropie* bei $T = 0$ K (siehe auch Abschnitt 5.1.4).

2.3.2 Kalorimetrische Bestimmung der Entropie

Der dritte Hauptsatz ermöglicht die Absolutbestimmung der Entropie. Gehen wir von einem Standarddruck $P^\circ = 1$ bar (oder 1 atm) aus, können wir die Entropie aus experimentell gemessenen Wärmekapazitäten durch Integration bestimmen. Diese Integration erstreckt sich gegebenenfalls von $T = 0$ K über den festen Bereich bis zur Schmelztemperatur T_m, den flüssigen Bereich zwischen T_m und der Siedetemperatur T_b und den gasförmigen Bereich oberhalb der Siedetemperatur. Für die Standardentropie $S^\circ(T)$ folgt

$$\overline{S}^\circ(T) = \int\limits_0^{T_\text{m}} \frac{\overline{C}_P^{\,\text{s}}}{T}\,\text{d}T + \Delta_\text{fus}\overline{S} + \int\limits_{T_\text{m}}^{T_\text{b}} \frac{\overline{C}_P^{\,\ell}}{T}\,\text{d}T + \Delta_\text{vap}\overline{S} + \int\limits_{T_\text{b}}^{T} \frac{\overline{C}_P^{\,\text{g}}}{T}\,\text{d}T\,. \qquad (2.38)$$

Dabei ist berücksichtigt, daß Phasenumwandlungen die Beiträge $\Delta_{\text{fus}}\overline{S}^\circ$ und $\Delta_{\text{vap}}\overline{S}^\circ$ zur Entropie liefern (Index „fus“ steht für engl. *fusion*, Index „vap“ für *vapourization*). Gegebenenfalls treten auch Beiträge von Umwandlungen zwischen festen Phasen unterschiedlicher Kristallstruktur auf. Phasenübergänge sind reversible Prozesse, die isotherm-isobar ablaufen. Für die Entropieänderung beim Phasenübergang folgt später (siehe Gl. (7.15))

$$\Delta_{\text{trans}}\overline{S} = \frac{\Delta_{\text{trans}}\overline{H}}{T} . \tag{2.39}$$

Die Entropieänderung beim Phasenübergang ist damit kalorimetrisch bestimmbar.

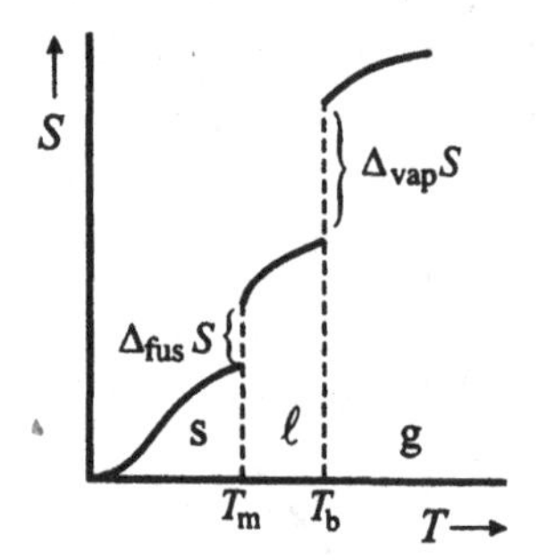

Abb. 2.7
Temperaturabhängigkeit der Entropie von Reinstoffen (schematisch).

Abb. 2.7 zeigt das resultierende Verhalten der Entropie als Funktion der Temperatur. Um nicht von $T = 0$ K aus integrieren zu müssen, geben thermodynamische Tabellen Werte der Entropie bei $T = 298.15$ K und einem Standarddruck $P^\circ = 1$ bar (oder 1 atm) an. $\overline{S}^\circ_{298}$ wird als *Standardentropie* oder *Normalentropie* bezeichnet.[5] Tab. 2.4 zeigt die Berechnung der Standardentropie von HCl, das zwei feste Modifikationen besitzt. Da HCl sich bei 1 bar nicht ideal verhält, ist bei hohen Genauigkeitsanforderungen eine Realgaskorrektur erforderlich.

Tab. 2.4 Berechnung der molaren Standardentropie von HCl. Quelle: W. F. Giauque und R. Wiebe, J. Am. Chem. Soc., 50, 101 (1927).

T/K	Phase	Verfahren	Entropiebeitrag J K^{-1} mol^{-1}
0		dritter Hauptsatz	0
0 – 16	s_I	Extrapolation von C_P	1.26
16 – 98.4	s_I	Integration von C_P	29.54
98.4	$s_I \rightarrow s_{II}$	Umwandlungsentropie	12.01
98.4 – 158.9	s_{II}	Integration von C_P	21.13
158.9	$s_{II} \rightarrow \ell$	Schmelzentropie	12.55
158.9 – 188.1	ℓ	Integration von C_P	9.87
188.1	$\ell \rightarrow g$	Verdampfungsentropie	85.86
188.1 – 298.15	g	Integration von C_P	13.47
298.15	g	Realgaskorrektur	0.84
Summe			186.61

[5] Im Englischen wird der Begriff *third-law entropy* verwendet.

3 Charakteristische Funktionen und thermodynamisches Gleichgewicht

Mit der Einführung der Hauptsätze steht das Rüstzeug zur Verfügung, um spontane Prozesse, wie z. B. Phasenübergänge und chemische Reaktionen, zu beschreiben. Allerdings sind die bisher hergeleiteten Beziehungen schwierig auszuwerten. Man führt daher zur bequemen Beschreibung zusätzliche thermodynamische Funktionen und Hilfsgrößen ein.

3.1 Charakteristische Funktionen für geschlossene Systeme

3.1.1 Fundamentalgleichung der inneren Energie

Verknüpfen wir den ersten und zweiten Hauptsatz, finden wir für reversible Prozesse in geschlossenen Systemen die sog. *Fundamentalgleichung* der inneren Energie

$$\mathrm{d}U = -P\,\mathrm{d}V + T\,\mathrm{d}S\,. \tag{3.1}$$

Wir vergleichen nun Gl. (3.1) mit dem totalen Differential von $U(V,S)$

$$\mathrm{d}U = (\partial U/\partial V)_S\,\mathrm{d}V + (\partial U/\partial S)_V\,\mathrm{d}S\,. \tag{3.2}$$

Ein Koeffizientenvergleich liefert sofort

$$(\partial U/\partial V)_S = -P\,, \qquad (\partial U/\partial S)_V = T\,. \tag{3.3}$$

Davon ausgehend sind alle weiteren thermodynamischen Eigenschaften des geschlossenen Systems bestimmbar. Wir bezeichnen $U(S,V)$ als *thermodynamisches Potential*. S und V heißen *natürliche Variable* von U. Weiterhin können wir die beiden Beziehungen (3.3) nach der jeweils anderen Variablen ableiten und den SCHWARZschen Satz (1.9) anwenden. Wir erhalten dann die sog. MAXWELL-Beziehung

$$-(\partial P/\partial S)_V = (\partial T/\partial V)_S\,. \tag{3.4}$$

Für einen spontanen Prozeß folgt mit $\mathrm{d}Q_{\mathrm{rev}} \leq T\,\mathrm{d}S$

$$\mathrm{d}U + P\,\mathrm{d}V - T\,\mathrm{d}S \leq 0\,. \tag{3.5}$$

Auflösung nach $\mathrm{d}S$ oder $\mathrm{d}U$ führt zu den Bedingungen

$$(\mathrm{d}U)_{S,V} \leq 0, \qquad (\mathrm{d}S)_{U,V} \geq 0\,. \tag{3.6}$$

Im Gleichgewicht gilt das Gleichheitszeichen:

- Die Entropie $S(U,V)$ besitzt im Gleichgewicht einem Maximum, die innere Energie $U(S,V)$ ein Minimum.

3.1.2 Helmholtz-Energie und Gibbs-Energie

Die in den Kriterien (3.6) enthaltenen Randbedingungen sind in der Praxis meist nicht vorgebbar. Wir suchen nach bequemer auswertbaren Formulierungen der Gleichgewichtsbedingung, z. B. mit P und T als Variablen. Zunächst definieren wir die HELMHOLTZ-*Energie* A durch[1]

$$A \stackrel{def}{=} U - TS . \tag{3.7}$$

Für das Differential dA folgt $\mathrm{d}A = \mathrm{d}U - T\,\mathrm{d}S - S\,\mathrm{d}T$ und unter Benutzung von Gl. (3.1)

$$\mathrm{d}A = -P\,\mathrm{d}V - S\,\mathrm{d}T . \tag{3.8}$$

A ist also das thermodynamische Potential der Variablen V und T. Mathematisch entspricht dies einer sog. LEGENDRE-Transformation. LEGENDRE-Transformationen werden in Anhang A.2 diskutiert.

Für die Enthalpie H ergibt sich aus der Definition (2.7) und Gl. (3.1)

$$\mathrm{d}H = \mathrm{d}U + P\,\mathrm{d}V + V\,\mathrm{d}P = T\,\mathrm{d}S - P\,\mathrm{d}V + P\,\mathrm{d}V + V\,\mathrm{d}P = T\,\mathrm{d}S + V\,\mathrm{d}P . \tag{3.9}$$

Die natürlichen Variablen der Enthalpie sind also P und S. Schließlich können wir durch Einführung der GIBBS-*Energie*

$$G \stackrel{def}{=} H - TS \tag{3.10}$$

ein thermodynamisches Potential der Variablen P und T erzeugen. Wir bilden $\mathrm{d}G = \mathrm{d}H - T\,\mathrm{d}S - S\,\mathrm{d}T$ und erhalten mit Gl. (3.9) die Fundamentalgleichung der GIBBS-Energie

$$\mathrm{d}G = V\,\mathrm{d}P - S\,\mathrm{d}T . \tag{3.11}$$

3.1.3 Kriterien für das thermodynamische Gleichgewicht

Mit Hilfe der neu eingeführten Zustandsfunktionen können wir die Bedingungen (3.6) für spontane Prozesse und für das Gleichgewicht zu den in Tab. 3.1 zusammengestellten Bedingungen umformen.

Tab. 3.1 Bedingungen für spontane Prozesse und thermodynamisches Gleichgewicht.

Funktion	Variablen	spontaner Prozeß	Gleichgewicht
Entropie S	U, V	$(\mathrm{d}S)_{U,V} > 0$	$S = max$
innere Energie U	S, V	$(\mathrm{d}U)_{S,V} < 0$	$U = min$
Enthalpie H	S, P	$(\mathrm{d}H)_{S,P} < 0$	$H = min$
HELMHOLTZ-Energie A	T, V	$(\mathrm{d}A)_{T,V} < 0$	$A = min$
GIBBS-Energie G	T, P	$(\mathrm{d}G)_{T,P} < 0$	$G = min$

In den meisten Fällen sind wir an einer Formulierung mit P und T als Variablen interessiert:

[1] A wurde früher als „freie Energie“ , G als „freie Enthalpie“ bezeichnet.

- Bei konstantem Druck und konstanter Temperatur besitzt die GIBBS-Energie im Gleichgewicht ein Minimum.

Wir wollen die HELMHOLTZ-Energie noch unter einem anderen Gesichtspunkt betrachten. Für einen spontanen isothermen Prozeß folgt aus dem ersten Hauptsatz für die *vom* System an der Umgebung geleisteten Arbeit

$$-\mathrm{d}W = \mathrm{d}Q - \mathrm{d}U = \mathrm{d}Q - \mathrm{d}A - T\,\mathrm{d}S\,. \tag{3.12}$$

Nach dem zweiten Hauptsatz ist $\mathrm{d}Q \le T\,\mathrm{d}S$. Dies führt auf die Bedingung

$$-W \le -\Delta A \qquad (T = const)\,. \tag{3.13}$$

Gl. (3.13) besagt, daß die Änderung der HELMHOLTZ-Energie die Obergrenze für die *vom* System geleistete Arbeit darstellt. Diese Obergrenze wird nur in einem reversiblen Prozeß erreicht, d. h. bei einem reversiblen Prozeß leistet das System die *maximale Arbeit.*

Wir wollen nun zusätzlich zur Volumenarbeit andere Formen zulassen und schreiben $\mathrm{d}W = -P\,\mathrm{d}V + \mathrm{d}W'$. Damit ist $-\mathrm{d}W' \le -\mathrm{d}A - P\,\mathrm{d}V$ und

$$-\mathrm{d}W' \le -\mathrm{d}G \qquad (T = const)\,. \tag{3.14}$$

Im Gleichgewicht gilt das Gleichheitszeichen und wir finden nach Integration

$$\Delta G = W' \qquad (T = const). \tag{3.15}$$

- Die Änderung der GIBBS-Energie bei einem isothermen Prozeß ist gleich der Arbeit, die zusätzlich zur Volumenarbeit geleistet wird.

Wir werden an verschiedenen Stellen von diesem Ergebnis Gebrauch machen.

3.1.4 Ableitungen thermodynamischer Funktionen und Maxwell-Beziehungen

Wir stellen noch einmal die vier Fundamentalgleichungen zusammen:

$$\begin{aligned} \mathrm{d}U &= T\,\mathrm{d}S - P\,\mathrm{d}V\,, & \mathrm{d}H &= T\,\mathrm{d}S + V\,\mathrm{d}P\,,\\ \mathrm{d}A &= -S\,\mathrm{d}T - P\,\mathrm{d}V\,, & \mathrm{d}G &= -S\,\mathrm{d}T + V\,\mathrm{d}P\,. \end{aligned} \tag{3.16}$$

Ein Vergleich mit den totalen Differentialen der jeweiligen Funktionen liefert:

$$\begin{aligned} \left(\frac{\partial U}{\partial V}\right)_S &= -P, & \left(\frac{\partial U}{\partial S}\right)_V &= T,\\ \left(\frac{\partial H}{\partial P}\right)_S &= V, & \left(\frac{\partial H}{\partial S}\right)_P &= T,\\ \left(\frac{\partial A}{\partial V}\right)_T &= -P, & \left(\frac{\partial A}{\partial T}\right)_V &= -S,\\ \left(\frac{\partial G}{\partial P}\right)_T &= V, & \left(\frac{\partial G}{\partial T}\right)_P &= -S. \end{aligned} \tag{3.17}$$

Schließlich erhalten wir aus dem SCHWARZschen Satz die MAXWELL-Beziehungen

$$\left(\frac{\partial T}{\partial V}\right)_S = -\left(\frac{\partial P}{\partial S}\right)_V, \qquad \left(\frac{\partial T}{\partial P}\right)_S = \left(\frac{\partial V}{\partial S}\right)_P,$$
$$\left(\frac{\partial S}{\partial V}\right)_T = \left(\frac{\partial P}{\partial T}\right)_V, \qquad \left(\frac{\partial S}{\partial P}\right)_V = -\left(\frac{\partial V}{\partial T}\right)_P. \tag{3.18}$$

Abb. 3.1
Das GUGGENHEIMsche Merkschema für Ableitungen von Zustandsfunktionen.

Abb. 3.1 zeigt ein einfaches Merkschema: Die Zustandsfunktionen im Zentrum der Seiten des Vierecks sind von den natürlichen Variablen umgeben. Von der Variablen, nach der abgeleitet wird, ist eine Diagonale zu bilden, die auf das Ergebnis hinzeigt. Weist die Diagonale nach links, ist das Ergebnis negativ, weist sie nach rechts, ist es positiv.

Beispiel 3.1. Als Beispiel für Erweiterungen der Fundamentalgleichungen wollen wir die Gummielastizität behandeln und eine Gleichung für die Entropieänderung bei isothermer Dehnung eines Gummis herleiten. Bei einer Dehnung um die Länge l ist die Dehnungsarbeit $\mathrm{d}W = f\,\mathrm{d}l$ in die Fundamentalgleichungen für U einzubeziehen:

$$\mathrm{d}U = T\,\mathrm{d}S - P\,\mathrm{d}V + f\,\mathrm{d}l\,.$$

f ist die Zugkraft. Wir formen diese Gleichung in die Fundamentalgleichung für A um:

$$\mathrm{d}A = -S\,\mathrm{d}T - P\,\mathrm{d}V + f\,\mathrm{d}l\,.$$

Daraus resultiert eine den MAXWELL-Beziehungen entsprechende Beziehung für die Änderung der Entropie bei isothermer Dehnung:

$$\left(\frac{\partial S}{\partial l}\right)_{T,V} = -\left(\frac{\partial f}{\partial T}\right)_{l,V}.$$

3.1.5 Kalorische Zustandsgleichungen

Die Beschreibung vieler thermodynamischer Prozesse erfordert die Kenntnis der sog. *kalorischen Zustandsgleichungen* $U = U(V, T, n)$ und $H = H(P, T, n)$. Wir betrachten dazu das vollständige Differential der inneren Energie des geschlossenen Systems ($n = const$):

$$\mathrm{d}U(V,T) = \left(\frac{\partial U}{\partial V}\right)_T \mathrm{d}V + \left(\frac{\partial U}{\partial T}\right)_V \mathrm{d}T = \left(\frac{\partial U}{\partial V}\right)_T \mathrm{d}V + C_V\,\mathrm{d}T\,. \tag{3.19}$$

Der Differentialquotient $(\partial U/\partial V)_T$ mit der Dimension eines Drucks wird als *innerer Druck* bezeichnet. Ersetzen wir U durch $A + TS$ und werten wir die Differentialquotienten mit Hilfe der Gln. (3.17) und (3.18) aus, folgt die sog. *kalorische Zustandsgleichung*

$$\left(\frac{\partial U}{\partial V}\right)_T = -P + T\left(\frac{\partial P}{\partial T}\right)_V. \tag{3.20}$$

Eine ähnliche Vorgehensweise führt auf die kalorische Zustandsgleichung der Enthalpie

$$\left(\frac{\partial H}{\partial P}\right)_T = V - T\left(\frac{\partial V}{\partial T}\right)_P . \tag{3.21}$$

Für ideale Gase ist $(\partial U/\partial V)_T = 0$ und $(\partial H/\partial P)_T = 0$. In allen anderen Fällen muß zur Auswertung die thermische Zustandsgleichung bekannt sein.

Beispiel 3.2. Wir wollen die Änderung der molaren Enthalpie des Wassers bei isothermer Kompression von 1 bar auf 100 bar bei 293.15 K berechnen. Der thermische Ausdehnungskoeffizient beträgt $\alpha_P = 2.09 \cdot 10^{-4}\ \mathrm{K}^{-1}$, die Dichte $\rho = M/\overline{V} = 0.998\ \mathrm{g\ cm}^{-3}$. Beide Größen werden als druckunabhängig angenommen. Die Integration von Gl. (3.21) liefert dann

$$\Delta\overline{H} = \overline{V}(1 - \alpha_P)\int_{P_i}^{P_f} \mathrm{d}P = \overline{V}(1 - \alpha_P)(P_f - P_i) .$$

Numerisch folgt $\Delta\overline{H} = 167.7\ \mathrm{J\ mol}^{-1}$.

3.1.6 Temperatur- und Druckabhängigkeit der Gibbs-Energie

Bei thermodynamischen Berechnungen spielt die GIBBS-Energie $G(P,T)$ die wichtigste Rolle. Nach den in Abschnitt 3.1.4 hergeleiteten Beziehungen folgt für die Temperaturabhängigkeit der GIBBS-Energie $(\partial G/\partial T)_P = -S$. Davon ausgehend, erhalten wir für die Enthalpie

$$H = G + TS = G - T\left(\frac{\partial G}{\partial T}\right)_P . \tag{3.22}$$

Eine andere nützliche Beziehung folgt, wenn wir statt G die Funktion (G/T) betrachten:

$$\left(\frac{\partial (G/T)}{\partial T}\right)_P = -\frac{H}{T^2} . \tag{3.23}$$

Gl. (3.23) wird als GIBBS-HELMHOLTZ-Beziehung bezeichnet.[2] Die Berechnung der Temperaturabhängigkeit der GIBBS-Energie erfordert also die Kenntnis der Enthalpie. Umgekehrt kann aus der Temperaturabhängigkeit der GIBBS-Energie die Enthalpie auf nichtkalorimetrischem Weg ermittelt werden.

Zur Bestimmung der Druckabhängigkeit ist das Differential $(\partial G/\partial P)_T = V$ zwischen Anfangs- und Enddruck zu integrieren, wozu die thermische Zustandsgleichung bekannt sein muß:

$$G(P_f) = G(P_i) + \int_{P_i}^{P_f} V(P)\,\mathrm{d}P . \tag{3.24}$$

[2] Eine analoge Vorgehensweise führt auf $(\partial(A/T)/\partial T)_V = -U/T^2$. Die Funktionen G/T und A/T werden manchmal als PLANCKsche bzw. MASSIEUsche Funktionen bezeichnet.

3.2 Offene Systeme und chemisches Potential

Im offenen System hängen die extensiven Zustandsfunktionen von den Stoffmengen aller Komponenten ab. Für das totale Differential der GIBBS-Energie folgt

$$dG = \left(\frac{\partial G}{\partial P}\right)_{T,n_j} dP + \left(\frac{\partial G}{\partial T}\right)_{P,n_j} dT + \sum_k \left(\frac{\partial G}{\partial n_k}\right)_{P,T,n_j} dn_k \,. \tag{3.25}$$

Index n_j gibt an, daß bei Ableitung nach P und T alle Stoffmengen, bei Ableitung nach einer Stoffmenge n_k alle Stoffmengen $n_j \neq n_k$ konstant gehalten werden. Die Größen

$$\mu_k \overset{def}{=} \left(\frac{\partial G}{\partial n_k}\right)_{P,T,n_j} \tag{3.26}$$

heißen *chemische Potentiale.* Wir können diese Beziehung zu

$$dU = -P\,dV + T\,dS + \sum_k \mu_k\,dn_k \,, \tag{3.27}$$

$$dH = V\,dP + T\,dS + \sum_k \mu_k\,dn_k \,, \tag{3.28}$$

$$dA = -P\,dV - S\,dT + \sum_k \mu_k\,dn_k \tag{3.29}$$

umformen, so daß das chemische Potential durch die äquivalenten Beziehungen

$$\mu_k = \left(\frac{\partial G}{\partial n_k}\right)_{P,T,n_j} = \left(\frac{\partial A}{\partial n_k}\right)_{V,T,n_j} = \left(\frac{\partial U}{\partial n_k}\right)_{V,S,n_j} = \left(\frac{\partial H}{\partial n_k}\right)_{P,S,n_j} \tag{3.30}$$

gegeben ist. Lösen wir Gl. (3.27) nach der Entropie auf, folgt ein Ausdruck, über den GIBBS ursprünglich das chemische Potential eingeführt hat:

$$dS = \frac{1}{T}\,dU + \frac{P}{T}\,dV - \sum_k \frac{\mu_k}{T}\,dn_k \,. \tag{3.31}$$

Wir werden später auf chemische Potentiale in Mehrkomponentensystemen zurückkommen und betrachten zunächst nur einen Reinstoff k, so daß alle chemischen Potentiale mit $j \neq k$ verschwinden. Das chemische Potential des Reinstoffs geht dann nach Integration in dessen molare GIBBS-Energie über, d. h.

$$\mu = G/n = \overline{G} \qquad \text{für Reinstoffe}\,. \tag{3.32}$$

Da Beziehungen zwischen Zustandsfunktionen auch für die molaren Größen gelten, ist

$$\left(\frac{\partial \mu}{\partial T}\right)_P = -\overline{S}, \qquad \left(\frac{\partial \mu}{\partial P}\right)_T = \overline{V}\,. \tag{3.33}$$

Entropien und Volumina sind positiv. Daher folgt:

- Das chemische Potential eines Reinstoffs nimmt mit steigender Temperatur ab und mit steigendem Druck zu.

Das chemische Potential spielt bei der Behandlung von chemischen Gleichgewichten und Phasengleichgewichten eine zentrale Rolle.

Oft beziehen wir die Daten auf Bedingungen, in der die Reinstoffe in einem definierten Zustand vorliegen. Diese sog. *Standardzustände* werden mit einem hochgestelltem Index „o" gekennzeichnet. Wir vereinbaren:

- Die Standardzustände fester und flüssiger Reinstoffe sind durch den Zustand bei der jeweiligen Temperatur und dem Standarddruck $P^\circ = 1$ bar gegeben.
- Der Standardzustand eines realen Gases ist der *hypothetische* Zustand des äquivalenten *idealen* Gases bei der gegebenen Temperatur und $P^\circ = 1$ bar.

Der Standardzustand des realen Gases ist *hypothetisch*, da sich bei 1 bar die Gase real verhalten. Allerdings sind die Realgaskorrekturen meist klein. Außerdem sind Eigenschaften idealer Gase mit Hilfe der statistischen Thermodynamik berechenbar (siehe Kap. 5). Unter speziellen Bedingungen können sich andere Konventionen als zweckmäßig erweisen.

Wird das chemische Potential eines Reinstoffs im Standardzustand mit μ° bezeichnet, ist

$$\mu(P,T) = \mu^\circ(T) + \int_{P^\circ}^{P} \overline{V}(P)\,\mathrm{d}P\,. \tag{3.34}$$

Im Falle eines idealen Gases folgt daraus die später noch vielfach benötigte Beziehung[3]

$$\mu^{\mathrm{pg}}(P,T) = \mu^\circ(T) + RT\ln\left(\frac{P}{P^\circ}\right)\,. \tag{3.35}$$

Beispiel 3.3. Wir wollen die Änderung des chemischen Potentials bei Kompression von 1 mol Wasser bei 298.15 K ($\overline{V} = 18.05 \cdot 10^{-6}$ m^{-3}) vom Standarddruck 1 bar auf 1 kbar unter Annahme einer druckunabhängigen isothermen Kompressibilität $\kappa_T = 4.57 \cdot 10^{-5}$ bar^{-1} berechnen. Gl. (1.14) liefert $\mathrm{d}\overline{V}/\overline{V} = -\kappa_T\,\mathrm{d}P$ und nach Integration $\overline{V}_\mathrm{f} = \overline{V}_\mathrm{i}\exp\{-\kappa_T\,(P_\mathrm{f} - P_\mathrm{i})\}$. Für das chemische Potential ergibt sich aus Gl. (3.34)

$$\Delta\mu = \overline{V}_\mathrm{i}\int_{P^\circ}^{P} \exp\{-\kappa_T\,(P - P^\circ)\}\,\mathrm{d}P = \left(\frac{\overline{V}_\mathrm{i}}{\kappa_T}\right)\{1 - \exp([-\kappa_T(P - P^\circ)]\}\,.$$

Damit folgt nach Konversion der Einheiten $\Delta\mu = 1.76$ kJ mol^{-1}. Eine Reihenentwicklung der Exponentialfunktion liefert $\Delta\mu = \overline{V}_\mathrm{i}\,(P{-}P^\circ){-}(1/2)\,\kappa_T\,\overline{V}_\mathrm{i}\,(P - P^\circ)^2 + \ldots$. Ein Abbruch nach dem ersten Term entspricht dem Ergebnis für eine inkompressible Flüssigkeit. Unter dieser Annahme folgt $\Delta\mu = 1.80$ kJ mol^{-1}. Berücksichtigung des zweiten Terms liefert innerhalb der gegebenen Genauigkeit bereits das korrekte Ergebnis $\Delta\mu = 1.76$ kJ mol^{-1}.

---

[3] Man kann diese Beziehung als allgemeinere Definition eines idealen Gases ansehen. Die thermische Zustandsgleichung folgt dann aus der Ableitung nach dem Druck:

$$(\partial\mu^{\mathrm{pg}}/\partial P)_T = \overline{V}^{\mathrm{pg}} = RT/P\,.$$

4 Grundlagen der statistischen Thermodynamik

Die *statistische Thermodynamik* führt die thermodynamischen Größen auf die Eigenschaften der Moleküle und ihre zwischenmolekularen Wechselwirkungen zurück. In diesem Kapitel sollen die Konzepte der statistischen Thermodynamik eingeführt und mit denjenigen der phänomenologischen Thermodynamik verglichen werden.

4.1 Grundbegriffe der statistischen Thermodynamik

Die Eigenschaften eines Atoms oder Moleküls, wie z. B. seine Energie, folgen aus der Lösung der SCHRÖDINGER-Gleichung, wobei die Energie keine beliebigen Werte annehmen kann, sondern diskrete Energieeigenwerte auftreten. Für makroskopische Systeme aus vielen Teilchen ist ebenfalls die SCHRÖDINGER-Gleichung zu lösen, die dann Energieeigenwerte E_i des Vielteilchensystems liefert. Dabei können viele unterschiedliche mikroskopische Zustände zur gleichen Energie E_i des Vielteilchensystems führen. Wir sagen:

- Ein gegebener *Makrozustand* kann durch viele *Mikrozustände* realisiert werden.

Wir beschränken uns im wesentlichen auf die Behandlung geschlossener Systeme. Dazu bringen wir ein System mit vorgegebener Teilchenzahl N und vorgegebenem Volumen V in ein nach außen hin isoliertes Wärmebad, so daß es im thermischen Gleichgewicht die Temperatur des Bads annimmt. Damit sind N, V und T vorgegeben. Dagegen zeigt die Energie auf mikroskopischen Zeitskalen Schwankungen, da im thermischen Gleichgewicht ständig Energie zwischen System und Umgebung, z. B. über zufällige Stöße auf die Behälterwand, ausgetauscht wird. Die innere Energie U folgt aus dem zeitlichen Mittelwert $\overline{E(t)}$ der Energie für $t \to \infty$:

$$U(N, V, T) = \overline{E(t)}. \tag{4.1}$$

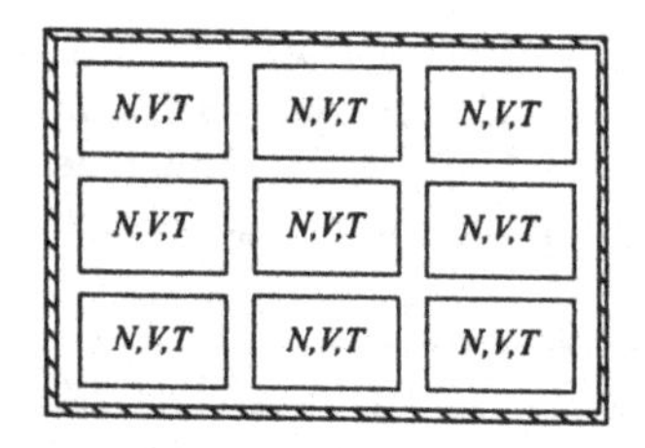

Abb. 4.1
Kanonisches Ensemble aus $\mathcal{N}$ Kopien mit gleichem Volumen V und gleicher Teilchenzahl N. Die Kopien stehen über wärmeleitende Wände mit einem Bad der Temperatur T im Gleichgewicht. Das Gesamtsystem ist abgeschlossen.

Damit stellt sich das Problem, wie dieser Mittelwert bestimmt werden kann. Seine Lösung geht auf ein in Abb. 4.1 skizziertes Gedankenexperiment von GIBBS zurück. Dazu fertigen wir $\mathcal{N}$ identische Kopien des Systems an, die wir in einem Wärmebad ins thermische Gleichgewicht bringen. Die Gesamtheit der $\mathcal{N}$ Kopien bezeichnen wir als *kanonisches Ensemble* oder *kanonische Gesamtheit*. Aufgrund der Fluktuation der Energie wird jede Kopie eine unterschiedliche Energie besitzen, jedoch ist zu erwarten, daß für $\mathcal{N} \to \infty$ die Kopien einen repräsentativen Querschnitt der Mikrozustände bilden. Dies führt auf die *Ergodenhypothese*:

- Für genügend große Ensembles entspricht der *Ensemble-Mittelwert* $\langle X \rangle$ einer fluktuierenden Größe X dem *Zeitmittelwert* $\overline{X(t)}$.

Für die innere Energie folgt also

$$U = \overline{E(t)} = < E > \qquad \text{für } \mathcal{N} \to \infty . \tag{4.2}$$

Damit wird der Zeitmittelwert durch den leichter zu bestimmenden Ensemblemittelwert ersetzt. Zu seiner Berechnung benötigen wir allerdings noch eine Aussage darüber, unter welchen Bedingungen Zustände statistisch gleichwertig sind. Wir setzen voraus:

- Alle Zustände eines Systems mit gleicher Energie sind statistisch gleichwertig, so daß sich bei Ω erreichbaren Zuständen gleicher Energie das System in jedem Zustand mit gleicher Wahrscheinlichkeit $p_i = 1/\Omega$ befindet.

Dieses *Postulat der gleichen a-priori-Wahrscheinlichkeit* stellt neben der Ergodenhypothese das zweite Postulat der statistischen Thermodynamik dar.

4.2 Zustandssummen

4.2.1 Kanonische Zustandssumme

Um $\langle E \rangle$ zu berechnen, ist die Verteilung der Energien E_i der $\mathcal{N}$ Kopien des Ensembles zu bestimmen. Die Gesetze der Statistik besagen, daß für $\mathcal{N} \to \infty$ praktisch nur die wahrscheinlichste Verteilung zum Mittelwert beiträgt. Beschreiben wir diese durch einen Satz von Verteilungszahlen n_i für die Zahl der Kopien im Zustand i, ist die Wahrscheinlichkeit, eine zufällig ausgewählte Kopie in diesem Zustand zu finden, für $\mathcal{N} \to \infty$ durch

$$p_i = n_i/\mathcal{N} \tag{4.3}$$

gegeben. Da das gesamte Ensemble abgeschlossen ist, gelten dabei Nebenbedingungen:

- die Summe der Verteilungszahlen ist gleich der Anzahl $\mathcal{N}$ der Kopien und
- die Gesamtenergie ist die Summe der Energie der $\mathcal{N}$ Kopien, d. h.

$$\sum_i n_i = \mathcal{N}, \qquad \sum_i n_i E_i = E_{\text{ges}} . \tag{4.4}$$

Die durch den Laufindex „i" gekennzeichnete Summe ist über alle $\mathcal{N}$ Kopien, d. h. über alle Mikrozustände, zu bilden. Die mittlere Energie pro Kopie ist dann

$$< E > = \frac{E_{\text{ges}}}{\mathcal{N}} = \sum_i p_i E_i . \tag{4.5}$$

Die Bestimmung der wahrscheinlichsten Verteilung ist ein Problem der mathematischen Statistik, für dessen Lösung auf Lehrbücher der statistischen Thermodynamik verwiesen sei. Als Ergebnis findet man die sog. BOLTZMANN-*Verteilung*:

- Die Besetzungswahrscheinlichkeit p_i eines Mikrozustands hängt exponentiell von seiner Energie E_i ab, d. h.

$$p_i = \frac{\exp(-\beta E_i)}{\sum\limits_i \exp(-\beta E_i)} = \frac{\exp(-\beta E_i)}{Z}. \tag{4.6}$$

Die Summe Z im Nenner dieser Gleichung wird *kanonische Zustandssumme* genannt. Der Faktor β ist ein Maß für die Temperatur. Wir setzen

$$\beta = 1/k_B T \tag{4.7}$$

und bestimmen die Konstante k_B so, daß die Ergebnisse mit den makroskopischen Befunden numerisch übereinstimmen. Die resultierende Konstante

$$k_B = 1.38066 \cdot 10^{-23}\text{J K}^{-1} = R/L \tag{4.8}$$

heißt BOLTZMANN-*Konstante*. Faktoren der allgemeinen Form $\exp(-E/k_B T)$ werden als BOLTZMANN-*Faktoren* der Energie E bzeichnet.

Die Kenntnis der Zustandssumme

$$Z(V,T,N) \stackrel{def}{=} \sum_i \exp(-E_i/k_B T) \tag{4.9}$$

erlaubt die Berechnung aller thermodynamischen Funktionen. Man beachte, daß hier über Zustände summiert wird, wobei viele Zustände die gleiche Energie besitzen können. Alternativ kann man die Laufzahl der Zustandssumme auf Energieniveaus beziehen. Dann muß berücksichtigt werden, daß Zustände vorgegebener Energie mehrfach besetzt sein können. Ist eine g-fache Besetzung des Niveaus j vorhanden, ist

$$Z(V,T,N) = \sum_j g_j \exp(-E_j/k_B T). \tag{4.10}$$

g_j heißt Entartungsfaktor des Zustands j. Diese Notation wird im folgenden nicht benutzt.

4.2.2 Innere Energie und molekulare Deutung des ersten Hauptsatzes

Wir wollen zunächst die innere Energie berechnen:

$$U = \langle E \rangle = \sum_i p_i E_i = \frac{1}{Z} \sum_i E_i \exp(-E_i/k_B T). \tag{4.11}$$

Differenzieren wir die Zustandssumme nach der Temperatur, folgt

$$\left(\frac{\partial Z}{\partial T}\right)_{V,N} = \frac{1}{k_B T^2} \sum_i E_i \exp(-E_i/k_B T). \tag{4.12}$$

Durch Rücksubstitution in Gl. (4.11) erhalten wir

$$U = \frac{k_B T^2}{Z} \left(\frac{\partial Z}{\partial T} \right)_{V,N} = k_B T^2 \left(\frac{\partial \ln Z}{\partial T} \right)_{V,N} \tag{4.13}$$

Gl. (4.13) ist als Bindeglied zwischen mikroskopischen und makroskopischen Beschreibungen von zentraler Bedeutung. Insbesondere wird noch ersichtlich werden, daß für das ideale Gas und den perfekten Kristall die Zustandssumme exakt angebbar ist. Für reale Gase und Flüssigkeiten ist dies nur näherungsweise möglich.

Zur mikroskopischen Deutung des ersten Hauptsatzes gehen wir von Gl. (4.11) aus und bilden das Differential der inneren Energie

$$\mathrm{d}U = \sum_i p_i \, \mathrm{d}E_i + \sum_i E_i \, \mathrm{d}p_i . \tag{4.14}$$

Gl. (4.14) besagt, daß U durch zwei Prozesse geändert werden kann, nämlich durch die Verschiebung der Energieniveaus E_i des Systems und die Änderung der Besetzungszahlen p_i dieser Energieniveaus. Wir vergleichen nun Gl. (4.14) mit dem ersten Hauptsatz in der Form $\mathrm{d}U = \mathrm{d}W + \mathrm{d}Q$ und nehmen folgende Zuordnung vor:

- Volumenarbeit bedingt eine Verschiebung der Energieniveaus des Systems,
- Wärmeaustausch führt zu einer Änderung der Besetzungszahlen.

Diese hier ohne Beweis angegebene Zuordnung ist plausibel. Beispielsweise verkleinert eine isotherme Kompression des Systems die zwischenmolekularen Abstände, so daß die Wechselwirkungen zwischen den Teilchen zunehmen und dadurch die Energieniveaus verschoben werden. Wir werden in Kap. 5 sehen, daß auch im Falle eines idealen Gases bei Volumenänderung eine Verschiebung der Energieniveaus resultiert.

4.2.3 Molekulare Deutung der Entropie

Da die Entropie über die reversible Wärme definiert ist, folgt aus der obigen Zuordnung

$$\mathrm{d}Q_{\mathrm{rev}} = T \mathrm{d}S \equiv \sum_i E_i \, \mathrm{d}p_i . \tag{4.15}$$

Schreiben wir Gl. (4.6) in der Form

$$E_i = -\frac{1}{\beta} \left(\ln p_i + \ln Z \right) , \tag{4.16}$$

ergibt sich für die reversible Wärme

$$\mathrm{d}Q_{\mathrm{rev}} = -\frac{1}{\beta} \sum_i \left(p_i + \ln Z \right) \mathrm{d}p_i . \tag{4.17}$$

Der zweite Term in der Klammer hängt nicht von p_i ab und verschwindet bei Bildung des Differentials. Umformung führt zu

$$\mathrm{d}S = \frac{\mathrm{d}Q_{\mathrm{rev}}}{T} = -k_B \, \mathrm{d} \left(\sum_i p_i \ln p_i \right) . \tag{4.18}$$

Integrieren wir diesen Ausdruck, folgt

$$S = -k_B \sum_i p_i \ln p_i + const. \tag{4.19}$$

Die Integrationskonstante hängt nicht von der Temperatur und den Besetzungswahrscheinlichkeiten ab und enthält somit keine Information über das System. Wir setzen sie daher gleich null. Damit folgt der Ausdruck für die sog. *statistische Entropie*

$$S = -k_B \sum_i p_i \ln p_i. \tag{4.20}$$

Da $p_i \leq 1$ ist, folgt $\ln p_i \leq 0$, d. h. die statistische Entropie muß positiv oder gleich null sein. In anschaulichen Darstellungen wird die Entropie meist in der Form

$$S = k_B \ln \Omega \tag{4.21}$$

geschrieben und Ω als Maß für die Unordnung des Systems interpretiert. Gl. (4.21) geht auf Überlegungen von BOLTZMANN zurück und bildet die Grundlage vieler Deutungen der Entropieänderungen bei physikalischen und chemischen Prozessen. Um den physikalischen Gehalt dieser Interpretation zu diskutieren, beachten wir, daß nach dem zweiten Hauptsatz $\mathrm{d}S \geq 0$ für ein *abgeschlossenes* System gilt. Dies entspricht dem sog. *mikrokanonischen Ensemble*, in dem V, N und E vorgegeben sind. Wir können das mikrokanonische Ensemble als Sonderfall des kanonischen Ensembles ansehen, in dem nur Zustände mit gleicher Energie auftreten. Für Zustände gleicher Energie ist das Postulat der gleichen *a-priori*-Wahrscheinlichkeit anwendbar. Dies führt von Gl. (4.20) auf Gl. (4.21), wobei Ω die Zahl der erreichbaren Zustände bei vorgegebener Energie angibt.

Tritt Wärmeaustausch mit der Umgebung auf, fluktuiert die Gesamtenergie und die Größe Ω in Gl. (4.21) ist nicht definiert. Gl. (4.20) ist dagegen immer gültig. In einigen Fällen erlaubt Gl. (4.21) allerdings durchaus quantitative Vorhersagen. Dies ist z. B. der Fall, wenn das Verhältnis der Zahl der Realisierungsmöglichkeiten Ω_i zweier Zustände gleicher Energie von Interesse ist. In diesem Fall ist

$$S_2 - S_1 = k_B \ln (\Omega_2/\Omega_1) . \tag{4.22}$$

Der Zusammenhang zwischen Entropie und der Zahl der Realisierungsmöglichkeiten von Zuständen bildet die Grundlage der Idee, die Entropie mit der Unordnung des Systems in Beziehung zu setzen:

- Eine Zunahme der Entropie entspricht einer Verteilung über eine größere Anzahl von Zuständen bei konstanter Gesamtenergie.

Beispiel 4.1. Wir betrachten als Beispiel die isotherme Expansion eines idealen Gases vom Volumen V_1 auf das Volumen V_2. Die Zahl der zugänglichen Quantenzustände des Gases vor der Expansion sei Ω_1, nach der Expansion Ω_2. Die Wahrscheinlichkeit, daß sich nach Expansion auf das Volumen V_2 ein gegebenes Teilchen noch im Volumen V_1 befindet, ist V_1/V_2. Die Gesamtwahrscheinlichkeit für N voneinander unabhängige Teilchen ist das Produkt der Einzelwahrscheinlichkeiten.

Damit finden wir $\Omega_2/\Omega_1 = (V_2/V_1)^N$. Daraus folgt sofort Gl. (2.37) für die Entropieänderung bei isothermer Expansion des idealen Gases:

$$S_2 - S_1 = Nk_B \ln (V_2/V_1) \; .$$

Die Deutung der Entropie als Maß für die Unordnung eines Systems kann jedoch auch mißverständlich sein. Wir werden später z. B. sehen, daß bei einer Vermischung idealer Gase die Entropieänderung immer positiv ist (siehe Gl. (8.31) in Kap. 8.1.4), in Übereinstimmung mit der Deutung des Mischungsprozesses als Zunahme der Unordnung. In realen Flüssigkeiten kann die Mischungsentropie jedoch negativ sein, was jeder anschaulichen Deutung widerspricht. Der Widerspruch löst sich auf, wenn man beachtet, daß bei Vermischung große Enthalpieeffekte auftreten können, so daß die Voraussetzungen von Gl. (4.21) nicht mehr gegeben sind.

4.2.4 Weitere Zustandsfunktionen

Sind Ausdrücke für die innere Energie und Entropie gegeben, können alle anderen Zustandsfunktionen ebenfalls durch die Zustandssumme ausgedrückt werden. Zunächst leiten wir Gl. (4.13) nach der Temperatur ab und erhalten für die isochore Wärmekapazität

$$C_V = 2k_BT \left(\frac{\partial \ln Z}{\partial T}\right)_{V,N} + k_BT^2 \left(\frac{\partial^2 \ln Z}{\partial T^2}\right)_{V,N} . \tag{4.23}$$

Für die HELMHOLTZ-Energie als thermodynamisches Potential der Variablen V, N und T folgt die Gleichung

$$A(N,V,T) = U - TS = -k_BT \ln Z(N,V,T) . \tag{4.24}$$

Die Ableitungen der HELMHOLTZ-Energie nach den natürlichen Variablen N, V und T liefern weitere wichtige Beziehungen. Wir benutzen Gl. (4.24) zunächst, um den Ausdruck für die Entropie so umzuformen, daß anstelle der Besetzungswahrscheinlichkeiten die Zustandssumme auftritt:

$$S = -\left(\frac{\partial A}{\partial T}\right)_{V,N} = k_B \ln Z + k_BT \left(\frac{\partial \ln Z}{\partial T}\right)_{V,N} . \tag{4.25}$$

Die Ableitung der HELMHOLTZ-Energie nach dem Volumen liefert den Druck

$$P = -\left(\frac{\partial A}{\partial V}\right)_{T,N} = k_BT \left(\frac{\partial \ln Z}{\partial V}\right)_{T,N} . \tag{4.26}$$

Damit lautet die thermische Zustandsgleichung:

$$PV = k_BT \left(\frac{\partial \ln Z}{\partial \ln V}\right)_{T,N} . \tag{4.27}$$

Die Ableitung von von Gl. (4.24) nach der Teilchenzahl ergibt das chemische Potential, das in diesem Fall mit dem Index (′) gekennzeichnet ist, da es auf ein Teilchen bezogen ist:

$$\mu' = \left(\frac{\partial A}{\partial N}\right)_{T,V} = -k_B T \left(\frac{\partial \ln Z}{\partial N}\right)_{V,T} . \tag{4.28}$$

Für das auf die Stoffmenge bezogene chemische Potential folgt daraus

$$\mu = -RT \left(\frac{\partial \ln Z}{\partial N}\right)_{V,T} . \tag{4.29}$$

Schließlich folgen für die GIBBS-Energie und Enthalpie die Ausdrücke:

$$G = A + PV = -k_B T \ln Z + k_B T \left(\frac{\partial \ln Z}{\partial \ln V}\right)_{N,T} , \tag{4.30}$$

$$H = U + PV = k_B T \left(\frac{\partial \ln Z}{\partial \ln T}\right)_{V,N} + k_B T \left(\frac{\partial \ln Z}{\partial \ln V}\right)_{N,T} . \tag{4.31}$$

4.3 Andere Gesamtheiten

Die statistische Thermodynamik kennt noch eine Reihe von anderen Ensembles, die unterschiedliche Randbedingungen berücksichtigen. Allerdings spielt für Systeme aus genügend vielen Teilchen die Wahl des Ensembles für die Werte der thermodynamischen Funktionen keine Rolle. Jedoch ermöglicht die Benutzung eines für die Problemstellung adäquaten Ensembles eine besonders elegante Beschreibung.

Insbesondere bedingen Phasengleichgewichte Prozesse, bei denen in einem *offenen* System Teilchen ausgetauscht werden, so daß die Teilchenzahl einer Kopie nicht mehr konstant ist, sondern fluktuiert. Eine statistisch-mechanische Beschreibung offener Systeme erfordert daher ein Ensemble, in dem neben der Energie auch die Teilchenzahl der einzelnen Kopien fluktuiert. Ein solches Ensemble wird als *großkanonisches Ensemble* bezeichnet. Die entsprechende Zustandssumme Ξ heißt *großkanonische Zustandssumme.* Die formale Behandlung der großkanonischen Zustandssumme ist wegen der Erweiterung um eine weitere fluktuierende Größe wesentlich komplexer als die Behandlung der kanonischen Zustandssumme. Zur Illustration wollen wir einen besonders einfachen Ausdruck für die Berechnung der Zustandsgleichung aus der großkanonischen Zustandssumme angeben:

$$\frac{PV}{k_B T} = \ln \Xi . \tag{4.32}$$

Dies deutet an, daß z. B. für die Behandlung der Zustandsgleichungen realer Gase und Flüssigkeiten bevorzugt der Weg über die großkanonische Zustandssumme eingesetzt wird. Im folgenden wird die Fluktuation der Teilchenzahl nur bei der Behandlung von Phänomenen in der Nähe von kritischen Punkten eine Rolle spielen.

5 Molekulare Beschreibung idealer Gase und perfekter Kristalle

Für ideale Gase und perfekte Kristalle sind die im vorigen Kapitel hergeleiteten Beziehungen zwischen mikroskopischen und makroskopischen Eigenschaften vergleichsweise einfach auswertbar. Da bei der Behandlung realer Systeme das ideale Gas oft als Referenzzustand dient, wollen wir zunächst Eigenschaften idealer Gase besprechen. Daneben soll kurz auf die statistisch-thermodynamische Behandlung von perfekten Kristallen eingegangen werden.

5.1 Ideale Gase

5.1.1 Molekulare Freiheitsgrade

Wir stellen uns zunächst die Frage, wie Energie in einem idealen Gas auf molekularer Ebene gespeichert wird. In dem uns interessierenden Temperatur- und Druckbereich kommen für ideale Gase in der Regel nur Anregungen folgender molekularer Prozesse in Betracht:

- Translationsbewegungen der Moleküle,
- Rotationsbewegungen der Moleküle und
- Schwingungen der Kerne um ihre Gleichgewichtsposition im Molekül.

In seltenen Fällen sind elektronische Beiträge zu beachten, die hier nicht einbezogen werden. Wir bezeichnen die verschiedenen Möglichkeiten, Energie zu speichern, als *Freiheitsgrade*.[1]

Wenn keine zwischenmolekularen Wechselwirkungen auftreten, läßt sich die Energie E_i eines Mikrozustands als Summe von Energien ε_j der N Teilchen schreiben. Für $Z(V, N, T)$ folgt

$$Z(V,T,N) = \frac{1}{N!}\, z(V,T)^N \,. \tag{5.1}$$

Die Größe

$$z(V,T) = \sum_i \exp\left(-\frac{\varepsilon_i}{k_B T}\right) \tag{5.2}$$

heißt *Molekülzustandssumme*. Damit sind statt der Energiezustände des Gesamtsystems Energiezustände einzelner Teilchen auszuwerten. Der Faktor $N!$ berücksichtigt, daß die Teilchen im Gas nicht unterscheidbar sind, so daß eine Vertauschung zweier Teilchen zu keinem neuen Mikrozustand führt.

---

[1] In der klassischen Mechanik verstehen wir unter dem Begriff „Freiheitsgrad“ diejenigen Koordinaten, von denen die Energie in *quadratischer* Form abhängt.

Wir separieren nun die Energie in Translations-, Rotations- und Schwingungsbeiträge, wobei wir annehmen, daß diese nicht aneinander gekoppelt sind, d. h.

$$\varepsilon_i = \varepsilon_{i,\mathrm{transl}} + \varepsilon_{i,\mathrm{rot}} + \varepsilon_{i,\mathrm{vib}} + \ldots + \varepsilon_{i,0}\,. \tag{5.3}$$

$\varepsilon_{i,0}$ ist die potentielle Energie der Teilchen, die wir zunächst willkürlich gleich null setzen. Dazu treten bei größeren Molekülen Freiheitsgrade der Bewegungen von Atomgruppen wie z. B. der inneren Rotation von Methylgruppen. Auf diese wird im folgenden nicht eingegangen. Weiterhin werden die Rotations- und Schwingungsbewegungen nur auf der einfachsten Ebene des starren Rotators bzw. harmonischen Oszillators behandelt.

Gl. (5.3) bedingt, daß sich die Molekülzustandssumme in ein Produkt von Beiträgen

$$z = z_{\mathrm{transl}}\, z_{\mathrm{rot}}\, z_{\mathrm{vib}} \ldots = z_{\mathrm{transl}}\, z_{\mathrm{int}} \tag{5.4}$$

aufspalten läßt. Rotations- und Schwingungsfreiheitsgrade werden oft als „innere" Freiheitsgrade (Index „int") bezeichnet. Wir finden also

$$Z(V,T,N) = \frac{1}{N!}\left(z_{\mathrm{transl}}\, z_{\mathrm{rot}}\, z_{\mathrm{vib}}\right)^N . \tag{5.5}$$

Wir werden sehen, daß Translations- und Rotationsbeiträge unter den uns interessierenden Bedingungen dem klassischen Grenzfall entsprechen, Schwingungen jedoch nicht. Als Konsequenz folgt, daß auf Translations- und Rotationsfreiheitsgrade der Gleichverteilungssatz der klassischen Mechanik anwendbar ist. Er besagt:

- Im Mittel liefert jeder Freiheitsgrad einen Beitrag von $Lk_BT/2$ zur Energie.

Daraus folgt im klassischen Grenzfall für f Freiheitsgrade sofort die Bedingung

$$\overline{C}_V = f\,L\,k_B/2 = f\,R/2\,, \tag{5.6}$$

welche die Grundlage der in Tab. 2.2 zusammengestellten Regeln für $\overline{C}_V$ bildet.

5.1.2 Einatomige ideale Gase

Für atomare Teilchen sind nur Beiträge der Translationsfreiheitsgrade auszuwerten, die im dreidimensionalen System den Komponenten der kinetischen Energie parallel zu den x-, y- und z-Achsen des Koordinatensystems entsprechen. Die quantenmechanische Behandlung dieser Freiheitsgrade führt auf das Problem der freien Bewegung eines Teilchens der Masse m in einem kubischen Kasten der Länge $a = V^{1/3}$, an dessen Wänden ein unendlich hohes repulsives Potential wirkt. Die Lösung der SCHRÖDINGER-Gleichung ergibt diskrete Energieniveaus, über die die Zustandssumme zu bilden ist.

Allerdings sind die Abstände der Energieniveaus im gesamten interessierenden Temperaturbereich klein im Vergleich zur thermischen Energie k_BT. Das Energiespektrum kann dann durch eine kontinuierliche Verteilung angenähert werden. In diesem *Hochtemperaturgrenzfall* gehen die Beziehungen der Quantenmechanik in Beziehungen der klassischen Mechanik über (sog. *Korrespondenzprinzip*). Wir wollen hier nur die Zustandssumme angeben:

$$z_{\mathrm{transl}} = V\lambda^{-3}\,. \tag{5.7}$$

Die Translationszustandssumme ist proportional zum Volumen des Systems. λ ist die sog. *thermische* DE BROGLIE-Wellenlänge:

$$\lambda = \left(\frac{h^2}{2\pi m k_B T}\right)^{1/2} . \tag{5.8}$$

Die PLANCKsche Konstante h besitzt den Wert

$$h = 6.62608 \cdot 10^{-34}\ \mathrm{J\,s}. \tag{5.9}$$

Beispiel 5.1. Die klassische Behandlung der Translationszustandssumme ist möglich, wenn λ klein gegen die lineare Dimension des Behälters ist. Die größten Abweichungen vom klassischen Grenzfall werden für leichte Gase bei tiefen Temperaturen erwartet. Selbst für Wasserstoff an seinem normalen Siedepunkt bei 20.3 K ist jedoch mit $\lambda = 2.73 \cdot 10^{-10}$ m der klassische Grenzfall erfüllt.

Bestimmen wir nach Gl. (4.24) die HELMHOLTZ-Energie, erhalten wir unter Zuhilfenahme der sog. STIRLING-Näherung ($\ln N! = N \ln N - N$ für große N):

$$A_{\mathrm{transl}} = -k_B T \ln Z = N k_B T(\ln N - 1) - N k_B T \ln \frac{V}{\lambda^3}. \tag{5.10}$$

Die partielle Ableitung nach dem Volumen führt dann auf die Zustandsgleichung

$$P_{\mathrm{transl}} = -\left(\frac{\partial A_{\mathrm{transl}}}{\partial V}\right)_{T,N} = \frac{N k_B T}{V} = \frac{nRT}{V} = \frac{RT}{\overline{V}}. \tag{5.11}$$

Die Zustandsgleichung idealer Gase folgt damit bereits aus dem Translationanteil der Zustandssumme. Wir werden später noch sehen, daß die inneren Freiheitsgrade tatsächlich keinen Beitrag zum Druck liefern.

Die Ableitung nach der Temperatur ergibt eine Beziehung für die Entropie des idealen Gases, die unter dem Namen SACKUR-TETRODE-Gleichung bekannt ist:

$$S_{\mathrm{transl}} = N k_B \ln \frac{V e^{5/2}}{N \lambda^3} = N k_B \left\{ \ln \left[\left(\frac{2\pi m k_B T}{h^2}\right)^{3/2} \frac{k_B T}{P} \right] + \frac{5}{2} \right\} . \tag{5.12}$$

Die Ableitung nach der Teilchenzahl liefert das chemische Potential. Wir erhalten aus Gl. (5.10) zunächst

$$\mu'_{\mathrm{transl}} = \left(\frac{\partial A_{\mathrm{transl}}}{\partial N}\right)_{V,T} = -k_B T \, \ln\left(z_{\mathrm{transl}}/N\right) . \tag{5.13}$$

Wir ersetzen nun in Gl. (5.10) mit Hilfe der Beziehung $V/N = k_B T/P$ das Volumen durch den Druck. Bezieht man das chemische Potential auf L Teilchen, ist

$$\mu_{\mathrm{transl}} = -RT \ln\left(\frac{k_B T}{\lambda^3 P^\circ}\right) + RT \ln\left(\frac{P}{P^\circ}\right) . \tag{5.14}$$

Damit ist das chemische Potential im Standardzustand durch

$$\mu^{\circ}_{\text{transl}} = -RT \ln \left(\frac{k_B T}{\lambda^3 P^{\circ}} \right) \tag{5.15}$$

gegeben. Schließlich folgen aus den Gln. (4.13) und (4.23) für $N = L$ Teilchen die Vorhersagen des klassischen Gleichverteilungssatzes der Energie:

$$\overline{U}_{\text{transl}} = (3/2)\, Lk_B T = (3/2)\, RT, \qquad \overline{C}_{V,\text{transl}} = (3/2)\, Lk_B = (3/2)\, R. \tag{5.16}$$

5.1.3 Mehratomige ideale Gase

Rotationsfreiheitsgrade. – Die Rotation von Molekülen läßt sich nach Abb. 5.1 in Bewegungen um drei Achsen zerlegen. Bei zweiatomigen und linearen mehratomigen Molekülen sind allerdings nur die Freiheitsgrade um die x- und y-Achse zu zählen ($f_{\text{rot}} = 2$), da die Rotation um die Symmetrieachse (z) nicht zu unterscheidbaren Zuständen führt. Für alle nichtlinearen Moleküle ist $f_{\text{rot}} = 3$.

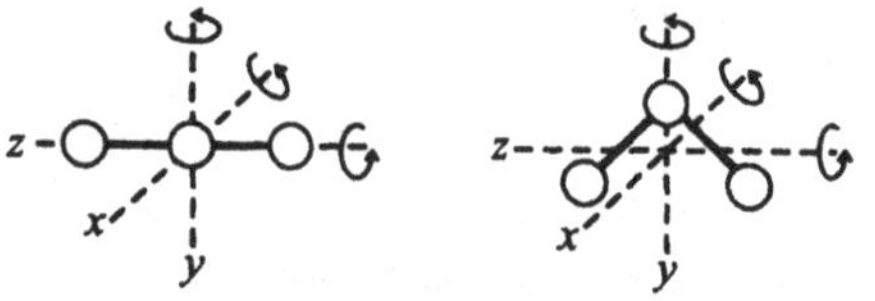

Abb. 5.1
Rotationsfreiheitsgrade linearer und gewinkelter mehratomiger Moleküle.

Wir betrachten als Beispiel in Abb. 5.2 das Modell eines zweiatomigen *starren Rotators* mit zwei Massen m_1 und m_2 im Abstand r_1 und r_2 vom Schwerpunkt S. $r_0 = r_1 + r_2$ ist der Gleichgewichtsabstand der beiden Atomkerne. Mit der Definition der reduzierten Masse

$$\mu_r \overset{def}{=} \frac{m_1 m_2}{m_1 + m_2} \tag{5.17}$$

folgt für die Rotation um eine Achse senkrecht zur Molekülachse das Trägheitsmoment $I = \mu_r r_0^2$, das aus Molekülspektren ermittelbar ist.

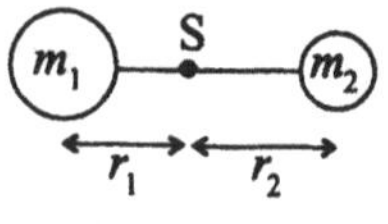

Abb. 5.2
Zur Definition eines zweiatomigen starren Rotators.

Die Quantenmechanik liefert Energieeigenwerte für diesen starren Rotator. Wir betrachten wiederum nur den Hochtemperaturgrenzfall und erhalten die Zustandssumme

$$z_{\text{rot}} = \frac{8\pi^2 k_B T I}{\sigma h^2} = \frac{T}{\sigma\, \theta_{\text{rot}}} \qquad (T \gg \theta_{\text{rot}}) \tag{5.18}$$

mit der *Rotationstemperatur*

$$\theta_{\text{rot}} \overset{def}{=} h^2 / 8\pi^2 k_B I\,. \tag{5.19}$$

Tab. 5.1 Rotations- und Schwingungstemperaturen einiger einfacher Stoffe. Quelle: [FIN].

Gas	$\theta_{\text{rot}}/\text{K}$	$\theta_{\text{vib}}/\text{K}$
$^1H_2$	85.36	6244
$^2H_2$	43.04	4440
$^{14}N_2$	2.863	3383
$^{12}C^{16}O$	2.7766	3112
$^1H^{35}Cl$	15.02	4265

Die *Symmetriezahl* σ gibt die Zahl der ununterscheidbaren Zustände bei einer Rotation um 360° an. Für heteroatomige Moleküle wie HCl werden die Zustände nach Rotation um 360° ununterscheidbar ($\sigma = 1$), während bei homoatomigen Molekülen wie H_2 ein ununterscheidbarer Zustand bereits nach Drehung um 180° auftritt ($\sigma = 2$). Tab. 5.1 zeigt, daß der Hochtemperaturgrenzfall $T \gg \theta_{\text{rot}}$ üblicherweise auch bei tiefen Temperaturen erfüllt ist. Ausnahmen bilden Moleküle mit sehr kleinem Trägheitsmoment wie H_2.

Beschränken wir uns auf zweiatomige Moleküle, folgt für die HELMHOLTZ-Energie

$$A_{\text{rot}} = -Nk_BT \ln z_{\text{rot}} = -Nk_BT \ln\left(\frac{T}{\sigma\,\theta_{\text{rot}}}\right). \tag{5.20}$$

Die Ableitungen nach Temperatur, Volumen und Teilchenzahl liefern:

$$S_{\text{rot}} = -\left(\frac{\partial A_{\text{rot}}}{\partial T}\right)_{V,N} = Nk_B + Nk_B \ln\left(\frac{T}{\sigma\theta_{\text{rot}}}\right), \tag{5.21}$$

$$P_{\text{rot}} = -\left(\frac{\partial A_{\text{rot}}}{\partial V}\right)_{N,T} = 0, \tag{5.22}$$

$$\mu_{\text{rot}}(T) = -RT \ln \frac{8\pi^2 I k_B T}{\sigma h^2} = \mu^\circ_{\text{rot}}(T). \tag{5.23}$$

Bemerkenswerterweise trägt die Rotationsbewegung nicht zum Druck bei. Anschaulich entsteht der Druck durch Stöße der Moleküle auf die Behälterwand. Eine Rotation des Moleküls beeinflußt die Zahl der Wandstöße nicht. Die Auswertung der Gln. (4.13) und (4.23) bestätigt wiederum den Gleichverteilungssatz:

$$\overline{U}_{\text{rot}} = \overline{A}_{\text{rot}} + T\overline{S}_{\text{rot}} = Lk_BT = RT, \qquad \overline{C}_{V,\text{rot}} = Lk_B = R. \tag{5.24}$$

Beispiel 5.2. Bei 298.15 K und 1 bar tragen zu den thermodynamischen Funktionen von Stickstoff unter Annahme von Idealgasverhalten nur Translations- und Rotationsfreiheitsgrade bei. Wir wollen die molare Standardentropie errechnen, wobei angenommen werden soll, daß Stickstoff durch das Verhalten des Isotops ^{14}N beschrieben werden kann. Wir finden dann für den Translationsbeitrag nach der SACKUR-TETRODE-Gleichung (5.12) $\overline{S}_{\text{transl}} = 150.3$ J K^{-1} mol^{-1} und für den Rotationsbeitrag nach Gl. (5.21) mit der Rotationstemperatur aus Tab. 5.1 $\overline{S}_{\text{rot}} = 41.2$ J K^{-1} mol^{-1}. Die molare Standardentropie ist damit $\overline{S}^\circ_{298} = 191.5$ J K^{-1} mol^{-1}. Der kalorimetrisch bestimmte Wert ist 192.01 J K^{-1} mol^{-1}, wobei 0.92 J K^{-1} mol^{-1} auf die Realgaskorrektur entfallen.

Für *gewinkelte* Moleküle mit drei Komponenten I_i $(i = \mathrm{a,b,c})$ des Trägheitsmoments ist

$$z_{\text{rot}} = \frac{\pi^{1/2}}{\sigma}\left(\frac{T^3}{\theta_a\theta_b\theta_c}\right)^{1/2}, \qquad \theta_{\text{rot},i} \stackrel{def}{=} \frac{h^2}{8\pi^2 k_B I_i}. \tag{5.25}$$

Die Symmetriezahl hängt nun von der Symmetriegruppe des Moleküls ab. Wiederum entfällt der Rotationsbeitrag zum Druck. Für die Wärmekapazität folgt in Übereinstimmung mit dem Gleichverteilungssatz $\overline{C}_{V,\text{rot}} = (3/2)Nk_B = (3/2)R$.

Schwingungsfreiheitsgrade. – Intramolekulare Schwingungen der Kerne um ihre Gleichgewichtslage lassen sich als Überlagerung von unabhängigen sog. *Normalschwingungen* darstellen. Die Zahl der Normalschwingungen beträgt für lineare Moleküle mit n Atomen $3n-5$, für nichtlineare Moleküle $3n-6$. Abb. 5.3 zeigt die drei Normalschwingungen des Wassermoleküls.

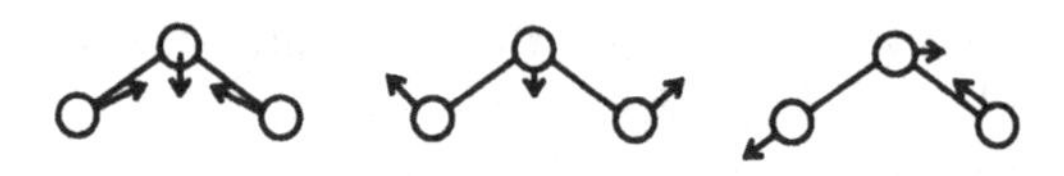

Abb. 5.3
Normalschwingungen des Wassersmoleküls.

Wir wollen zunächst ein zweiatomiges Molekül ($f_{\text{vib}} = 1$) betrachten. Die Schwingung spiegelt dann die Bewegung der Atome entlang ihrer Verbindungsachse wider, wobei die chemische Bindung anschaulich die Rolle einer Feder ausübt, deren Schwingung durch das HOOKEsche Federgesetz bestimmt wird. Dies führt auf das quantenmechanische Modell des *harmonischen Oszillators*. Wir geben hier nur das Ergebnis für die Zustandssumme an:

$$z_{\text{vib}} = \frac{\exp(-h\nu/2k_BT)}{1 - h\nu/2k_BT} = \frac{\exp(-\theta_{\text{vib}}/2T)}{1 - \theta_{\text{vib}}/2T}. \tag{5.26}$$

Die *Schwingungstemperatur* $\theta_{\text{vib}} = h\nu/k_B$ hängt von der Frequenz $\nu = (1/2)(k/\mu_r)^{1/2}$ der Schwingung ab, die aus Molekülspektren bestimmt werden kann. k ist die Kraftkonstante. Tab. 5.1 enthält Werte der Schwingungstemperaturen θ_{vib} einiger zweiatomiger Moleküle. Diese Schwingungstemperaturen besitzen sehr hohe Werte, so daß der Hochtemperaturgrenzfall $\theta_{\text{vib}} \gg T$ auch bei sehr hohen Temperaturen praktisch nicht erreicht wird.

Die Bestimmung der thermodynamischen Größen geht wiederum zweckmäßigerweise von einem Ausdruck für die HELMHOLTZ-Energie nach Gl. (4.24) aus. Wir erhalten

$$A_{\text{vib}}(V,T,N) = -Nk_BT \ln\left(\frac{-\theta_{\text{vib}}/2T}{1 - \theta_{\text{vib}}/2T}\right). \tag{5.27}$$

Die Ableitungen nach V, T und N liefern dann Ausdrücke für den Druck, die Entropie und das chemische Potential. Da der Schwingungsanteil zur HELMHOLTZ-Energie nicht vom Volumen abhängt, tragen Schwingungen nicht zum Druck bei. Wir interessieren uns vor allem für die isochore Wärmekapazität. Wir finden

$$C_{V,\text{vib}} = Nk_B \frac{\exp(\theta_{\text{vib}}/T)}{(\exp(\theta_{\text{vib}}/T) - 1)^2}\left(\frac{\theta_{\text{vib}}}{T}\right)^2. \tag{5.28}$$

Experimentell beobachtete Temperaturabhängigkeiten der Wärmekapazitäten spiegeln diesen Einfluß der Schwingungsbeiträge wider. Diese spielen vor allem bei größeren Molekülen eine Rolle, da dann Beiträge vieler Normalschwingungen aufsummiert werden.

Beispiel 5.3. Wir wollen die Wärmekapazität $\overline{C}_V$ von Wasserdampf bei 298.15 K errechnen. Die Schwingungstemperaturen der in Abb. 5.3 gezeigten Normalschwingungen sind $\theta_{\mathrm{vib}} = 5403$, 5260 und 2294 K. Aus Gl. (5.28) folgt bei Hinzufügung der klassischen Rotations- und Translationsbeiträge ($f_{\mathrm{rot}} = 3$, $f_{\mathrm{transl}} = 3$) für die Stoffmenge von 1 mol (L Teilchen)

$$\overline{C}_V = L\,k_B\,(3/2 + 3/2 + 4.4 \cdot 10^{-6} + 6.7 \cdot 10^{-6} + 0.027) = 3.027\,R\,.$$

Nur die niederfrequente Schwingung trägt zur Wärmekapazität meßbar bei.

5.1.4 Spektroskopische und kalorimetrische Entropien

Man kann die thermodynamischen Funktionen idealer Gase heute aus spektroskopischen Daten mit Hilfe der statistischen Mechanik für kleine Moleküle meist genauer berechnen als experimentell messen. In solchen Fällen ist die sog. *spektroskopische Entropie* $\overline{S}_{\mathrm{spec}}$ der aus kalorimetrischen Daten bestimmten sog. *kalorimetrischen Entropie* $\overline{S}_{\mathrm{cal}}$ vorzuziehen. Bei größeren Molekülen stößt dieses Vorgehen jedoch auf Grenzen, da oft die spektroskopischen Parameter nicht genau bekannt sind und zusätzliche Freiheitsgrade wie z. B. Bewegungen größerer Molekülgruppen wichtig werden.

Tab. 5.2 vergleicht Daten zur spektroskopischen und kalorimetrischen Entropie. Da in die kalorimetrische Entropie Abweichungen vom dritten Hauptsatz nicht eingehen, in die spektroskopische Entropie jedoch eingehen, ergibt die Differenz $\overline{S}^{\circ}_{\mathrm{spec}} - \overline{S}^{\circ}_{\mathrm{cal}}$ die *Nullpunktsentropie.* In Fällen, in denen bei niedrigen Temperaturen keine Einstellung eines vollkommen geordneten Grundzustands eintritt, stimmen kalorimetrische und spektroskopische Entropien daher nicht überein. Ein Beispiel ist CO. In diesem Fall erfolgt im Kristallgitter keine vollständige Einstellung des Grundzustands mit parallelen Ausrichtungen der Moleküle.[2]

Tab. 5.2 Vergleich kalorimetrischer und spektroskopischer Entropien. Quelle: [FIN].

	$\overline{S}^{\circ}_{298}$ /(J K^{-1} mol^{-1})	
	spektroskopisch	kalorimetrisch
HCl	186.8	186.6
HI	206.5	207.1
N_2	191.5	192.0
CO	197.6	193.3

5.2 Perfekte Kristalle

Obwohl sich im Festkörper die Teilchen ständig im Einflußbereich von vielen Nachbarteilchen befinden, lassen sich, begünstigt durch die hohe Ordnung der Gitterstrukturen, neben

[2] Nimmt man zwei Orientierungen im Gitter an, folgen für N Moleküle $\Omega = 2^N$ energetisch gleichwertige Mikrozustände. Die resultierende Nullpunktsentropie $\overline{S}^{\circ}_{\mathrm{spec}} - \overline{S}^{\circ}_{\mathrm{cal}} = R\ln 2 = 5.8$ J K^{-1} mol^{-1} ist etwas höher als der aus den Daten in Tab. 5.2 folgende Wert von 4.3 J K^{-1} mol^{-1}.

idealen Gasen auch perfekte Kristalle thermodynamisch vergleichsweise einfach beschreiben. Wir wollen hier nur die Eigenschaften perfekter Kristalle betrachten. In der Realität treten oft Gitterdefekte und Fehlordnungen auf, die diese Eigenschaften stark beeinflussen.

Wir beschreiben den Kristall durch Teilchen ohne Rotations- und Translationsfreiheitsgrade, die dreidimensionale Schwingungen um ihre Gleichgewichtsposition im Kristallgitter ausführen. EINSTEIN hat dazu 1907 folgendes Modell eingeführt:

- Eine Schwingung in drei Raumrichtungen kann in drei voneinander unabhängige lineare Schwingungen zerlegt werden, so daß das Verhalten von N Atomen durch $3N$ lineare Oszillatoren beschrieben werden kann.
- Alle Schwingungen sind harmonisch und besitzen die gleiche Frequenz ν_E.

Für die Zustandssumme von $3N$ unabhängigen Oszillatoren gleicher Frequenz folgt

$$Z(N,V,T) = (z_\mathrm{vib})^{3N} \,. \tag{5.29}$$

Dabei sind die Oszillatoren an Gitterplätze gebunden und damit unterscheidbar, so daß der bei der Behandlung des idealen Gases in Gl. (5.1) auftretende Faktor $N!$ entfällt.

Zur Behandlung dieser Zustandssumme können wir auf Gl. (5.26) zurückgreifen und erhalten

$$C_{V,\mathrm{vib}} = 3Nk_B \, \frac{\exp(\theta_\mathrm{E}/T)}{(\exp(\theta_\mathrm{E}/T)-1)^2} \left(\frac{\theta_\mathrm{E}}{T}\right)^2 \tag{5.30}$$

mit der EINSTEIN-Temperatur $\theta_\mathrm{E} = h\,\nu_\mathrm{E}/k_B$ als einziger stoffspezifischer Größe. Gl. (5.30) liefert die qualitativ richtige Temperaturabhängigkeit und für $T \gg \theta_\mathrm{E}$ den Grenzwert $\overline{C}_V = 3R$ nach der DULONG-PETITschen Regel. Für $T \ll \theta_\mathrm{E}$ wird ein exponentieller Abfall von $\overline{C}_V$ vorhergesagt, der stärker als die experimentell beobachtete Temperaturabhängigkeit ist.

DEBYE hat wenige Jahre später gezeigt, daß die Unzulänglichkeiten des EINSTEIN-Modells aus der Annahme resultieren, daß alle Oszillatoren mit der gleichen Frequenz schwingen. In realen Systemen hat man es mit einem komplexen Spektrum der Schwingungsfrequenzen zu tun, das durch Streuexperimente experimentell ermittelt werden kann. DEBYE hat dazu einen sehr vereinfachten, aber im Endergebnis sehr erfolgreichen Ansatz vorgeschlagen. Der Ansatz betrachtet die Verteilung $g(\nu)$ der Schwingungsfrequenzen stehender Wellen in einem isotropen, elastischen Medium. Er liefert eine parabolische Verteilung bis zu einer maximalen Frequenz, die als DEBYE-Frequenz ν_D bezeichnet wird. Die Zustandsumme $Z(N,V,T)$ läßt sich wiederum in ein Produkt von Zustandssummen einzelner Oszillatoren zerlegen, die nun der DEBYEschen Frequenzverteilung genügen. Mit der DEBYE-Temperatur $\theta_\mathrm{D} = h\,\nu_\mathrm{D}/k_B$ und den Abkürzungen $x = h\nu/k_BT$ und $x_\mathrm{D} = \theta_\mathrm{D}/T$ lautet das Ergebnis:

$$C_V = 9Nk_BT \left(\frac{T}{\theta_\mathrm{D}}\right)^3 \int_0^{x_\mathrm{D}} \frac{x^4\,\mathrm{e}^x}{(\mathrm{e}^x-1)^2}\,\mathrm{d}x \,. \tag{5.31}$$

Das Integral kann nicht geschlossen ausgewertet werden. Im Hochtemperaturgrenzfall $T \gg \theta_\mathrm{D}$ folgt daraus jedoch wiederum die DULONG-PETITsche Regel. Für $T \ll \theta_\mathrm{D}$ ergibt sich das DEBYEsche T^3-Gesetz

$$C_V = \frac{12\pi^4}{5}\,Nk_B \left(\frac{\theta_\mathrm{D}}{T}\right)^3 , \tag{5.32}$$

das das experimentell gefundene Tieftemperaturverhalten richtig wiedergibt. θ_D kann durch Anpassung der Funktion an experimentelle Daten gewonnen werden. Da das DEBYE-Modell den Festkörper als elastisches Medium behandelt, besteht zudem eine Beziehung zwischen θ_D und den elastischen Konstanten des Kristalls. Abb. 5.4 skizziert schematisch das Verhalten nach dem EINSTEIN- bzw. DEBYE-Modell.

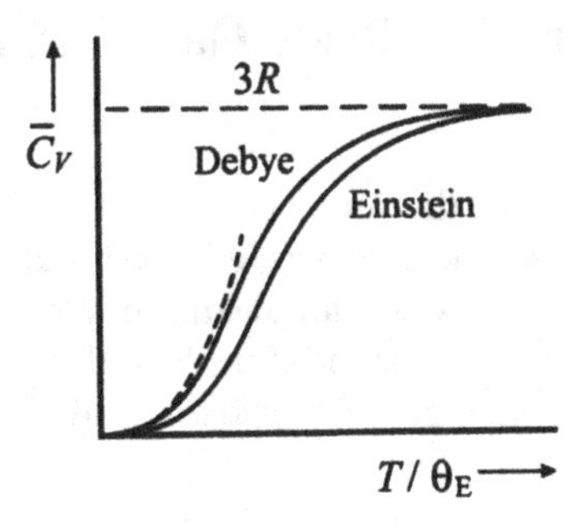

Abb. 5.4
Vergleich der DEBYE- und EINSTEIN-Funktionen (schematisch). Die gestrichelte Linie zeigt das T^3-Grenzverhalten.

Tab. 5.3 stellt die DEBYE-Temperaturen einiger Elemente zusammen. Leichte, „harte“ Elemente, wie z. B. Beryllium oder Diamant, bilden Oszillatoren kleiner Masse und hoher Kraftkonstante und besitzen daher hohe DEBYE-Temperaturen. „Weiche“, schwere Elemente, wie z. B. Blei, besitzen niedrige DEBYE-Temperaturen.

Tab. 5.3 DEBYE-Temperaturen einiger Stoffe. Quelle: [FIN].

Element	Pb	Ag	Cu	Al	Be	Diamant	KCl
θ_D/K	86	220	310	380	980	1850	230

Beispiel 5.4. Das DEBYEsche Gesetz liefert ein Verfahren zur Extrapolation der Entropie für $T \to 0$, das für die Absolutberechnung der Entropie von großer Bedeutung ist. Wir wollen für Diamant die Entropie bei 100 K berechnen. Die Integration des DEBYE-Gesetzes ergibt

$$\overline{S}(T) - \overline{S}(0) = \int_0^T \frac{\overline{C}_P}{T}\,\mathrm{d}T = \frac{12\pi^4 R}{5} \int_0^T \frac{T^2}{(\theta_D)^3}\,\mathrm{d}T = \frac{4\pi^4}{5} R \left(\frac{T}{\theta_D}\right)^3 = \frac{\overline{C}_P(T)}{3} .$$

Mit der DEBYE-Temperatur aus Tab. 5.3 folgt unter Berücksichtigung des dritten Hauptsatzes $\overline{S}(100\ \mathrm{K}) = 0.102\ \mathrm{J\ K^{-1}\ mol^{-1}}$.

Die im letzten Abschnitt eingeführten Modelle von EINSTEIN und DEBYE sollten die Herleitung einer Zustandsgleichung ermöglichen, indem die HELMHOLTZ-Energie berechnet und danach der Druck bestimmt wird. Im Gegensatz zur erfolgreichen Beschreibung der kalorischen Eigenschaften sind diese Modelle für Zustandsgleichungen wenig nützlich. Die harmonische Näherung ist nur für Schwingungen kleiner Amplitude adäquat und kann Eigenschaften wie z. B. die thermische Ausdehnung der Kristalle nicht beschreiben. Man muß auf komplexere anharmonische Näherungen zurückgreifen.

6 Reale Gase und kondensierte Phasen

In verdünnten Gasen sind die Teilchen im Mittel weit voneinander entfernt und ihre Wechselwirkungsenergie ist klein gegenüber ihrer kinetischen Energie. Bei Kompression machen sich zwischenmolekulare Wechselwirkungen bemerkbar, so daß sich bei hoher Dichte die Teilchen ständig im Kraftfeld vieler Nachbarn befinden. Dies führt schließlich zur Kondensation zu Flüssigkeiten und Festkörpern.

6.1 Thermische Eigenschaften realer Gase

6.1.1 Zustandsdiagramm einfacher Reinstoffe

Abb. 6.1 zeigt das dreidimensionale P, V, T-Zustandsdiagramm eines Reinstoffs bei vorgegebener Stoffmenge. Der Reinstoff weist homogene Gebiete von Festkörper (s), Flüssigkeit (ℓ) und Gas (g) sowie heterogene Bereiche auf, in denen jeweils zwei Phasen koexistieren.

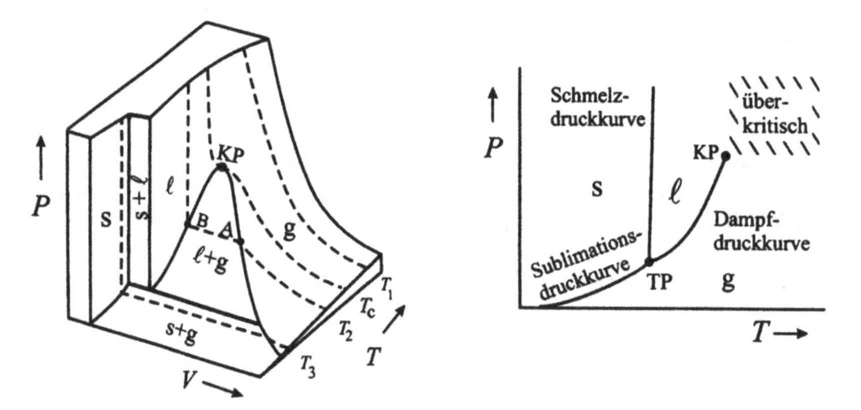

Abb. 6.1 Das P, V, T-Diagramm eines Reinstoffs und seine Projektion in die P, T-Ebene.

Bei hohen Temperaturen läßt sich das Gas z. B. entlang der Isotherme $T = T_1$ kontinuierlich verdichten, bis ein Zweiphasengebiet aus Gas und Festkörper und danach der homogene Bereich des Festkörpers auftritt. Auch bei tiefen Temperaturen, z. B. entlang der Isotherme $T = T_3$, treten nur Gas und Festkörper auf. Die Flüssigkeit existiert in einem eingeschränkten Bereich, der bei hohen Temperaturen durch den *kritischen Punkt* (KP) begrenzt ist. Komprimieren wir z. B. das Gas entlang der Isotherme T_2, ändert sich der Druck zunächst nur wenig, da Gase kompressibel sind. Bei Punkt A beginnt der Dampf zu kondensieren.

Die Linie, die das homogene Gebiet (g) des Dampfes zum heterogenen Gebiet (ℓ + g) begrenzt, wird als *Taulinie* bezeichnet. Das Zweiphasengebiet wird im Ingenieurwesen als *Naßdampfgebiet* bezeichnet. Die Kondensation setzt sich bei konstantem *Sättigungsdampfdruck* $P^{\ell} = P^{g} \equiv P^{sat}$ fort, bis bei Punkt B die *Siedelinie* erreicht wird, an der nur noch die Flüssigkeit vorliegt. Bei weiterer Kompression steigt aufgrund der geringen Kompressibilität der Flüssigkeit die Isotherme steil an.

Zusätzlich zeigt Abb. 6.1 die P,T-Projektion des Zustandsdiagramms, in der Zustände koexistierender Phasen auf *Zweiphasenlinien* zusammenfallen. Die drei homogenen Zustandsbereiche sind durch die *Sublimationsdruckkurve* (s + g), die *Schmelzdruckkurve* (s + ℓ) und die *Dampfdruckkurve* (ℓ + g) getrennt. Die Zweiphasenlinien treffen im *Tripelpunkt* TP aufeinander, an dem drei Phasen (s + ℓ + g) im Gleichgewicht stehen. Die Dampfdruckkurve endet am kritischen Punkt KP. Oberhalb der kritischen Temperatur T_c läßt sich ein Gas kontinuierlich zu dichten flüssigkeitsähnlichen Zuständen komprimieren.

6.1.2 Zustandsgleichungen für mäßig komprimierte Gase

Zur Darstellung des Zustandsverhaltens realer Gase führen wir den *Realgasfaktor*

$$z \stackrel{def}{=} P\overline{V}/RT \tag{6.1}$$

ein, der Abweichungen vom Idealgasverhalten ($z^{pg} = 1$) beschreibt. Abb. 6.2 zeigt als Beispiel Realgasfaktoren einfacher Gase als Funktion des Drucks bei vorgegebener Temperatur.

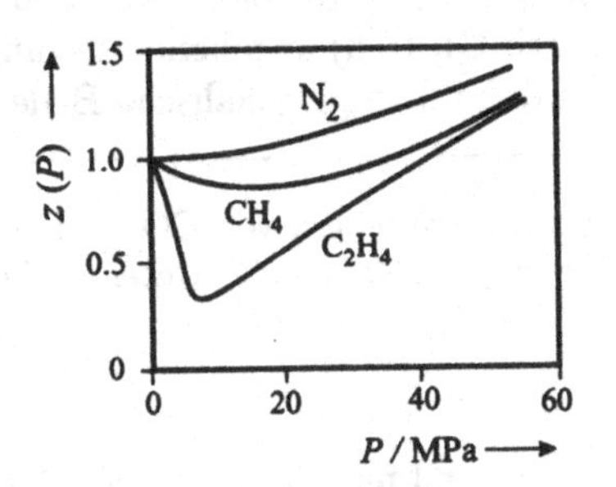

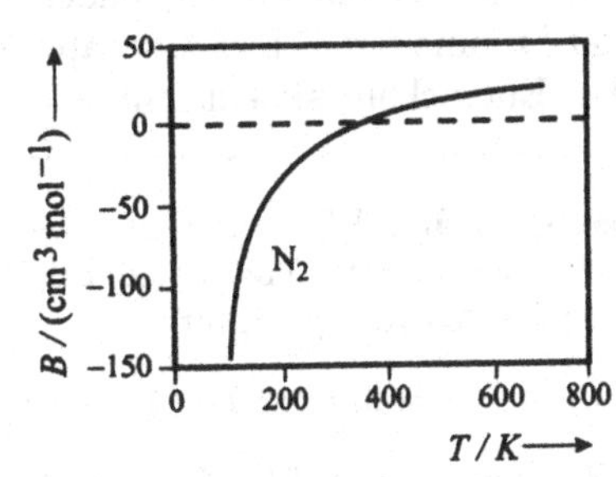

Abb. 6.2 Realgasfaktoren einfacher Gase als Funktion des Drucks bei 273.15 K (links) und Temperaturabhängigkeit des zweiten Virialkoeffizienten von Stickstoff (rechts).

Wir stellen nach KAMERLINGH-ONNES den Realgasfaktor durch die sog. *Virialentwicklung* nach dem inversen Volumen mit temperaturabhängigen Entwicklungskoeffizienten dar:

$$z = 1 + B(T)/\overline{V} + C(T)/\overline{V}^2 + \dots \, . \tag{6.2}$$

Gl. (6.2) wird nach dem Ursprungsort als „Leiden"-Form der Virialentwicklung bezeichnet. Die stoffspezifischen Koeffizienten B, C ... heißen *zweite, dritte* ... *Virialkoeffizienten*. Die Attraktivität der Virialentwicklung beruht auf der Tatsache, daß sie sich mit Methoden der statistischen Mechanik herleiten läßt und die Virialkoeffizienten zwischenmolekulare Kräfte (lat. *vires* = Kräfte) widerspiegeln (siehe Abschnitt 6.3.3). Darüber hinaus kann die Entwicklung vergleichsweise einfach auf Gasgemische erweitert werden.

Da im Experiment meist P als unabhängige Variable vorgegeben ist, ist vom experimentellen Standpunkt aus die sog. „Berlin"-Form der Virialentwicklung

$$z = 1 + B'(T)P + C'(T)P^2 + \dots \tag{6.3}$$

eigentlich naheliegender. Diese Form ist empirisch, jedoch kann man die Koeffizienten der Leiden-Form mit denjenigen der Berlin-Form verknüpfen. Setzt man die beiden Ansätze gleich und ordnet die Terme, liefert ein Koeffizientenvergleich

$$B' = B/(RT), \qquad C' = (C - B)^2/(RT)^2. \tag{6.4}$$

Bilden wir die erste und zweite Ableitung von $z(P,T)$ nach dem Druck, ergibt sich

$$B'(T) = \lim_{P \to 0} \left(\frac{\partial z}{\partial P}\right)_T, \qquad C'(T) = \lim_{P \to 0} \left(\frac{\partial^2 z}{\partial P^2}\right)_T. \tag{6.5}$$

Der zweite Virialkoeffizient kann aus der Grenzsteigung des Realgasfaktors für $P \to 0$ ermittelt werden, der dritte aus der Krümmung, die nur mit erheblicher Unsicherheit bestimmbar ist. Für höhere Koeffizienten existieren praktisch keine Daten, so daß die Anwendung von Virialansätzen auf Systeme mäßiger Dichten beschränkt ist. Der zweite Virialkoeffizient gibt die Zustandsdaten vieler Gase bis zur Hälfte der kritischen Dichte gut wieder.

Polynomentwicklungen der Form $z(P,T)$ mit einer großen Anzahl anpaßbarer Parameter können zwar eine ausgezeichnete Beschreibung größerer Zustandsbereiche unter Einschluß der Kondensation liefern, jedoch wird in der Regel eine bloße Anpassung durch Minimierung der Summe der Fehlerquadrate den durch Gl. (6.5) gegebenen Bedingungen nicht gerecht. Die Entwicklungskoeffizienten verlieren dann ihre physikalische Bedeutung.

Beispiel 6.1. Wir wollen den zweiten Virialkoeffizienten von CO_2 bei 303.15 K bestimmen. Bei einem Druck von 10 bar beträgt die Dichte $\rho = 18.362$ kg m^{-3}. Unter Einführung der Dichte ergibt sich für den Realgasfaktor

$$z = MP/\rho RT = 1 + B'P + \dots .$$

Wir finden $z = 0.951$, $B' = -4.90 \cdot 10^{-8}$ Pa^{-1} und mit Gl. (6.4) $B = -1.235 \cdot 10^{-4}$ m^3 mol^{-1}.

Virialkoeffizienten sind Funktionen der Temperatur. Abb. 6.2 zeigt, daß $B(T)$ für tiefe Temperaturen negativ, für hohe positiv ist. Der Vorzeichenwechsel erfolgt bei der sog. BOYLE-*Temperatur* T_B. Mit Ausnahme von Wasserstoff und den leichten Edelgasen liegen BOYLE-Temperaturen oberhalb von 298 K. Bei größeren Molekülen ist $B(T)$ meist im gesamten zugänglichen Temperaturbereich negativ. Wir werden später dieses Verhalten durch das Wechselspiel anziehender und abstoßender zwischenmolekularer Wechselwirkungen deuten.

6.1.3 Kubische Zustandsgleichungen

Die einfachste Form einer Zustandsgleichung zur Darstellung der Kondensation muß kubisch im Volumen sein. Kubische Zustandsgleichungen können durch numerische Iteration schnell gelöst werden, was eine einfache numerische Handhabung und kurze Rechenzeiten bei komplexen Berechnungen und Prozeßsimulationen ermöglicht. Kubische Zustandsgleichungen gehen auf den Ansatz von VAN DER WAALS (1873)

$$\left(P + \frac{a}{\overline{V}^2}\right)(\overline{V} - b) = RT \tag{6.6}$$

zurück, der nach dem Volumen aufgelöst eine kubische Gleichung ergibt:

$$\overline{V}^3 - \overline{V}^2\left(b + \frac{RT}{P}\right) + \overline{V}\frac{a}{P} - \frac{ab}{P} = 0\,. \tag{6.7}$$

Tab. 6.1 VAN DER WAALS-Parameter einiger einfacher Stoffe. Quelle: [HCP].

	$a/(\mathrm{dm^6\ bar\ mol^{-2}})$	$b/(\mathrm{dm^3\ mol^{-1}})$
H_2	0.246	0.0267
N_2	1.366	0.0386
CO_2	3.640	0.0427
NH_3	4.225	0.0371
H_2O	5.537	0.0305

a und b sind stoffspezifische Konstanten, deren mikroskopische Theorie in Kap. 6.3.4 besprochen wird. b ist das sog. VAN DER WAALS*sche Kovolumen*, das berücksichtigt, daß aufgrund der Abstoßungskräfte zwischen den Teilchen nur ein Teil des Volumens frei zugänglich ist. a trägt dem Einfluß attraktiver Wechselwirkungen zwischen den Teilchen Rechnung, die über einen als *Binnendruck* bezeichneten Zusatzterm zum Druck berücksichtigt werden. a und b bestimmt man aus den kritischen Daten (siehe Abschnitt 6.1.4). Tab. 6.1 stellt einige experimentelle Werte zusammen.

Die VAN DER WAALS-Gleichung liefert keine quantitative Beschreibung des P, V, T-Verhaltens. In der Praxis benutzt man daher modifizierte kubische Ansätze wie z. B.

$$P = \frac{RT}{\overline{V} - b} - \frac{a}{T^{1/2}v(v+b)} \qquad \text{REDLICH und KWONG (1949),} \tag{6.8}$$

$$P = \frac{RT}{\overline{V} - b} - \frac{a(T)}{v^2 + 2vb - b^2} \qquad \text{PENG und ROBINSON (1976).} \tag{6.9}$$

Im letztgenannten Fall ist der Parameter $a(T)$ eine Funktion der Temperatur. Da die VAN DER WAALS-Gleichung jedoch alle wesentlichen Eigenschaften qualitativ korrekt widerspiegelt, ermöglicht sie den einfachsten Zugang zum Verständnis des Realgasverhaltens. Zunächst wollen wir ihre Reihenentwicklung für $b \ll \overline{V}$ betrachten:

$$P = \frac{RT}{\overline{V}\,(1 - (b/\overline{V})} - \frac{a}{\overline{V}^2} = \frac{RT}{\overline{V}}\left(1 + \frac{b - a/(RT)}{\overline{V}} + \frac{b^2}{\overline{V}^2} + \cdots\right)\,. \tag{6.10}$$

Im Grenzfall verschwindenden Drucks geht die VAN DER WAALS-Gleichung damit in die Zustandsgleichung idealer Gase über. Ein Vergleich mit dem Virialansatz liefert

$$B^{\mathrm{vdW}} = b - a/RT\,, \qquad C^{\mathrm{vdW}} = b^2. \tag{6.11}$$

Dies entspricht der in Abb. 6.2 gezeigten Temperaturabhängigkeit des zweiten Virialkoeffizienten. Bei hohen Temperaturen wird $B(T)$ durch repulsive Wechselwirkungen aufgrund des Eigenvolumens der Teilchen bestimmt, bei tiefen Temperaturen durch den Beitrag des Binnendrucks aufgrund attraktiver Wechselwirkungen. Für $C(T)$ wird im Gegensatz zur Vorhersage (6.11) experimentell eine merkliche Temperaturabhängigkeit gefunden.

6.1.4 Kondensation realer Gase

Die historische Bedeutung der VAN DER WAALS-Gleichung liegt in der erstmaligen Beschreibung der Kondensation. Abb. 6.3 zeigt drei typische Isothermen im P, V-Diagramm. Oberhalb der kritischen Temperatur T_c existieren bei vorgegebenem Druck für das Volumen eine reelle und zwei imaginäre Lösungen. Nur die reelle Lösung besitzt physikalische Bedeutung. Man erhält monoton fallende Isothermen. Für $T < T_c$ ergeben sich bei vorgegebenem Druck innerhalb eines gewissen Bereichs drei reelle Lösungen, die den Volumina der gasförmigen (Punkt A) und flüssigen Phase (Punkt C) entsprechen. Die dritte Lösung (Punkt B) besitzt keine physikalische Bedeutung. Bei $T = T_c$ besitzt die Isotherme einen Sattelpunkt, in dem die drei reellen Lösungen für V zusammenfallen.

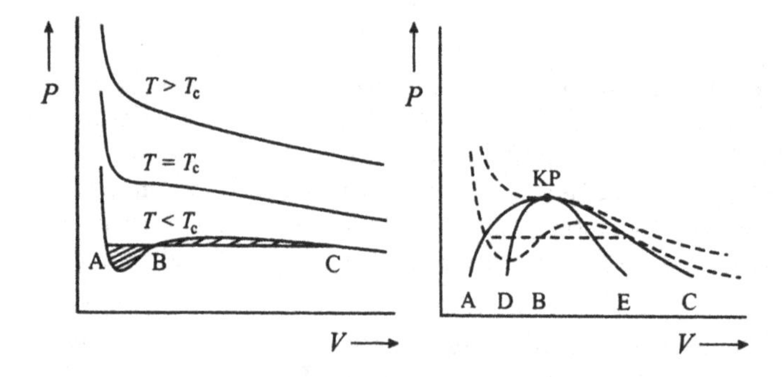

Abb. 6.3 Isothermen der VAN DER WAALS-Gleichung (links) und Definition der Binodalen und Spinodalen (rechts). Die Isotherme des realen Fluids folgt im Zweiphasengebiet im Gleichgewicht der Linie A – C.

Für $T > T_c$ gibt die VAN DER WAALS-Gleichung den experimentellen Verlauf der Isothermen gut wieder. Für $T < T_c$ ist der Druck beim Durchgang durch das Zweiphasengebiet entlang der sog. *Konode* zwischen den Punkten A und C gleich dem konstanten Sättigungsdampfdruck $P^{sat} \equiv P^{\ell} = P^{g}$. Die in Kap. 7.1 behandelten Gleichgewichtsbedingungen verlangen, daß die durch die Isotherme begrenzten Flächen oberhalb und unterhalb der Konoden gleich sind (sog. MAXWELL-Kriterium). Die Punkte A und C aller Isothermen bilden die als *Binodale* bezeichnete Grenze zwischen den Ein- und Zweiphasenbereichen.

Innerhalb der Binodalen können *metastabile* Zustände erreicht werden, solange die Steigung $(\partial P/\partial V)_T$ der Isothermen negativ ist. Bei positiver Steigung würde eine Druckerhöhung zur Volumenvergrößerung führen. Mit der Existenz metastabiler Zustände sind wichtige Phänomene verbunden, wie z. B. die Überhitzung von Flüssigkeiten (Siedeverzug) und die Übersättigung von Dämpfen. Innerhalb der als *Spinodale* bezeichneten Stabilitätsgrenze sind Zustände physikalisch nicht realisierbar. Die Spinodale ist durch die Verbindungslinie der Maxima E und Minima D der Isothermen gegeben.

Beispiel 6.2. Die sog. Wasserdampftafeln (siehe z. B. Lit. [WDT]) liefern bei 573 K die Dichten der koexistierenden Phasen von Wasser zu $\rho^{\ell} = 0.7124$ g cm^{-3} und $\rho^{g} = 0.04615$ g cm^{-3} bei einem Sättigungsdruck von 8.584 MPa. Wir wollen diese Werte mit den Vorhersagen der VAN DER WAALS-Gleichung vergleichen. Die kubische Gleichung (6.7) kann durch analytische oder numerische Verfahren gelöst werden. Mit den VAN DER WAALS-Parametern aus Tab. 6.1 erhalten wir $\overline{V} = 456$, 77.4 und 58.3 cm^3 mol^{-1}. Der erste Wert entspricht dem Molvolumen der Gasphase, der dritte dem Molvolumen der flüssigen Phase, der zweite liegt im instabilen Gebiet. Die daraus folgende Dichte $\rho^{g} = 0.0395$ g cm^{-3} gibt den experimentellen Wert mit 16 % Genauigkeit wieder, die berechnete Dichte $\rho^{\ell} = 0.309$ g cm^{-3} weicht um mehr als einen Faktor zwei vom tatsächlichen Wert ab.

Am kritischen Punkt fallen Binodale und Spinodale in einem Punkt zusammen. Die kritische Isotherme besitzt eine horizontale Tangente und einen Wendepunkt, d. h.

$$\left(\frac{\partial P}{\partial V}\right)_{c} = 0, \qquad \left(\frac{\partial^2 P}{\partial V^2}\right)_{c} = 0. \tag{6.12}$$

Diese Bedingungen liefern zusammen mit Gl. (6.6) ein Gleichungssystem, dessen Lösung die Bestimmung der VAN DER WAALS-Parameter aus kritischen Daten erlaubt:

$$T_c = \frac{8a}{27bR}, \qquad P_c = \frac{a}{27b^2}, \qquad \overline{V}_c = 3b\,. \tag{6.13}$$

Beispiel 6.3. Die kritischen Daten von Acetylen sind $T_c = 308.3$ K, $P_c = 6.139$ MPa und $\overline{V}_c = 113 \cdot 10^{-6}$ m^3 mol^{-1}. Üblicherweise bestimmt man die VAN DER WAALS-Parameter aus T_c und P_c, da diese Größen mit höherer Genauigkeit bestimmbar sind als $\overline{V}_c$. Wir finden $a = 27(RT_c)^2/64P_c$; $b = RT_c/8P_c$. Für Acetylen folgt $a = 0.4515$ m^6 Pa mol^{-2} und $b = 52.2 \cdot 10^{-6}$ m^3 mol^{-1}. Errechnet man b aus dem kritischen Volumen $\overline{V}_c = 3b$, ergibt sich $b = 37.7 \cdot 10^{-6}$ m^3 mol^{-1}. Die Ergebnisse sind inkonsistent, da die VAN DER WAALS-Gleichung nicht exakt ist.

Tab. 6.2 stellt kritische Temperaturen einiger einfacher Fluide zusammen, die von 5 K für Helium bis zu einigen tausend K für Salze (und Metalle) reichen. Offensichtlich ist die kritische Temperatur sehr empfindlich auf die Stärke der zwischenmolekularen Wechselwirkungen. In vielen Fällen liegt sie in einem Temperaturbereich, in dem die Moleküle bereits thermisch instabil sind. Da kritische Daten in vielen Modellierungen als Parameter auftreten, ist man auf Abschätzungen angewiesen. In der Literatur existieren dazu viele Regeln und Korrelationen. Oft liefert bereits die einfache GULDBERG-Regel $T_c \cong 1.5\,T_b$ eine recht gute Abschätzung der kritischen Temperatur aus der normalen Siedetemperatur T_b. Die kritische Dichte beträgt etwa 1/3 der Dichte der Flüssigkeit am Tripelpunkt.

Oberhalb der kritischen Temperatur läßt sich ein Gas ohne Phasenübergang kontinuierlich zu hohen Dichten komprimieren. Dichte fluide Systeme oberhalb der kritischen Temperatur T_c und des kritischen Drucks P_c werden als *überkritische Fluide* bezeichnet (siehe Abb. 6.1).

Tab. 6.2 Kritische Temperaturen einiger Reinstoffe. Quelle: [HCP].

	T_c / K		T_c / K		T_c / K
Edelgase		*Kohlenwasserstoffe*		*polare Stoffe*	
Helium	5.2	Methan	190.5	Ammoniak	405.5
Neon	44.4	Ethan	305.4	Methanol	512.6
Argon	150.9	*n*-Hexan	507.7	Wasser	647.1
Xenon	289.7	*n*-Dodekan	658.6	NaCl	> 3000

Nach Gl. (6.12) divergiert die isotherme Kompressibilität κ_T am kritischen Punkt. Daher führen kleine Druckänderungen in der Nähe des kritischen Punkts zu großen Dichteänderungen. Abb. 6.4 zeigt die Druckabhängigkeit der Dichte von CO_2 bei 298 und 333 K. Der Übergang von gasähnlichen zu flüssigkeitsähnlichen Dichten ist mit großen Änderungen der Stoffeigenschaften wie z. B. dem Lösungsvermögen verbunden. Gleichzeitig behält das System im wesentlichen die hohe Fluidität der Gase bei. Diese einzigartige Kombination von hoher Dichte und hoher Fluidität sowie die Möglichkeit, die Stoffeigenschaften über den Druck zu steuern, bildet heute die Grundlage innovativer Verfahren zur Stofftrennung in der chemischen Synthese und in den Materialwissenschaften. Dabei wird aus ökologischen Gründen und wegen des einfach erreichbaren kritischen Punkts meist CO_2 (T_c = 304.2 K, P_c = 73.8 bar) als Lösungsmittel benutzt. Beispiele sind Extraktionsverfahren mit überkritischem CO_2 in der Lebensmittel-, Kosmetik- und pharmazeutischen Industrie. Der kritische Punkt von Wasser (647.1 K) liegt bei einer zu hohen Temperatur, um überkritisches Wasser als Lösungsmittel in üblichen technischen Verfahren einzusetzen, jedoch existieren Verfahren, um durch chemische Reaktionen in überkritischem Wasser Schadstoffe zu vernichten. Überkritische wäßrige Lösungen kommen in der Natur in Hydrothermalsystemen vor.

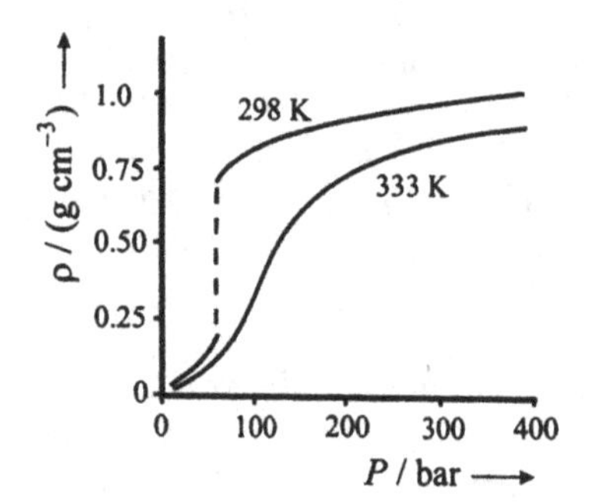

Abb. 6.4
Isotherme Druckabhängigkeit der Dichte von CO_2 im unter- und überkritischen Bereich.

6.1.5 Prinzip der korrespondierenden Zustände

Oft ist eine Darstellung der Fluideigenschaften auf der Grundlage des bereits von VAN DER WAALS erkannten *Prinzips der korrespondierenden Zustände* möglich. Dieses besagt in der einfachsten Form, daß die Fluideigenschaften universelle Funktionen der reduzierten Größen

$$P_{\text{red}} \stackrel{def}{=} P/P_c\,, \qquad T_{\text{red}} \stackrel{def}{=} T/T_c \tag{6.14}$$

sind. Die universelle Zustandsgleichung nimmt dann die Form

$$z = z(P_{\text{red}}, T_{\text{red}}) \tag{6.15}$$

an. Abb. 6.5 zeigt eine Auftragung der Realgasfaktoren von Methan, Propan und Ethen in reduzierter Form.

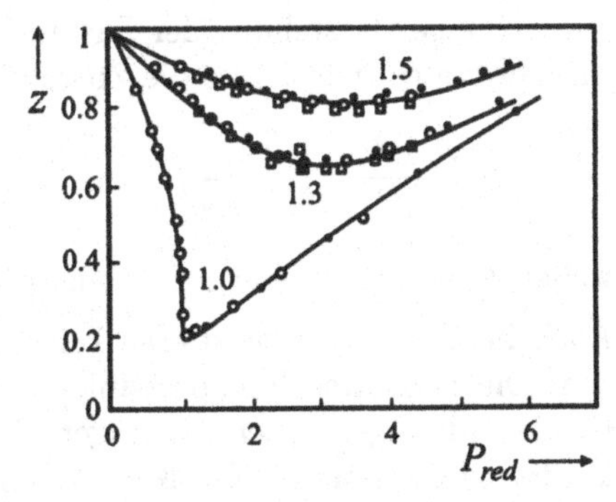

Abb. 6.5
Realgasfaktoren von Methan (□), Propan (•) und Ethen (○) als Funktion des reduzierten Drucks bei drei reduzierten Temperaturen $T_{\text{red}} = 1.0$, 1.3 und 1.5. Nach Daten von G. J. Su, Ind. Eng. Chem., 38, 803 (1946).

Beispiel 6.4. Die VAN DER WAALS-Gleichung erfüllt das Korrespondenzprinzip. Wir ersetzen dazu die Zustandsvariablen durch $P = P_{\text{red}} P_c$, $T = T_{\text{red}} T_c$ und $\overline{V} = \overline{V}_{\text{red}} \overline{V}_c$ und drücken die kritischen Variablen T_c, P_c und $\overline{V}_c$ durch die VAN DER WAALS-Konstanten aus (siehe Beispiel 6.3). Umformung führt auf den Ausdruck

$$\left(P_{\text{red}} + \frac{3}{\overline{V}_{\text{red}}^2}\right)\left(\overline{V}_{\text{red}} - \frac{1}{3}\right) = \frac{8}{3} T_{\text{red}},$$

der keine stoffspezifischen Parameter enthält. Am kritischen Punkt finden wir für den Realgasfaktor $z_c^{\text{vdW}} = 3/8 = 0.375$. Reale Fluide weisen Werte zwischen $z_c = 0.2 \ldots 0.3$ auf.

Das Korrespondenzprinzip ist für annähernd kugelförmige Atome und Moleküle, wie z. B. Argon, Xenon oder Methan, gut erfüllt. Größere Abweichungen werden beobachtet, wenn die Moleküle von der Kugelgestalt abweichen oder stark richtungsabhängige Wechselwirkungen auftreten. Die Einführung eines dritten Parameters neben P_c und T_c erhöht die Genauigkeit der Vorhersagen wesentlich. In einem viel benutzten Modell von PITZER wird als dritter Parameter der sog. „azentrische Faktor" ω eingeführt, der nichtsphärische Beiträge berücksichtigt. Die Zustandsgleichung nimmt dann die Form

$$z = z(P_{\text{red}}, T_{\text{red}}, \omega) \tag{6.16}$$

an, wobei ω meist aus Eigenschaften der Dampfdruckkurve gewonnen wird. Heute greifen Anwendungen in der Regel auf dieses *Dreiparameter-Korrespondenzprinzip* zurück.

6.1.6 Zustandsgleichungen für kondensierte Phasen

Unterhalb der kritischen Temperatur nimmt für die flüssige Phase die Genauigkeit der theoretisch begründbaren Zustandsgleichungen sehr schnell ab. Zur kompakten Datenwiedergabe ist man daher normalerweise auf empirische Ansätze angewiesen. Soll der Zustand ausgehend vom Gas über weite Dichtebereiche beschrieben werden, enthalten solche Zustandsgleichungen eine große Anzahl von Parametern. Derartige empirische Zustandsgleichungen sind im Ingenieurwesen weit verbreitet. Als Beispiel seien sehr genaue empirische Zustandsgleichungen für Wasser und Wasserdampf erwähnt.

Durch geschickte Wahl der Form der Zustandsgleichung kann über beschränkte Bereiche oft auch eine Darstellung der Zustandsgleichung mit wenigen Parametern erhalten werden. Ein bekanntes Beispiel ist die Zustandsgleichung kondensierter Phasen von TAIT

$$\frac{V_0 - V}{V_0 P} = \frac{A}{B + p}, \tag{6.17}$$

wobei V_0 das für $P \to 0$ extrapolierte Volumen ist und A und B positive Konstanten sind.

Auch für Festkörper existieren keine einfache, theoretisch begründbare Zustandsgleichungen. Die isotherme Kompressibilität κ_T eines Festkörpers liegt typischerweise um sechs Größenordnungen unter derjenigen eines verdünnten Gases, der thermische Ausdehnungskoeffizient α_P um zwei Größenordnungen unter demjenigen des Gases. Wegen der geringen Werte geht man oft von linearen Abhängigkeiten dieser Größe von P und T aus oder nimmt κ_T und α_P als konstant an. Dies ist auch für Flüssigkeiten oft eine vernünftige Näherung.

Ist die isotherme Kompressibilität unabhängig vom Druck, folgt aus ihrer Definition durch Integration von einem Ausgangszustand mit dem Volumen V_0 zum aktuellen Zustand

$$\int_{V_0}^{V} \frac{\mathrm{d}V}{V} = -\int_{P_0}^{P} \kappa_T \, \mathrm{d}P. \tag{6.18}$$

Wählt man $P \gg P_0$, führt dies auf die Zustandsgleichung

$$V = V_0 \exp\left(-\kappa_T P\right), \tag{6.19}$$

die gegebenenfalls durch Reihenentwicklung vereinfacht werden kann.

6.2 Thermodynamik realer Gase

6.2.1 Kalorische Zustandsgleichungen

Mit der Entwicklung von thermischen Zustandsgleichungen stehen die Mittel zur Verfügung, um die kalorischen Zustandsgleichungen (3.20) und (3.21) für reale Gase auszuwerten. Wir betrachten als Beispiel die kalorische Zustandsgleichung $H(P, T)$ für ein Gas, dessen Verhalten durch den zweiten Virialkoeffizienten beschrieben werden kann. Wir finden:

$$\left(\frac{\partial H}{\partial P}\right)_T = B - T\frac{\mathrm{d}B}{\mathrm{d}T}. \tag{6.20}$$

$\mathrm{d}B/\mathrm{d}T$ steigt mit der Temperatur monoton an, während $B(T)$ als Funktion der Temperatur das Vorzeichen wechselt. Als Folge wechselt $(\partial H/\partial P)_T$ ebenfalls das Vorzeichen. Die

Temperatur, bei der $(\partial H/\partial P)_T = 0$ ist, wird als *Inversionstemperatur* $T_{\rm inv}$ bezeichnet. Mit dem VAN DER WAALSschen Virialkoeffizienten $B^{\rm vdW} = b - a/RT$ folgt

$$\left(\frac{\partial H}{\partial P}\right)_T = b - 2a/RT\,, \qquad T_{\rm inv}^{\rm vdW} = \frac{2a}{Rb}\,. \tag{6.21}$$

Mit Ausnahme von Wasserstoff und den leichten Edelgasen befindet man sich in der Regel im interessierenden Temperaturbereich immer unterhalb der Inversionstemperatur.

Die Druckabhängigkeit der Enthalpie eines realen Gases spielt bei einer Reihe von technischen Prozessen eine Rolle. Als Beispiel diene der JOULE-THOMSON-Prozeß, der zur Gasverflüssigung eingesetzt wird. Ein solches Experiment kann auch zur Bestimmung der kalorischen Zustandsgleichung $H(P,T)$ bzw. des zweiten Virialkoeffizienten dienen.

Beispiel 6.5. Im JOULE-THOMSON-Prozeß entspannt man ein Gas unter adiabatisch-irreversiblen Bedingungen von einem hohem Druck P_1 durch die sog. „Drossel“ (in der Regel ein poröses Diaphragma) auf einen niedrigen Druck P_2 (Abb. 6.6). Da der Prozeß adiabatisch verläuft, folgt für die Änderung der inneren Energie $U_2 - U_1 = P_1 V_1 - P_2 V_2$, d. h. $H_1 = H_2$. Der JOULE-THOMSON-Prozeß verläuft also *isenthalpisch.*

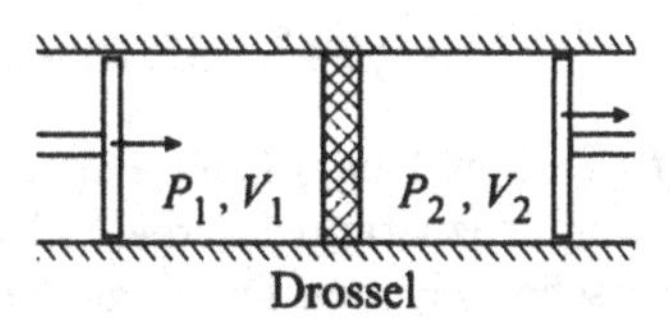

Abb. 6.6
Zur Erläuterung des JOULE-THOMSON-Effekts.

Die Temperaturänderung wird durch den JOULE-THOMSON-Koeffizienten

$$\mu_{\rm JT} \overset{\rm def}{=} \left(\frac{\partial T}{\partial P}\right)_H = -\frac{(\partial H/\partial P)_T}{(\partial H/\partial T)_P} = -\frac{1}{C_P}\left(\frac{\partial H}{\partial P}\right)_T$$

beschrieben, wobei zur Verknüpfung der partiellen Ableitungen der Zustandsfunktion $H(P,T)$ die EULERsche Regel (1.11) benutzt wurde. Setzen wir die kalorische Zustandsgleichung ein, ist

$$\mu_{\rm JT} = \frac{1}{C_P}\left\{T\left(\frac{\partial V}{\partial T}\right)_P - V\right\}\,.$$

Für ein ideales Gas verschwindet dieser Ausdruck, d. h. die Temperatur eines idealen Gases ändert sich im JOULE-THOMSON-Experiment nicht. Für verdünnte reale Gase können wir die kalorische Zustandsgleichung auf der Ebene des zweiten Virialkoeffizienten behandeln (siehe Gl. (6.21)). Dann ist mit Ausnahme von Wasserstoff und den leichten Edelgasen $\mu_{\rm JT}$ bei Raumtemperatur negativ, so daß Gase durch das JOULE-THOMSON-Experiment verflüssigt werden können. Bei höheren Gasdichten ist der Abbruch der Virialgleichung nach dem zweiten Virialkoeffizienten unzureichend. Die Inversionstemperatur wird dann eine Funktion des Drucks.

6.2.2 Realanteile thermodynamischer Funktionen und Fugazität

Es liegt nahe, die thermodynamischen Funktionen realer Fluide in einen Anteil des idealen Gases und einen Realanteil (engl. *residual function*) zu zerlegen:

$$\overline{Y} \stackrel{def}{=} \overline{Y}^{pg} + \overline{Y}^{res} . \tag{6.22}$$

Um den Realanteil des chemischen Potentials zu bestimmen, gehen wir von Gl. (3.34) aus und subtrahieren Gl. (3.35). Der Standardanteil hebt sich weg, und wir finden

$$\overline{G}^{res} = \mu^{res} = \int\limits_0^P \left(\overline{V} - \frac{RT}{P}\right) \mathrm{d}P. \tag{6.23}$$

Wegen der großen Bedeutung der GIBBS-Energie wollen wir ihren Realanteil noch in einer etwas anderen Form behandeln. In Gl. (3.35) wurde das chemische Potential eines idealen Gases auf einen Standardwert $\mu^\circ(T)$ beim Druck $P^\circ = 1$ bar bezogen:

$$\mu^{pg}(P,T) = \mu^\circ(T) + RT \ln (P/P^\circ) .$$

Wir benutzen nun nach LEWIS den gleichen formalen Zusammenhang für reale Gase:

$$\mu(P,T) \stackrel{def}{=} \mu^\circ(T) + RT \ln (f/f^\circ) . \tag{6.24}$$

f (Einheit 1 bar) heißt *Fugazität.* f° ist die Fugazität im Standardzustand. Wählen wir als Standardzustand für reale Gase das äquivalente ideale Gas bei 1 bar, ist $f^\circ = 1$ bar. Für verschwindenden Druck geht die Fugazität in den Druck über, d. h.

$$\lim_{P\to 0} f/P = 1 . \tag{6.25}$$

Damit folgt für die Fugazität

$$f = f^\circ \exp\left\{\frac{\mu(P,T) - \mu^\circ(T)}{RT}\right\} . \tag{6.26}$$

Je nach Zustandsbedingungen kann die Fugazität höher oder niedriger als der Druck sein. Abb. 6.7 vergleicht das chemische Potential des idealen Gases mit demjenigen eines realen Gases für $f < P$. Das chemische Potential des realen Gases erreicht den Wert μ° erst bei einem Druck über 1 bar. Da die Definitionen an keiner Stelle auf spezielle Eigenschaften der Gasphase bezogen sind, ist das Konzept der Fugazität auch auf Flüssigkeiten und Festkörper anwendbar.

Die Abweichung der Fugazität vom Druck wird durch den *Fugazitätskoeffizienten*

$$\varphi \stackrel{def}{=} f/P , \qquad \lim_{P\to 0} \varphi = 1 \tag{6.27}$$

beschrieben. Für den Realanteil des chemischen Potentials folgt daraus

$$\mu^{res} = RT \ln \varphi . \tag{6.28}$$

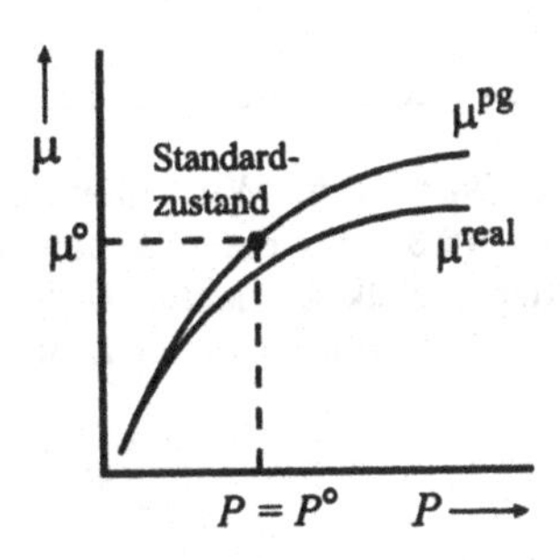

Abb. 6.7
Zur Definition des Standardzustands eines realen Gases.

Chemisches Potential und Fugazität beinhalten die gleiche Information, jedoch ist die Fugazität als „korrigierter Druck" oft anschaulicher interpretierbar als das chemische Potential.

Der Fugazitätskoeffizient kann aus der Zustandsgleichung berechnet werden. Wir schreiben

$$\mu(P_2, T) - \mu(P_1, T) = RT \ln (f_2/f_1) \, , \tag{6.29}$$

$$\mu^{\mathrm{pg}}(P_2, T) - \mu^{\mathrm{pg}}(P_1, T) = RT \ln (P_2/P_1) \tag{6.30}$$

und subtrahieren die beiden Gleichungen voneinander. Wir erhalten

$$\ln \left(\frac{f_2/P_2}{f_1/P_1} \right) = \frac{1}{RT} \int_{P_1}^{P_2} \left(\overline{V}(P,T) - \overline{V}^{\mathrm{pg}}(P,T) \right) \mathrm{d}P. \tag{6.31}$$

Ist P_2 ein beliebiger Druck und geht P_1 gegen null, ergibt sich

$$\ln \varphi = \ln \left(\frac{f}{P} \right) = \frac{1}{RT} \int_0^P \left(\overline{V}(P,T) - \overline{V}^{\mathrm{pg}}(P,T) \right) \mathrm{d}P$$

$$= \frac{1}{RT} \int_0^P \frac{z(P,T) - 1}{P} \, \mathrm{d}P \, . \tag{6.32}$$

Die Integration nach Gl. (6.32) erfordert eine volumenexplizite Zustandsgleichung $V = V(P,T)$. Für druckexplizite Gleichungen $P = P(V,T)$ muß eine etwas aufwendige Umformung von Gl. (6.32) vorgenommen werden. Dazu drückt man unter Benutzung des Realgasfaktors die Größe $(\partial \ln \varphi / \partial P)_T$ durch $(\partial \ln \varphi / \partial V)_T$ aus und integriert $(\partial \ln \varphi / \partial V)_T$ zwischen den Grenzen V und $V \to \infty$. Das Ergebnis lautet

$$\ln \varphi(T, V) = (z - 1) - \ln z - \int_{\infty}^{\overline{V}} \frac{z - 1}{\overline{V}} \, \mathrm{d}\overline{V} \, . \tag{6.33}$$

Liegt die Zustandsgleichung in der Virialform vor, ist die Bestimmung des Fugazitätskoeffizienten vergleichsweise einfach. Insbesondere ist bei niedrigen Drücken

$$\ln \varphi = \frac{BP}{RT} + \ldots \, . \tag{6.34}$$

Beispiel 6.6. Wir wollen die Fugazität von Wasser bei 700 K und 100 bar berechnen, indem wir Gl. (6.32) für die VAN DER WAALS-Gleichung bis zum dritten Virialkoeffizienten auswerten. Mit den Virialkoeffizienten $B^{\text{vdW}} = b - a/RT$ und $C^{\text{vdW}} = b^2$ und den Umrechnungsbeziehungen (6.4) in die Berlin-Form der Zustandsgleichung ergibt sich

$$z = 1 + \frac{b - a/RT}{RT} P + \frac{a}{(RT)^3} \left(2b - \frac{a}{RT}\right) P^2 + \dots .$$

Für $\ln \varphi$ folgt

$$\ln \varphi = \frac{1}{RT} \left(b - \frac{a}{RT}\right) P + \frac{a}{2(RT)^3} \left(2b - \frac{a}{RT}\right) P^2 + \dots .$$

Mit den Werten aus Tab. 6.1 finden wir $\varphi = 0.891$. Die Fugazität ist damit $f = 89.1$ bar.

Nach dem Prinzip der korrespondierenden Zustände ist φ eine universelle Funktion der Variablen P_{red} und T_{red}. In der Literatur liegen zahlreiche Diagramme und Tabellen vor, die auf dieser Grundlage eine Abschätzung der Fugazität ermöglichen. Abb. 6.8 zeigt ein typisches Diagramm. Bei niedrigen Drücken wird das Verhalten durch den zweiten Virialkoeffizienten bestimmt. In diesem Fall ist $\varphi > 1$ für $T > T_{\text{B}}$ und $\varphi < 1$ für $T < T_{\text{B}}$. Bei hohen Drücken ist $\varphi > 1$ und $f > P$, d. h. die Moleküle „fliehen" voreinander aufgrund ihrer abstoßenden Wechselwirkungen (lat. *fugare* = fliehen).

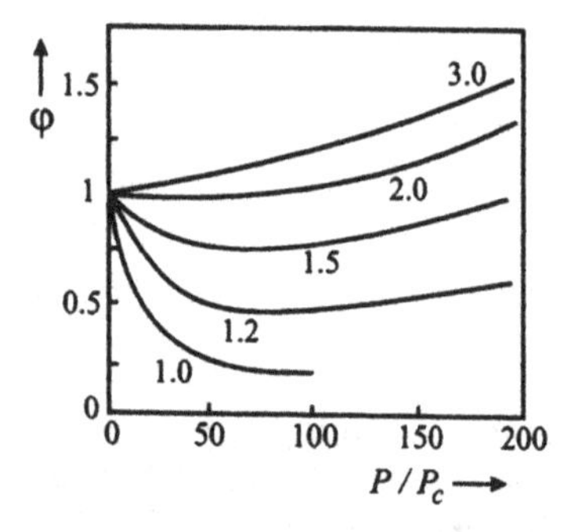

Abb. 6.8
Isothermen des Fugazitätskoeffizienten als Funktion des reduzierten Drucks (schematisch). Die Isothermen sind durch die Zahlenwerte der reduzierten Temperatur T_{red} gekennzeichnet.

Um Ausdrücke für die Temperatur- und Druckabhängigkeit des Fugazitätskoeffizienten herzuleiten, ist der Realanteil der GIBBS-Energie nach T bzw. P abzuleiten. Wir finden

$$\left(\frac{\partial \varphi}{\partial T}\right)_P = -\frac{\overline{H}^{\text{res}}}{RT^2}, \qquad \left(\frac{\partial \ln \varphi}{\partial P}\right)_T = \frac{\overline{V}^{\text{res}}}{RT}. \tag{6.35}$$

Die Temperatur- und Druckabhängigkeit des Fugazitätskoeffizienten ist also durch die nach Gl. (6.22) definierten Realanteile der Enthalpie bzw. des Volumens gegeben.

Beispiel 6.7. Gelegentlich kennt man den Fugazitätskoeffizienten der Flüssigkeit bei einem vorgegebenen Druck, z. B. dem Sättigungsdampfdruck P^{sat}, und benötigt seinen Wert bei einem Systemdruck P. Zur Umrechnung gehen wir von Gl. (6.35) aus. Da für kondensierte Phasen die Druckabhängigkeit des chemischen Potentials vergleichsweise gering ist, legen wir in erster Näherung eine inkompressible Phase zugrunde. Wir finden dann sofort

$$f(P) = f(P^{sat}) \exp\left(\frac{\overline{V}^{\ell}(P - P^{sat})}{RT}\right).$$

Der Exponentialfaktor wird als POYNTING-*Faktor* bezeichnet. Dieser Faktor weicht nur bei großen Druckdifferenzen merklich vom Wert 1 ab. Für Wasser bei 298.15 K und einem Druck von 10 bar beträgt der POYNTING-Faktor 1.007, bei 100 bar 1.075. Wir werden noch an anderer Stelle dem POYNTING-Faktor begegnen (siehe Kap. 7.2.1).

6.3 Molekulare Beschreibung von realen Gasen und Flüssigkeiten

6.3.1 Paarpotential

Zur Charakterisierung der zwischenmolekularen Wechselwirkungen dient das *Paarpotential* $u_{12}(r) = u_{21}(r) \equiv u(r)$, das die potentielle Energie eines Teilchens 1 im Abstand r von einem Nachbarteilchen 2 beschreibt.[1] Das Potential ist in der Mechanik mit der Kraft durch

$$F(r) = -\frac{\mathrm{d}u(r)}{\mathrm{d}r} \tag{6.36}$$

verknüpft. Integriert man diese Beziehung und setzt man das Potential bei unendlichem Abstand der Teilchen gleich null, folgt

$$u(r) = -\int_r^{\infty} F(r)\,\mathrm{d}r\,. \tag{6.37}$$

Heute sind durch spektroskopische Experimente und theoretische Berechnungen viele Einzelheiten über Paarpotentiale bekannt. Abb. 6.9 zeigt den typischen Verlauf. Bei großen Abständen ist das Potential attraktiv, d. h. $u(r) < 0$. Bei kleinen Abständen dominieren repulsive Wechselwirkungen und das Potential steigt steil an. Der Verlauf ähnelt dem Potential zwischen zwei Atomen in einer chemischen Bindung. Typische chemische Bindungsenergien liegen jedoch zwischen 200 und 500 kJ mol^{-1}, während die Potentialtiefe zwischenmolekularer Wechselwirkungen meist nur einige kJ mol^{-1} beträgt.

Der steile Anstieg des Potentials bei kleinen Abständen resultiert aus *repulsiven* zwischenmolekularen Wechselwirkungen, da bei einer Überlappung der Elektronenhüllen der Moleküle Abstoßungskräfte der Elektronen und Kerne sowie die zunehmende kinetische Energie

[1] Oft tritt eine Abhängigkeit von der gegenseitigen Orientierung der Moleküle hinzu, die hier nicht behandelt werden kann.

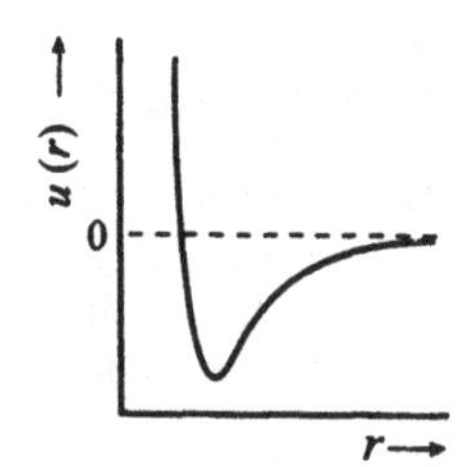

Abb. 6.9
Zwischenmolekulares Wechselwirkungspotential.

der Elektronen wirksam werden. Repulsive Wechselwirkungen können nur auf der Grundlage der Quantenmechanik beschrieben werden. Empirisch schreiben wir oft

$$u^{\text{rep}}(r) = A/r^m \tag{6.38}$$

mit einem genügend hohen Exponenten, z. B. $m = 12$, um den steilen Anstieg zu beschreiben. Bei großen Abständen dominieren *attraktive* Wechselwirkungen. Dabei existieren drei Wechselwirkungsmechanismen, nämlich

- elektrostatische Wechselwirkungen,
- induktive Wechselwirkungen und
- die Dispersionswechselwirkung.

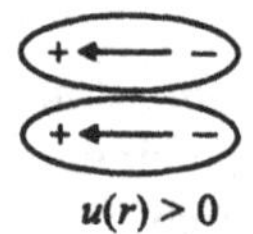

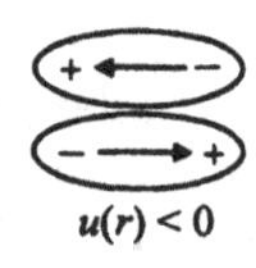

Abb. 6.10
Elektrostatische Dipol-Dipol-Wechselwirkungen bei ungünstigen und günstigen Dipolorientierungen.

Elektrostatische Wechselwirkungen treten bei einer nichtsphärischen Ladungsverteilung im Molekül auf. Sie können mit Hilfe der klassischen Elektrostatik beschrieben werden. Der wichtigste Beitrag resultiert aus der Wechselwirkung zwischen elektrischen Dipolmomenten der Moleküle. In polaren Molekülen, wie z. B. HCl und H_2O, fallen die Schwerpunkte der positiven und negativen Ladungen nicht zusammen, so daß die Moleküle elektrische Dipole bilden. Die Stärke des Dipols wird durch das *elektrische Dipolmoment* beschrieben. Für zwei Ladungen q und $-q$ im Abstand R ist das Dipolmoment ein Vektor mit dem Betrag $\mu = qR$, der von der negativen zur positiven Ladung zeigt. Symmetrische Moleküle, wie z. B. CO_2 und CH_4, besitzen kein Dipolmoment. Die Wechselwirkungsenergie hängt vom Abstand und der gegenseitigen Orientierung der Dipole ab. In einer fluiden Probe liegt aufgrund der thermischen Bewegung eine Verteilung der Dipolorientierungen vor, wobei energetisch günstige Anordnungen wahrscheinlicher als energetisch ungünstige Anordnungen sind (Abb. 6.10). Mittelt man über die Orientierungsverteilung der Dipole, folgt

$$u^{\text{dd}}(r) = -\frac{2}{3k_BT}\frac{\mu^4}{r^6} + \dots \tag{6.39}$$

$u^{\text{dd}}(r)$ stellt mit Potentialtiefen von einigen kJ mol^{-1} bei stark polaren Molekülen den wichtigsten attraktiven Beitrag zur Wechselwirkungsenergie dar. $u^{\text{dd}}(r)$ hängt von der Temperatur ab, da sich die Temperatur auf die Orientierungsverteilung auswirkt. Allerdings ergibt das Dipolmoment keine vollständige Beschreibung der Ladungsverteilung im Molekül; es treten höhere Momente, wie z. B. das Quadrupolmoment, hinzu, deren Beitrag zum Paarpotential bei hohen Genauigkeitsansprüchen zu berücksichtigen ist.

Induktionswechselwirkungen resultieren aus der Störung der Ladungsverteilung eines Teilchens durch das elektrische Feld benachbarter Dipole, durch das in einem Molekül ein Dipolmoment induziert werden kann. Sie können im klassischen Bild beschrieben werden und sind meist schwächer als die anderen hier erwähnten Wechselwirkungen. Die Verschiebbarkeit der Elektronen wird durch die *Polarisierbarkeit* α charakterisiert, die aus dem Brechungsindex des Stoffs bestimmt werden kann. Das winkelgemittelte Paarpotential wurde von DEBYE hergeleitet und fällt ebenfalls proportional zu $1/r^6$ ab.

Die *Dispersionswechselwirkung* ist nur durch quantenmechanische Überlegungen erklärbar. Sie resultiert aus der Tatsache, daß die Ladungsverteilung in Atomen zu einem gegebenen Zeitpunkt nicht exakt kugelsymmetrisch ist, da die Elektronen ihre Positionen ständig ändern. Dies führt zu einem fluktuierenden elektrischen Dipolmoment, das sich im zeitlichen Mittel weghebt. Das elektrische Feld dieser Dipole verschiebt Ladungen in Nachbaratomen und induziert dort ebenfalls fluktuierende Dipole, so daß die Ladungsfluktuationen der Teilchen korreliert sind. Bei unpolaren Teilchen liefert die Dispersionswechselwirkung den einzigen attraktiven Beitrag zum Paarpotential. LONDON hat für die Dispersionswechselwirkung zwischen Teilchen i und j den Ausdruck

$$u^{\mathrm{disp}}(r) = -\frac{3}{2}\,\alpha_i\alpha_j\left(\frac{I_iI_j}{I_i+I_j}\right)\frac{1}{r^6}+\ldots = -C\,\frac{1}{r^6}+\ldots \tag{6.40}$$

hergeleitet. I ist die zur Ionisierung eines Teilchens erforderliche Energie (Ionisierungsenergie), die spektroskopisch bestimmt werden kann, α ist wiederum die Polarisierbarkeit. Die Potentialtiefe ist für kleine Teilchen von der Größenordnung 1 kJ mol^{-1} und steigt mit der Größe der Moleküle an, da sich die Zahl der Wechselwirkungszentren erhöht.

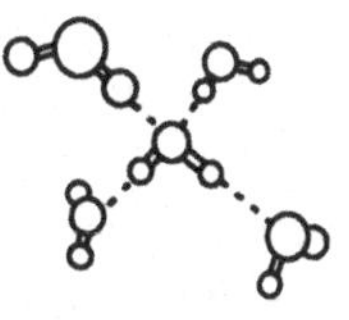

Abb. 6.11
Tetraedrische Koordination des Wassers.

Schließlich existieren Systeme, bei denen größere Potentialtiefen auftreten. Ein bekanntes Beispiel sind *Wasserstoffbrückenbindungen* des Typs O–H $\cdots$ O mit typischen Potentialtiefen zwischen 10 und 40 kJ mol^{-1}. Diese basieren im wesentlichen auf elektrostatischen Effekten, wobei der kleine Radius des Protons und seine geringe Abschirmung durch Elektronen zu starken Wechselwirkungen führt. Wasserstoffbrückenbindungen sind stark gerichtet. In einigen Fällen werden wohldefinierte molekulare Assoziate erhalten, die in thermodynamischen Modellierungen oft als eigenständige Spezies behandelt werden. Das wichtigste Beispiel ist Wasser, in dem der H–O–H Winkel von 104.5° ungefähr gleich dem Tetraederwinkel von 109° ist. Damit kann Wasser die in Abb. 6.11 gezeigte tetraedrische Koordination ausbilden, die das Grundmotiv der Strukturen in Eis und flüssigem Wasser bildet.

6.3.2 Einfache Modellpotentiale für statistisch-mechanische Berechnungen

Voraussetzung für eine statistisch-mechanische Theorie von realen Gasen und Flüssigkeiten ist die Kenntnis des Paarpotentials. Viele Theorien arbeiten dabei mit einfachen Potentialmodellen.

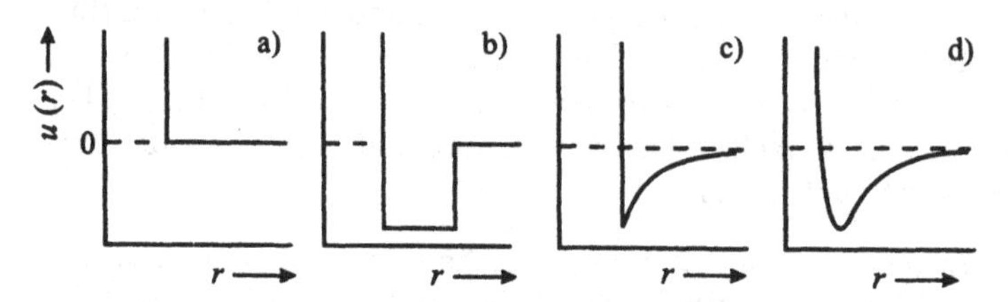

Abb. 6.12 Einfache Potentialmodelle: a) harte Kugeln; b) Kastenpotential; c) SUTHERLAND-Potential; d) LENNARD-JONES-Potential.

Das Potential in Abb. 6.12a beschreibt die Teilchen als *harte Kugeln* ohne weitere Wechselwirkungen. Für Abstände, die kleiner als der Durchmesser d der Kugeln sind, nimmt das Potential einen unendlich hohen Wert an, für alle anderen Abstände verschwindet es:

$$u(r) = \begin{cases} \infty & r \leq d \\ 0 & r > d\,. \end{cases} \tag{6.41}$$

Attraktive Wechselwirkungen können in einfachster Form durch das mathematisch besonders gut handhabbare *Kastenpotential* in Abb. 6.12b

$$u(r) = \begin{cases} \infty & r \leq d \\ -\varepsilon & d < r \leq g \cdot d \\ 0 & r > g \cdot d \end{cases} \tag{6.42}$$

oder durch das SUTHERLAND-*Potential* in Abb. 6.12c

$$u(r) = \begin{cases} \infty & r \leq d \\ C\,r^{-6} & r > d \end{cases} \tag{6.43}$$

beschrieben werden. Gl. (6.42) berücksichtigt anziehende Kräfte über einen eingeschränkten Bereich, dessen Breite durch den Parameter g bestimmt wird. ε ist die Potentialtiefe. Das SUTHERLAND-Potential verknüpft einen $1/r^6$-abhängigen attraktiven Beitrag mit einem harten repulsiven Beitrag. Realistischer sind die sog. (m,n)-Potentiale, die sowohl die repulsive als auch attraktive Wechselwirkung empirisch durch Potenzgesetze mit Exponenten m und n beschreiben. Das wichtigste Potential dieser Form ist das in Abb. 6.12d gezeigte LENNARD-JONES-*Potential*, das die theoretisch vorhergesagte r^{-6}-Abhängigkeit des attraktiven Beitrags durch eine empirische r^{-12}-Abhängigkeit des repulsiven Astes ergänzt:

$$u(r) = 4\varepsilon \left[\left(\frac{\sigma}{r} \right)^{12} - \left(\frac{\sigma}{r} \right)^{6} \right]. \tag{6.44}$$

ε ist die Potentialtiefe. σ kennzeichnet den Nulldurchgang und ist daher ein Maß für den effektiven Durchmesser der Teilchen. Das Potentialminimum liegt bei $r = 2^{1/6}\sigma$.

6.3.3 Konfigurationsintegral und Virialentwicklung

Die Entwicklung von adäquaten Näherungen für die Zustandssumme eines Systems mit zwischenmolekularen Wechselwirkungen ist ein aktuelles und bisher erst in Ansätzen gelöstes Problem der statistischen Mechanik.[2] Da die inneren Freiheitsgrade in der Regel durch zwischenmolekulare Wechselwirkungen nicht beeinflußt werden, wollen wir im folgenden der Einfachheit halber Teilchen ohne innere Freiheitsgrade betrachten.

Wir kennzeichnen den Zustand der Teilchen durch N Ortsvektoren $\mathbf{r}_i$ und N Impulsvektoren $\mathbf{p}_i$, wobei jeder Vektor drei Komponenten in x-, y- und z-Richtung enthält. Die Gesamtenergie ist durch die sog. HAMILTON-Funktion $\mathcal{H} = \mathcal{T}(\mathbf{p}_1, \mathbf{p}_2, \ldots \mathbf{p}_N) + \mathcal{U}_N(\mathbf{r}_1, \mathbf{r}_2 \ldots \mathbf{r}_N)$ gegeben, wobei $\mathcal{T}$ die kinetische Energie und $\mathcal{U}_N$ die potentielle Energie aufgrund der zwischenmolekularen Wechselwirkung ist. $\mathcal{U}_N$ hängt von den Koordinaten aller Teilchen ab und wird als *Konfigurationsenergie* bezeichnet. Für ein ideales Gas ist $\mathcal{U}_N = 0$.

Nun ist die Zustandssumme $Z(V,T)$ nicht mehr in Zustandssummen einzelner Teilchen separierbar, da die Moleküle über intermolekulare Wechselwirkungen aneinander gekoppelt sind. Wir können jedoch im klassischen Grenzfall die Integration über Orts- und Impulskoordinaten getrennt durchführen. Die Integration über die Impulskoordinaten entspricht der Behandlung der Translationszustandssumme in Kap. 5.1.2 und führt auf die thermische DE BROGLIE-Wellenlänge λ (Gl. (5.8)). Wir erhalten

$$Z(N,V,T) = \left(\frac{2\pi m k_B T}{h^2}\right)^{3N/2} Q_N = \frac{Q_N}{\lambda^{3N}}\,. \tag{6.45}$$

Das Konfigurationsintegral

$$Q_N = \frac{1}{N!} \int\limits_V \ldots \int\limits_V \exp\left(\frac{-\mathcal{U}_N(\mathbf{r}_1, \mathbf{r}_2, \ldots \mathbf{r}_N)}{k_B T}\right) \mathrm{d}^3\mathbf{r}_1\, \mathrm{d}^3\mathbf{r}_2 \ldots \mathrm{d}^3\mathbf{r}_N \tag{6.46}$$

beschreibt den Beitrag der zwischenmolekularen Wechselwirkungen zur Zustandssumme. Für die HELMHOLTZ-Energie ergibt sich:

$$A = N k_B T \ln \lambda^3 - k_B T \ln Q_N = A_{\mathrm{transl}} + A_{\mathrm{conf}}\,. \tag{6.47}$$

Da λ nicht vom Volumen abhängt, folgt für den Druck

$$P = -\left(\partial A/\partial V\right)_{N,T} = -\left(\partial A_{\mathrm{conf}}/\partial V\right)_{N,T}\,. \tag{6.48}$$

Für ein ideales Gas ist $\mathcal{U}_N = 0$ und $Q_N^{\mathrm{pg}} = V^N/N!$. Damit folgt das ideale Gasgesetz:

$$P = k_B T\, \frac{N!}{V^N} \frac{\partial}{\partial V}\left(\frac{V^N}{N!}\right) = k_B T\, \frac{N}{V}\,. \tag{6.49}$$

Für reale Gase und Flüssigkeiten nehmen fast alle Theorien in der sog. *Paarnäherung* an, daß die Konfigurationsenergie $\mathcal{U}_N$ der Teilchen aus der Summe der Wechselwirkungen aller

[2] Der Weg zu thermodynamischen Funktionen und zur Zustandsgleichung realer Gase ist besonders elegant möglich, wenn wir den Formalismus für die großkanonische Zustandssumme Ξ (siehe Gl. (4.32)) benutzen, die hier nicht eingeführt wurde.

möglichen Teilchenpaare resultiert. Wir schreiben also beispielsweise für ein System aus drei Teilchen $\mathcal{U}_{123} = u(r_{12}) + u(r_{13}) + u(r_{23})$ und allgemein

$$\mathcal{U}_N = \frac{1}{2}\sum_{i=1}^{N}\sum_{j\neq i}^{N} u(r)\,. \tag{6.50}$$

Die Bestimmung der Zustandsgleichung erfolgt nun aufgrund einfacher physikalischer Überlegungen, ist jedoch mathematisch aufwendig, so daß hier nur der Grundgedanke skizziert werden kann: Wir entwickeln nach MAYER das Konfigurationsintegral Q_N nach Beiträgen $Q_k = Q_1, Q_2, Q_3 \ldots$ von Konfigurationen aus k Teilchen und vergleichen das Ergebnis für den Druck mit der Virialentwicklung in der Leiden-Form (6.2). Als Ergebnis folgt:

- Der k-te Virialkoeffizient spiegelt den Beitrag von Konfigurationen von k Teilchen wider. Der zweite Virialkoeffizient berücksichtigt also Beiträge von Teilchenpaaren, der dritte Beiträge von Dreiteilchenkonfigurationen usw.

6.3.4 Realgaseigenschaften

Im Falle des zweiten Virialkoeffizienten ist die theoretische Behandlung vergleichsweise einfach. Wir betrachten zunächst ein Gas, das aus nur zwei Teilchen besteht. Wir erhalten

$$Q_2 = \frac{1}{2!}\int_V\int_V \exp\left(\frac{-u(\mathbf{r}_1,\mathbf{r}_2)}{k_BT}\right) \mathrm{d}^3\mathbf{r}_1\,\mathrm{d}^3\mathbf{r}_2\,. \tag{6.51}$$

Das Potential hängt nur vom Relativabstand r der Teilchen ab, d. h. $u(\mathbf{r}_1,\mathbf{r}_2) \equiv u(r)$. Ersetzt man die Differentiale $\mathrm{d}\mathbf{r}_1$, $\mathrm{d}\mathbf{r}_2$ durch das Differential $\mathrm{d}r$ des Relativabstands,[3] folgt

$$Q_2 = 1 + \frac{1}{V}\int_0^\infty f_{12}(r)\,4\pi r^2\,\mathrm{d}r = 1 + \frac{I}{V}\,. \tag{6.52}$$

Das Integral I erstreckt sich über die sog. MAYER-Funktion

$$f_{12}(r) \stackrel{def}{=} \exp\left(-u_{12}(r)/k_BT\right) - 1\,, \tag{6.53}$$

die in der statistischen Thermodynamik realer Fluide eine zentrale Rolle spielt. Nun betrachten wir ein System mit N Teilchen, das nur Beiträge der $N(N-1)/2 \cong N^2/2$ Paarkonfigurationen enthält. Wir erhalten dann nach Logarithmieren

$$\ln Q_N = (N^2/2)\ln Q_2 = (N^2/2)\ln(1 + I/V) \cong (N^2/2)I/V\,. \tag{6.54}$$

Für große N ist das Ergebnis exakt. Wir bilden den Druck nach Gl. (6.48) und vergleichen das Ergebnis mit der Virialentwicklung (6.2) in der Leiden-Form. Bezogen auf die Stoffmenge von 1 mol erhalten wir den exakten Ausdruck

$$B(T) = \frac{L}{2}\int_0^\infty \left\{1 - \exp\left(-\frac{u_{12}(r)}{k_BT}\right)\right\} 4\pi r^2\,\mathrm{d}r\,. \tag{6.55}$$

---

[3] Wir drücken die Koordinaten $\mathbf{r}_1$ und $\mathbf{r}_2$ durch die Schwerpunktskoordinate $\mathbf{R}$ und die Relativkoordinate $\mathbf{r} = \mathbf{r}_2 - \mathbf{r}_1$ aus und integrieren über $\mathbf{R}$ und $\mathbf{r}$ getrennt. Die Integration über $\mathbf{R}$ liefert das Volumen.

Besonders interessant ist der zweite Virialkoeffizient des Harte-Kugel-Potentials (6.41), da viele Zustandsgleichungen den repulsiven Beitrag durch harte Kugeln modellieren. Wir setzen Gl. (6.41) in Gl. (6.55) ein und finden einen temperaturunabhängigen Wert

$$B^{\mathrm{HK}} \equiv b = 2\pi L d^3/3\,, \tag{6.56}$$

der dem Vierfachen des Eigenvolumens der Teilchen entspricht. B^{HK} nach Gl. (6.56) spiegelt gleichzeitig den repulsiven Anteil des VAN DER WAALSschen zweiten Virialkoeffizienten wider und liefert so einen Ausdruck für die VAN DER WAALS-Konstante b. Für das Kastenpotential (6.42) ist das Integral für $B(T)$ ebenfalls einfach lösbar, für das SUTHERLAND-Potential (6.43) findet man einen komplexen analytischen Ausdruck, der Ausdruck für das LENNARD-JONES-Potential (6.44) läßt sich nur numerisch integrieren.

Beispiel 6.8. Wir wollen einen Ausdruck für den zweiten Virialkoeffizienten eines Gases herleiten, dessen Verhalten durch das Kastenpotential beschrieben wird, und den Wert von $B(T)$ für ein Gas bei 300 K mit $d = 3\cdot 10^{-10}$ m, $\varepsilon/k_B = 150$ K und $g = 1.5$ berechnen. Wir setzen dazu den Ausdruck (6.42) für das Kastenpotential in die Gl. (6.55) ein. Integration liefert

$$B(T) = \frac{2\pi}{3} L d^3 \left\{1 - (g^3 - 1)(\exp(\varepsilon/k_B T) - 1)\right\}\,.$$

Dieser Ausdruck gibt die Temperaturabhängigkeit des zweiten Virialkoeffizienten gut wieder. Bei hohen Temperaturen ist $\varepsilon \ll k_B T$, und wir erhalten einen temperaturunabhängigen zweiten Virialkoeffizienten, der durch Gl. (6.56) gegeben ist. Die angegebenen Parameter liefern $B(300\mathrm{K}) = -18.4$ $\mathrm{cm}^3\ \mathrm{mol}^{-1}$. Im Hochtemperaturgrenzfall gilt $B \to B^{\mathrm{HK}} = 34.0\ \mathrm{cm}^3\ \mathrm{mol}^{-1}$.

Im Gegensatz zur vergleichsweise einfachen mikroskopischen Beschreibung der VAN DER WAALS-Konstanten b, ist die theoretische Behandlung der Konstanten a komplizierter. Die mikroskopische Beschreibung basiert auf einer sog. „*mean-field-Näherung*"

- Die attraktive Wechselwirkung eines Teilchens mit den übrigen $(N-1)$ Teilchen ist durch eine *mittlere* Anziehungsenergie $\langle u^{\mathrm{attr}}\rangle$ beschreibbar, die von der mittleren Teilchendichte, jedoch nicht von der Anordnung der Teilchen abhängt.

Vermeiden wir die Doppelzählung der Paare, erhalten wir $\mathcal{U}_N^{\mathrm{attr}}(\mathbf{r}_1 \ldots \mathbf{r}) = N\langle u^{\mathrm{attr}}\rangle/2$. Da $\langle u^{\mathrm{attr}}\rangle$ nicht von der Teilchenkonfiguration abhängt, betrachten wir den einfachen Fall, daß die Moleküle um das vorgegebene Molekül statistisch verteilt sind. In diesem Fall finden wir in einer Kugelschale der Dicke $\mathrm{d}r$ um das vorgegebene Teilchen $4\pi r^2 (N/V)\,\mathrm{d}r$ andere Teilchen. Damit folgt

$$\langle u^{\mathrm{attr}}\rangle = (N/V)\int_0^\infty u_{12}(r) 4\pi r^2\,\mathrm{d}r\,. \tag{6.57}$$

Wir können $\langle u^{\mathrm{attr}}\rangle$ dann in das Konfigurationsintegral einsetzen und den Druck bestimmen. Ein Vergleich mit Gleichung (6.10) liefert

$$a = \frac{-\langle u^{\mathrm{attr}}\rangle}{2(N/V)}\,. \tag{6.58}$$

Schließlich betrachten wir noch einmal das LENNARD-JONES-Potential (6.44). In einer Auftragung von $u(r)/\varepsilon$ gegen r/σ fallen offensichtlich die Kurven für die verschiedenen Stoffe aufeinander. Dies gilt für alle Potentiale, bei denen $u(r)$ in der dimensionslosen zweiparametrigen Form

$$u_{12}(r)/\varepsilon = f\,(r/\sigma) \tag{6.59}$$

geschrieben werden kann, wobei ε ein Energieparameter und σ ein Abstandsparameter ist. Nehmen wir an, daß die kritische Temperatur ein Maß für ε und das kritische Volumen ein Maß für σ ist, sollte eine Auftragung der Stoffeigenschaften als Funktion reduzierter Variablen ein universelles Verhalten ergeben. Dies ist die einfachste Form des Prinzips der korrespondierenden Zustände. Komplexere Potentiale, die nicht mehr durch zwei Parameter darstellbar sind, erfordern daher erweiterte Formen des Korrespondenzprinzips.

6.3.5 Molekulare Beschreibung des flüssigen Zustands

Die mikroskopische Beschreibung von Flüssigkeiten ist erheblich komplizierter als die Behandlung realer Gase, da sich die Teilchen ständig im Einflußbereich vieler Nachbarteilchen befinden. Andererseits fehlt die hohe Ordnung der Kristalle. Damit stellt sich die Frage, auf welche Weise man die zeitlich gemittelte Struktur einer Flüssigkeit beschreiben kann.

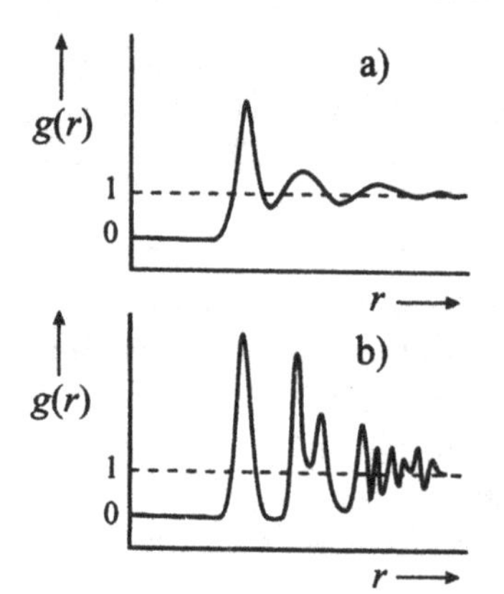

Abb. 6.13
Wahrscheinlichkeit $g(r)$, a) in der Flüssigkeit und b) im Kristall von einem herausgegriffenen Teilchen ausgehend ein Nachbarteilchen im Abstand r zu finden.

Der übliche Weg besteht in der Ermittlung der sog. *radialen Paarverteilungsfunktion* $g(r)$, die die Wahrscheinlichkeit angibt, vom Zentrum eines Moleküls aus im Abstand r das Zentrum eines anderen Moleküls anzutreffen. $g(r) > 1$ bedeutet, daß die lokale Dichte um ein Teilchen im Abstand r höher als die mittlere Teilchendichte ist. $g(r)$ ist experimentell durch Streuexperimente (z. B. Röntgen- und Neutronenstreuung) zugänglich. Abb. 6.13 vergleicht $g(r)$ für eine Flüssigkeit und einen Kristall. Bei kleinen Abständen ist $g(r) = 0$, da die Teilchen nicht ineinander eindringen können. Im Festkörper sind die Abstände durch aufeinander folgende Koordinationsschalen im Kristall gegeben. Die Peaks sind in der Realität aufgrund von Schwingungen der Teilchen im Gitter verschmiert. In der Flüssigkeit findet man eine oszillierende Struktur von $g(r)$, die auf eine Nahordnung hinweist. Diese ist aufgrund von Packungseffekten auch bei Abwesenheit attraktiver Wechselwirkungen vorhanden. Bei größeren Abständen geht diese Strukturierung verloren, so daß nach drei bis vier Koordinationsschalen $g(r)$ nur noch die mittlere Dichte widerspiegelt.

Bei Kenntnis von $g(r)$ gibt es verschiedene Wege, thermodynamische Eigenschaften zu bestimmen. Beispielsweise ist die innere Energie durch die Summe der Energien aller Paare gegeben, die jeweils mit der Wahrscheinlichkeit gewichtet werden, das Paar zu finden:

$$U = Nk_BT + \frac{N^2}{2V} \int_0^\infty u_{12}(r)\; g(r)\; 4\pi\, r^2\, \mathrm{d}r\,. \tag{6.60}$$

Neben diesen Theorien spielen heute für das grundlegende molekulare Verständnis von Flüssigkeiten vor allem *Computersimulationen* eine Rolle. In Computersimulationen wird das Verhalten einer Gruppe von Molekülen mit vorgegebenem Paarpotential auf der Grundlage von Beziehungen der klassischen Mechanik (oder neuerdings auch der Quantenmechanik) simuliert und die thermodynamischen Eigenschaften durch geeignete Mittelwertbildung bestimmt. Obwohl aus solchen Simulationen bisher in der Regel nur halbquantitative Aussagen erhältlich sind, liefern diese Verfahren wichtige Hilfen zur Modellbildung.

In *molekulardynamischen Simulationen* wird typischerweise ein System von einigen Tausend Teilchen in einem Kasten vorgegeben und die zeitliche Entwicklung unter dem vorgegebenen Wechselwirkungspotential verfolgt, indem die Trajektorien der Teilchen mit Hilfe der NEWTONschen Bewegungsgleichungen der Mechanik bestimmt werden. Die Trajektorien werden jeweils nach Zeitintervallen von $10^{-15} - 10^{-14}$ s ermittelt, die klein gegenüber der mittleren Stoßzeit sind, und dann über $10^{-11} - 10^{-9}$ s verfolgt. Nach dieser Zeit kann üblicherweise ein ergodisches Verhalten vorausgesetzt werden, so daß die Zeitmittelwerte die Bestimmung der Verteilungsfunktion $g(r)$ und thermodynamischer Größen erlauben.

In *Monte-Carlo-Simulationen* werden ausgehend von einer Anfangskonfiguration neue Konfigurationen erzeugt, indem Teilchen um kleine, zufällig ermittelte Strecken verschoben werden und für die neue Konfiguration die potentielle Energie ermittelt wird. Typische Simulationen erstrecken sich über $10^5 - 10^6$ Konfigurationen. Die Schwierigkeit besteht in der geeigneten Abtastung des Konfigurationsraums. Wenn man ein Molekül bei hoher Teilchendichte verschiebt, ist die Wahrscheinlichkeit hoch, eine Konfiguration zu erzeugen, in der das Molekül sehr nahe zu einem oder mehreren Nachbarteilchen ist. Für diese Konfiguration ist die Wechselwirkung stark abstoßend und der BOLTZMANN-Faktor $\exp(-\mathcal{U}/k_BT)$ ist praktisch gleich null. Damit tragen viele erzeugte Konfigurationen nicht zum Mittelwert der Energie bei, so daß das Verfahren ineffektiv wird. Daher benutzen die Simulationen Verfahren, um diese Konfigurationen zu verwerfen und nur diejenigen Konfigurationen zu erzeugen, die wesentlich zum BOLTZMANN-Faktor beitragen.

Simulationen stehen zwischen Theorie und Experiment. Wie das Experiment ergeben sie Daten, die als Grundlage der theoretischen Analyse dienen. Im Prinzip sind die Ergebnisse für ein vorgegebenes Wechselwirkungspotential exakt. Im Gegensatz zum Experiment kann dabei allerdings das zwischenmolekulare Potential als Eingangsgröße variiert werden, so daß Erkenntnisse über den Einfluß der zwischenmolekularen Wechselwirkungen auf thermodynamische Eigenschaften gewonnen werden, die dann zur Modellbildung dienen. Praktische Anwendungen für Datenvorhersagen erfordern die Kenntnis des Wechselwirkungspotentials. Dazu stehen heute Programmpakete zur Verfügung, die auch für komplexe Moleküle realistische Wechselwirkungspotentiale liefern. Mit steigenden Rechnerleistungen werden diese Methoden in Zukunft auch für praktische Datenvorhersagen erhöhte Bedeutung gewinnen.

7 Phasengleichgewichte von Reinstoffen

Wir wollen in diesem Kapitel aus den allgemeinen thermodynamischen Gleichgewichtsbedingungen spezielle Bedingungen für Phasengleichgewichte von Reinstoffen herleiten und einige wichtige Phasengleichgewichte von Reinstoffen besprechen.

7.1 Thermodynamische Beschreibung von Phasengleichgewichten

7.1.1 Gleichgewichts- und Stabilitätsbedingungen für Reinstoffe

Wir betrachten zwei Phasen α und β eines Reinstoffs, die zusammen ein abgeschlossenes System bilden. Im Gleichgewicht muß die Entropie dieses Systems ein Maximum besitzen:

$$(\mathrm{d}S)_{U,V,n} = \mathrm{d}S^\alpha + \mathrm{d}S^\beta = 0\,. \tag{7.1}$$

Die Nebenbedingung $U = U^\alpha + U^\beta = const$ des abgeschlossenen Systems bedingt $\mathrm{d}U^\alpha = -\mathrm{d}U^\beta$. Aus den beiden anderen Nebenbedingungen folgt $\mathrm{d}V^\alpha = -\mathrm{d}V^\beta$ und $\mathrm{d}n^\alpha = -\mathrm{d}n^\beta$. Gl. (3.31) liefert dann als Bedingung für das Maximum der Entropie

$$(\mathrm{d}S)_{U,V,n} = \left[\frac{1}{T^\alpha} - \frac{1}{T^\beta}\right]\mathrm{d}U^\alpha + \left[\frac{P^\alpha}{T^\alpha} - \frac{P^\beta}{T^\beta}\right]\mathrm{d}V^\alpha - \left[\frac{\mu^\alpha}{T^\alpha} - \frac{\mu^\beta}{T^\beta}\right]\mathrm{d}n^\alpha = 0\,. \tag{7.2}$$

$\mathrm{d}S$ kann nur verschwinden, wenn jeder der drei Terme verschwindet. Wir erhalten also

$$T^\alpha = T^\beta \qquad \text{(thermisches Gleichgewicht)}, \tag{7.3}$$

$$P^\alpha = P^\beta \qquad \text{(mechanisches Gleichgewicht)}, \tag{7.4}$$

$$\mu^\alpha = \mu^\beta \qquad \text{(stoffliches Gleichgewicht)}. \tag{7.5}$$

Unter Einführung der Fugazität können wir Gl. (7.5) in der alternativen Form

$$f^\alpha = f^\beta\,. \tag{7.6}$$

schreiben. Neben den Gleichgewichtsbedingungen spielen die sog. *Stabilitätsbedingungen* eine besondere Rolle, die auch als *Gleichgewichtsbedingungen zweiter Ordnung* bezeichnet werden. Wir unterscheiden zwischen stabilen, metastabilen und instabilen Systemen:

- *Stabile* Systeme kehren nach einer Störung in den ursprünglichen Zustand zurück.
- *Metastabile* Systeme kehren nur nach einer kleinen Störung in den ursprünglichen Zustand zurück.
- *Instabile* Systeme, die nach einer Störung nicht in den Gleichgewichtszustand zurückkehren, sind physikalisch nicht realisierbar.

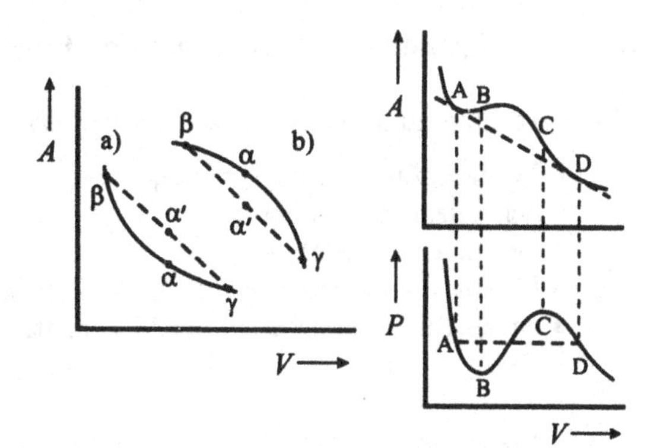

Abb. 7.1
Zur Herleitung der mechanischen Stabilitätsbedingung.

Wir betrachten zunächst die mechanische Stabilität. Abb. 7.1 zeigt die Volumenabhängigkeit der HELMHOLTZ-Energie. Die Kurven im linken Teil der Abbildung seien Beispiele für die HELMHOLTZ-Energie eines *homogenen* Systems. Zerfällt ein System der Zusammensetzung α in zwei Phasen β und γ, liegt die HELMHOLTZ-Energie des *heterogenen* Systems α' auf der Verbindungsgeraden der Zustände β und γ. Der stabile Zustand besitzt die kleinere HELMHOLTZ-Energie. Bei positiver Krümmung der Kurve im Fall a) ist dies der homogene Zustand, bei negativer Krümmung im Fall b) der heterogene Zustand. Damit folgt

$$\left(\frac{\partial^2 A}{\partial V^2}\right)_T = -\left(\frac{\partial P}{\partial V}\right)_T \begin{cases} > 0 & \text{für stabile und metastabile Systeme} \\ = 0 & \text{an der Stabilitätsgrenze.} \end{cases} \tag{7.7}$$

Unter Einführung der isothermen Kompressibilität folgt

$$\kappa_T \begin{cases} > 0 & \text{für stabile und metastabile Systeme} \\ = 0 & \text{an der Stabilitätsgrenze.} \end{cases} \tag{7.8}$$

Eine Druckerhöhung unter isothermen Bedingungen muß zu einer Volumenabnahme führen. Der rechte Teil der Abb. 7.1 zeigt, daß die Stabilitätsgrenze durch die Wendepunkte B und C im A, V-Diagramm und damit durch das Minimum und Maximum im P, V-Diagramm gegeben ist. Die Volumina der koexistierenden Phasen folgen aus der Überlegung, daß im Gleichgewicht in beiden Phasen der gleiche Druck $(\partial A/\partial V)_T = -P$ herrschen muß. Damit müssen die Steigungen im A, V-Diagramm gleich sein, so daß diese Volumina durch die Berührungspunkte A und D der *Doppeltangente* mit der A, V-Kurve gegeben sind.

Eine ähnliche Analyse der *thermischen Stabilität* eines Systems fordert:

$$C_V \begin{cases} > 0 & \text{für stabile und metastabile Systeme} \\ = 0 & \text{an der Stabilitätsgrenze.} \end{cases} \tag{7.9}$$

Eine genauere Analyse zeigt:

- Bei Phasenübergängen in Reinstoffen ist die *mechanische* Stabilitätsbedingung verletzt.

Am kritischen Punkt fallen die Punkte A, B, C und D zusammen. Wir finden dann

$$\left(\frac{\partial^2 A}{\partial V^2}\right)_c = -\left(\frac{\partial P}{\partial V}\right)_c = 0\,, \qquad \left(\frac{\partial^3 A}{\partial V^3}\right)_c = -\left(\frac{\partial^2 P}{\partial V^2}\right)_c = 0\,. \tag{7.10}$$

7.1.2 Allgemeine Klassifikation der Phasenübergänge

Wir betrachten zunächst *Phasenübergänge erster Ordnung.* Zu diesen Übergängen zählen

- Verdampfungsgleichgewichte,
- Schmelzgleichgewichte,
- Sublimationsgleichgewichte,
- Flüssig-flüssig-Entmischungen in Mehrkomponentensystemen und
- einige Phasenübergänge bei Modifikationsänderungen in Festkörpern.

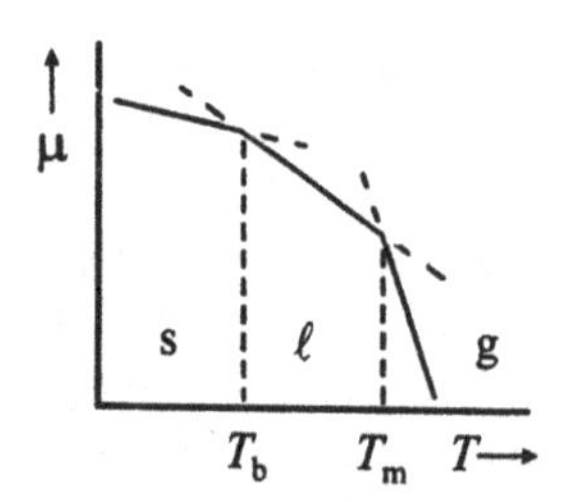

Abb. 7.2
Die Temperaturabhängigkeit des chemischen Potentials der festen, flüssigen und gasförmigen Phase.

Um diese Phasenübergänge zu verstehen, betrachten wir in Abb. 7.2 das chemische Potential als Funktion der Temperatur. Nach Gl. (3.33) nimmt μ mit steigender Temperatur ab, da die Entropie positiv ist. Weiterhin steigt die Entropie vom Festkörper zum Gas hin an (siehe Abb. 2.7), d. h. die $\mu(T)$-Kurven in den drei Aggregatzuständen verlaufen unterschiedlich steil. Damit treten Schnittpunkte auf, an denen das System in die Phase mit dem niedrigeren chemischen Potential übergeht. Diese legen die Schmelz- und Siedetemperatur bei vorgegebenem Druck fest. Ist $P = 1$ atm, sprechen wir von der *normalen Schmelztemperatur* und *normalen Siedetemperatur.*

Die *Knickstellen* des chemischen Potentials in Abb. 7.2 bedingen eine Diskontinuität seiner *ersten* Ableitung nach der Temperatur:

- Nach EHRENFEST ist ein Übergang *n-ter Ordnung,* wenn die n-te Ableitung des chemischen Potentials nach der Temperatur eine Diskontinuität aufweist.

Allerdings wird das Verhalten vieler Phasenübergänge, z. B. in komplexen biomolekularen Systemen, durch diese einfache Klassifikation nicht beschrieben.

Abb. 7.3 faßt das grundsätzliche Verhalten von Phasenübergängen erster Ordnung zusammen. Neben dem Knick in der Temperaturabhängigkeit des chemischen Potentials tritt auch ein Knick in seiner Druckabhängigkeit auf. Dies bedingt am Phasenübergang einen Sprung im Volumen. Die mit den zweiten Ableitungen des chemischen Potentials nach P bzw. T verknüpften Größen, wie z. B. die molare Wärmekapazität $\overline{C}_P$ oder der thermische Ausdehnungskoeffizient α_P, gehen am Phasenübergang gegen unendlich.

Die Sprünge im Volumen oder in der Enthalpie können zum Nachweis von Phasenübergängen erster Ordnung dienen. Als Beispiel sei die *Differentialthermoanalyse* (DTA) genannt. Dabei kühlt man eine Probe zusammen mit einer Referenzprobe ab. Erreicht die zu untersuchende Probe den Phasenumwandlungspunkt, verhindert die frei werdende Umwandlungsenthalpie ein weiteres Absinken der Temperatur. Es entsteht eine Temperaturdifferenz zur Referenzprobe. Erst nach Vollendung der Umwandlung setzt sich die Abkühlung fort.

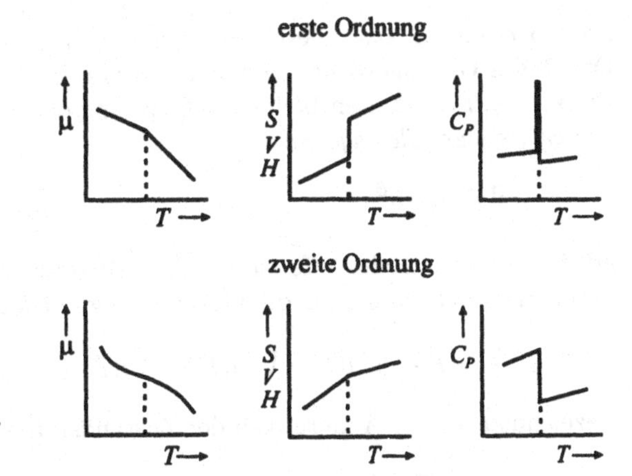

Abb. 7.3
Verhalten der wichtigsten thermodynamischen Funktionen bei Phasenübergängen.

Daneben existieren *Übergänge zweiter Ordnung*, bei denen sich das chemische Potential kontinuierlich ändert, die Temperaturabhängigkeit der Enthalpie einen Knick und diejenige der Wärmekapazität einen Sprung aufweist (Abb. 7.3).[1] Zu diesen Übergängen gehören

- Umlagerungen zwischen geordneten und ungeordneten festen Phasen in Legierungen, wie z. B. Messing;
- Übergänge, in ferroelektrischen und ferromagnetischen Systemen;
- Übergänge, bei denen Metalle, wie z. B. Blei, bei tiefen Temperaturen in den supraleitenden Zustand übergehen und
- der Übergang zur superflüssigen Phase des Heliums.

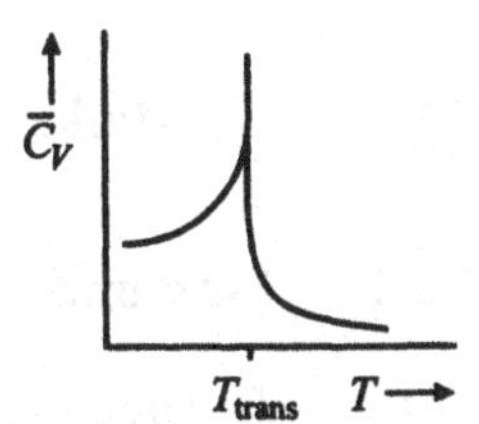

Abb. 7.4
Verhalten der isobaren Wärmekapazität am λ-Übergang des Heliums.

In realen Systemen weichen Phasenübergänge zweiter Ordnung von dem in Abb. 7.3 skizzierten Verhalten ab. Beispielsweise existiert neben der normalen flüssigen Phase des Heliums (Helium-I) eine zweite flüssige Phase (Helium-II), die keine Viskosität besitzt und als superflüssig bezeichnet wird. Der Übergang He-I–He-II ist zweiter Ordnung, aber $\overline{C}_V$ zeigt vor dem Übergang einen Anstieg, am Übergang eine Singularität und danach ein verzögertes Abklingen (Abb. 7.4). Aufgrund dieser Form wird der Übergang als λ-Übergang bezeichnet.

7.1.3 Thermodynamische Beziehungen für Zweiphasenlinien

Um eine allgemeine Beziehung der Form $P = f(T)$ für die Zweiphasenlinien eines Reinstoffs herzuleiten, gehen wir von der Bedingung $\mu^\alpha = \mu^\beta$ für das stoffliche Gleichgewicht zweier

[1] Zur Rolle des kritischen Punkts siehe Abschnitt 7.3.

Phasen α und β aus. Diese Bedingung muß in jedem Punkt der Zweiphasenlinie gelten. Damit das Gleichgewicht bei einem Übergang vom Punkt (P_1, T_1) zu einem benachbarten Punkt (P_2, T_2) erhalten bleibt, muß entlang der Zweiphasenlinie damit die sog. *Bedingung des währenden Gleichgewichts*

$$\mathrm{d}\mu^\alpha = \mathrm{d}\mu^\beta \tag{7.11}$$

erfüllt sein. Für Reinstoffe ist $\mu \equiv \overline{G}$ und somit $\mathrm{d}\overline{G}^\alpha = \mathrm{d}\overline{G}^\beta$. Eine Kombination mit der Fundamentalgleichung für die GIBBS-Energie liefert

$$\overline{V}^\alpha\,\mathrm{d}P - \overline{S}^\alpha\,\mathrm{d}T = \overline{V}^\beta\,\mathrm{d}P - \overline{S}^\beta\,\mathrm{d}T. \tag{7.12}$$

Bezeichnen wir die Änderungen der Zustandsfunktionen beim Phasenübergang $\alpha \to \beta$ mit

$$\Delta_{\mathrm{trans}}\overline{Y} \stackrel{def}{=} \overline{Y}^\beta - \overline{Y}^\alpha, \tag{7.13}$$

gilt entlang der Koexistenzkurve (Index „coex") die CLAPEYRON*sche Gleichung*

$$\left(\frac{\mathrm{d}P}{\mathrm{d}T}\right)_{\mathrm{coex}} = \frac{\Delta_{\mathrm{trans}}\overline{S}}{\Delta_{\mathrm{trans}}\overline{V}} = \frac{\Delta_{\mathrm{trans}}\overline{H}}{T\Delta_{\mathrm{trans}}\overline{V}}. \tag{7.14}$$

Dabei wurde die Tatsache benutzt, daß im Gleichgewicht $\Delta\overline{G} = 0$ und

$$\Delta_{\mathrm{trans}}\overline{S} = \Delta_{\mathrm{trans}}\overline{H}/T \tag{7.15}$$

ist. Gl. (7.14) ist exakt und gilt für alle Phasenübergänge erster Ordnung.

7.2 Spezielle Phasengleichgewichte

7.2.1 Verdampfungsgleichgewichte

Für das Verdampfungsgleichgewicht ($\ell \to \mathrm{g}$) nimmt die CLAPEYRON-Gleichung die Form

$$\left(\frac{\mathrm{d}P}{\mathrm{d}T}\right)_{\mathrm{coex}} = \frac{\Delta_{\mathrm{vap}}\overline{H}}{T\Delta_{\mathrm{vap}}\overline{V}} \tag{7.16}$$

an. $\Delta_{\mathrm{vap}}\overline{H} = \overline{H}^{\mathrm{g}} - \overline{H}^{\ell}$ ist die *molare Verdampfungsenthalpie*, $\Delta_{\mathrm{vap}}\overline{V}$ die entsprechende Volumenänderung. Gl. (7.16) dient als Ausgangspunkt für eine Vielzahl von Dampfdruckgleichungen. Vernachlässigen wir das Volumen der Flüssigkeit gegenüber demjenigen des Dampfes und behandeln den Dampf als ideales Gas, ist $\Delta_{\mathrm{vap}}\overline{V} \cong \overline{V}^{\mathrm{g}} \cong RT/P$, und wir erhalten nach Umformung[2] die CLAUSIUS-CLAPEYRON*sche Gleichung*

$$\frac{\mathrm{d}\ln(P/P^\circ)}{\mathrm{d}(1/T)} = -\frac{\Delta_{\mathrm{vap}}\overline{H}}{R}. \tag{7.17}$$

[2] Wir benutzen die Identitäten $(1/x)\,\mathrm{d}x = \mathrm{d}\ln x$ und $(1/x^2)\,\mathrm{d}x = -\mathrm{d}(1/x)$.

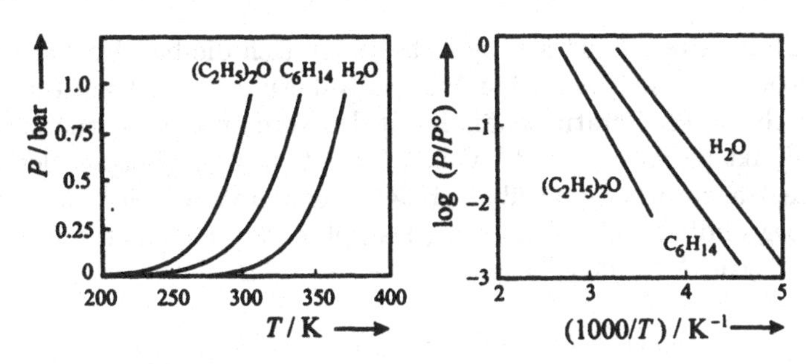

Abb. 7.5 Dampfdruckkurven verschiedener Flüssigkeiten. Quelle: [HCP].

Abb. 7.5 zeigt Dampfdruckkurven von Diethylether, n-Hexan und Wasser. Ist die Verdampfungsenthalpie temperaturunabhängig, liefert die Integration von Gl. (7.17) für einen Übergang von Punkt 1 zu Punkt 2 der Dampfdruckkurve

$$\ln\left(\frac{P_2}{P_1}\right) = -\frac{\Delta_{\text{vap}}\overline{H}}{R}\left(\frac{1}{T_2} - \frac{1}{T_1}\right) . \tag{7.18}$$

Eine Auftragung von $\ln(P/P^\circ)$ gegen $1/T$ ergibt dann eine Gerade, aus deren Steigung die molare Verdampfungsenthalpie ermittelt werden kann.

Die Verdampfung verläuft endotherm ($\Delta_{\text{vap}}\overline{H} > 0$). Für einfache Abschätzungen kann man sich die sog. TROUTON*sche Regel* zunutze machen, nach der bei der normalen Siedetemperatur die Verdampfungsentropie der Beziehung

$$\Delta_{\text{vap}}\overline{S}^\circ = \Delta_{\text{vap}}\overline{H}^\circ / T_\text{b} \cong 85 \ \text{J}\,\text{K}^{-1}\,\text{mol}^{-1} \tag{7.19}$$

genügt. Diese Regel ist für einfache Stoffe gut erfüllt. Stoffe mit starken zwischenmolekularen Wechselwirkungen in der flüssigen Phase, wie z. B. Wasser oder Ethanol, weisen dagegen deutlich höhere Standardverdampfungsentropien auf, einige Stoffe mit Dimerenbildung in der Gasphase, wie z. B. Essigsäure, besitzen deutlich geringere Werte. In der Literatur existieren modifizierte Formen dieser Regel, die u. a. mit dem Prinzip korrespondierender Zustände erklärt werden. An ihren normalen Siedepunkten befinden sich die Stoffe allerdings nicht in korrespondierenden Zuständen, da der normale Siedepunkt an den willkürlich gewählten Druck von 1 atm gebunden ist.

Beispiel 7.1. Wir können die Berechnung der Zweiphasenlinien benutzen, um den Aggregatzustand eines Stoffs unter vorgegebenen Bedingungen zu ermitteln. Als Beispiel betrachten wir ein evakuiertes Gefäß mit dem Volumen $V = 0.5\ \text{dm}^3$, in das 0.1 g Wasser bei 363.15 K eingebracht werden. Der Druck des Wasserdampfs bei vollständiger Verdampfung folgt aus dem idealen Gasgesetz zu $P^{\text{pg}} = 0.335$ bar. Der Dampfdruck des Wassers errechnet sich aus der integrierten Form der CLAUSIUS-CLAPEYRONschen Gleichung unter Benutzung des normalen Siedepunkts und der Verdampfungsenthalpie von 41.6 kJ mol^{-1} zu $P^{\text{sat}} = 0.700$ bar. Da $P^{\text{sat}} > P^{\text{pg}}$ ist, ist also Wasser vollständig verdampft und liegt einphasig vor.

Über weite Temperaturbereiche lassen sich die bei der Herleitung der CLAUSIUS-CLAPEYRONschen Gleichung eingeführten Näherungen nicht aufrecht erhalten. Insbesondere macht sich die Temperaturabhängigkeit der Verdampfungsenthalpie bemerkbar, die am kritischen Punkt gegen null geht. Abb. 7.6 zeigt dies am Beispiel des Wassers. Bei hohen Genauigkeitsansprüchen und über größere Temperaturbereiche sind daher verbesserte, theoretisch begründbare oder empirische Dampfdruckgleichungen erforderlich. Ein Beispiel ist die empirische ANTOINE-Gleichung

$$\log(P^{\mathrm{sat}}/P^{\circ}) = A - B/(T + C)\,, \tag{7.20}$$

die eine sehr genaue Datenwiedergabe mit nur drei Parametern ermöglicht. In der unmittelbaren Nähe des kritischen Punktes versagen meist auch solche verbesserten Gleichungen.

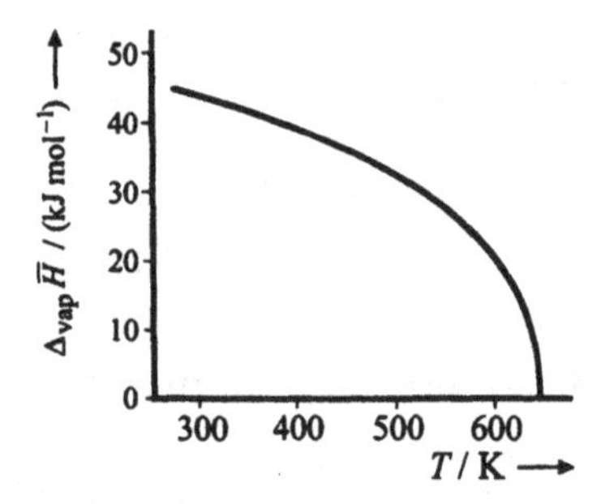

Abb. 7.6
Temperaturabhängigkeit der molaren Verdampfungsenthalpie von Wasser. Quelle: [WDT].

Beispiel 7.2. Zur Bestimmung des Temperaturkoeffizienten der Verdampfungsenthalpie sind die Änderungen der Enthalpien von Flüssigkeit und Gas entlang der Dampfdruckkurve zu betrachten. Wir gehen dazu vom totalen Differential der Enthalpie

$$(\mathrm{d}\Delta_{\mathrm{vap}}\overline{H})_{\mathrm{coex}} = \left(\frac{\partial\Delta_{\mathrm{vap}}\overline{H}}{\partial T}\right)_P \mathrm{d}T + \left(\frac{\partial\Delta_{\mathrm{vap}}\overline{H}}{\partial P}\right)_T \mathrm{d}P$$

aus, das entlang der Dampfdruckkurve zu bilden ist. Der erste Term entspricht der Differenz der isobaren Wärmekapazitäten $C_P^{\mathrm{g}} - C_P^{\ell}$, der zweite Term folgt aus der kalorischen Zustandsgleichung (3.21). Wir erhalten die PLANCKsche Beziehung

$$\left(\frac{\mathrm{d}\,\Delta_{\mathrm{vap}}\overline{H}}{\mathrm{d}T}\right)_{\mathrm{coex}} = \Delta_{\mathrm{vap}}\overline{C}_P\,\mathrm{d}T + \left\{\Delta_{\mathrm{vap}}\overline{V} - T\,\frac{\partial\Delta_{\mathrm{vap}}\overline{V}}{\partial T}\right\}\mathrm{d}P\,.$$

Legt man ein ideales Gas zugrunde und vernachlässigt man das Molvolumen der flüssigen Phase, verschwindet der Term in der geschweiften Klammer, und wir erhalten

$$(\mathrm{d}\Delta_{\mathrm{vap}}\overline{H}/\mathrm{d}T)_{\mathrm{coex}} \cong \Delta_{\mathrm{vap}}\overline{C}_P\,.$$

Bei Anwesenheit von Inertgasen (z. B. Luft) ist der Dampfdruck P der Flüssigkeit höher als der Dampfdruck ohne Inertgas. P ist dann streng genommen der Partialdruck des Dampfs im Gemisch mit dem Inertgas, so daß das chemische Potential der Substanz im Dampf mit dem Druck P gleich demjenigen der Flüssigkeit beim Gesamtdruck $P_{\mathrm{ges}} = P + P_{\mathrm{inert}}$ ist,

d. h. $\mu^{g}(P,T) = \mu^{\ell}(P_{ges},T)$. Differentiation dieser Beziehung nach dem Gesamtdruck bei konstanter Temperatur liefert

$$\left(\frac{\partial \mu^{g}}{\partial P}\right)_T \left(\frac{\partial P}{\partial P_{ges}}\right)_T = \left(\frac{\partial \mu^{\ell}}{\partial P}\right)_T = \overline{V}^{\ell}. \tag{7.21}$$

Integration vom Druck P_0 der Flüssigkeit ohne Zusatzgas bis zum Druck P_{ges} ergibt die POYNTING-Gleichung

$$RT \ln\left(\frac{P_{ges}}{P_0}\right) = \overline{V}^{\ell} \, (P_{ges} - P_0) \, . \tag{7.22}$$

Für kleine Druckdifferenzen ist diese Abhängigkeit vernachlässigbar. Andererseits sind bei höheren Drücken die Voraussetzungen von Gl. (7.22) nicht mehr erfüllt, da der Dampf dann ein reales Verhalten zeigt und das Inertgas in der flüssigen Phase löslich wird.

7.2.2 Sublimationsgleichgewichte

Beziehungen für Flüssig-Gas-Gleichgewichte lassen sich auf Fest-Gas-Gleichgewichte übertragen. Wir finden dann für die Steigung der Sublimationsdruckkurve

$$\left(\frac{\mathrm{d}P}{\mathrm{d}T}\right)_{\text{coex}} = \frac{\Delta_{\text{subl}}\overline{S}}{\Delta_{\text{subl}}\overline{V}} = \frac{\Delta_{\text{subl}}\overline{H}}{T\Delta_{\text{subl}}\overline{V}} \, . \tag{7.23}$$

Der CLAUSIUS-CLAPEYRONschen Gleichung entspricht somit die Beziehung

$$\frac{\mathrm{d}\ln P}{\mathrm{d}(1/T)} = -\frac{\Delta_{\text{subl}}\overline{H}}{R} \, . \tag{7.24}$$

Die Sublimationsdruckkurve endet am Tripelpunkt (s + ℓ + g). Ist der Tripelpunktsdruck P_t größer als 1 bar, existiert bei Normaldruck keine flüssige Phase. Das wichtigste Beispiel dieser Art ist CO_2 mit $P_t = 5.18$ bar.

7.2.3 Schmelzgleichgewichte

Die Berechnung der Schmelzdruckkurve geht wiederum von der CLAPEYRONschen Gleichung (7.14) aus, wobei die bei der Behandlung der Dampfdruck- und Sublimationsdruckkurven eingeführten Näherungen allerdings nicht anwendbar sind. Da $\Delta_{\text{fus}}\overline{V}$ meist klein ist, verlaufen Schmelzdruckkurven steil. Die Integration zwischen den Grenzen P_1 und P_2 liefert dann in erster Näherung eine lineare Schmelzdruckkurve:

$$P_2 - P_1 = \frac{\Delta_{\text{fus}}\overline{H}}{\Delta_{\text{fus}}\overline{V}} \ln\left(\frac{T_2}{T_1}\right) \cong \frac{\Delta_{\text{fus}}\overline{H}}{\Delta_{\text{fus}}\overline{V}} \left(\frac{T_2 - T_1}{T_1}\right) \, . \tag{7.25}$$

Der Schmelzprozeß verläuft endotherm.[3] Ist die Dichte des Festkörpers höher als diejenige der Flüssigkeit, steigt die Schmelztemperatur mit steigendem Druck. Bei Wasser in

[3] Eine bemerkenswerte Ausnahme ist ^{3}He mit negativer Schmelzenthalpie.

der Nähe des Tripelpunkts tritt, bedingt durch eine offene Kristallstruktur des Eises, beim Schmelzen eine Volumenkontraktion auf, so daß die Steigung der Schmelzdruckkurve negativ ist. Andere Beispiele dieser Art finden sich bei einigen Metallen und Halbmetallen (z. B. Gallium, Silizium). Gl. (7.25) ist für Extrapolationen allerdings wenig geeignet, da oft Fest-fest-Umwandlungen auftreten, die mit Diskontinuitäten in der Schmelzdruckkurve einhergehen. Nach heutiger Ansicht besitzen Schmelzdruckkurven keinen kritischen Punkt als Endpunkt. Obwohl Experimente bis zu sehr hohen Drücken durchgeführt wurden, wurde kein kritischer Punkt beobachtet. Dessen Existenz ist auch aufgrund von theoretischen Überlegungen und Ergebnissen von Computersimulationen unwahrscheinlich.

Beispiel 7.3. Wir wollen den Schmelzpunkt von Quecksilber ($M = 200.59$ g mol^{-1}) bei 200 bar aus dem Schmelzpunkt bei 1 bar (234.28 K) errechnen. Die molare Schmelzenthalpie beträgt $\Delta_{\text{fus}}\overline{H} = 2.29$ kJ mol^{-1}. Die Dichten von flüssigem und festem Quecksilber betragen am Schmelzpunkt $\rho^{\ell} = 13.69$ g cm^{-3} und $\rho^{s} = 14.19$ g cm^{-3}. Aus den Dichten folgt $\Delta_{\text{fus}}\overline{V} = \overline{V}^{\ell} - \overline{V}^{s} = 0.51$ cm^3 mol^{-1}. Gl. (7.25) liefert $T_{\text{m}} = 235.32$ K, d.h. eine Erhöhung der Schmelztemperatur um ca. 1 K.

7.2.4 Gleichgewichte zwischen festen Phasen

Die Existenz mehrerer fester Phasen wird als *Allotropie*, bei Verbindungen auch als *Polymorphie* bezeichnet. Die Phasenübergänge können erster oder zweiter Ordnung sein. Als Beispiel für einen Stoff mit einer ungewöhnlich großen Anzahl fester Phasen ist in Abb. 7.7 das Phasendiagramm des Wassers gezeigt. Verschiedene Möglichkeiten, über Wasserstoffbrückenbindungen Kristallstrukturen aufzubauen, führen zu einer großen Anzahl von festen Phasen unterschiedlicher Kristallstruktur. Abb. 7.7 zeigt die wichtigsten stabilen Modifikationen. Zusätzlich existieren metastabile und amorphe Phasen, die z. B. durch abgeschreckte Kondensation von Wasserdampf entstehen.

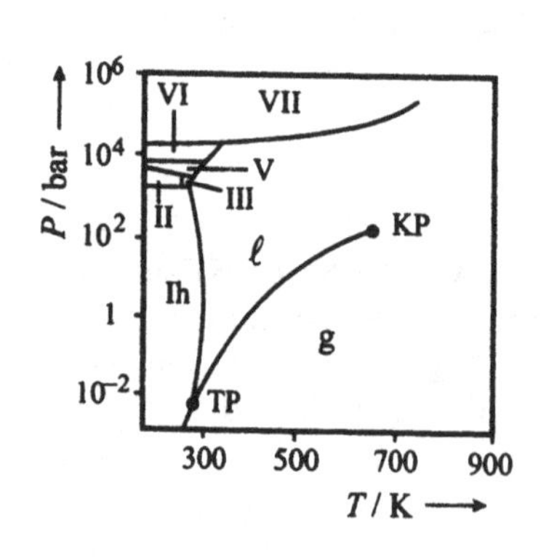

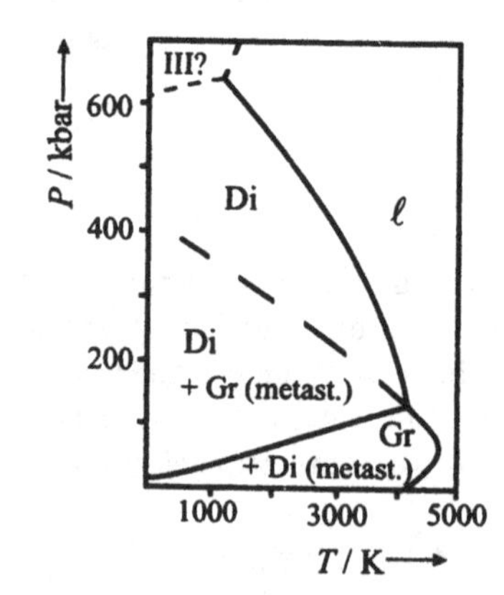

Abb. 7.7 Phasendiagramm des Wassers (links) und Kohlenstoffs (rechts). Quelle: Nach [LAN], Band IV/4 (1980).

Ein weiteres Beispiel für Polymorphie ist das Gleichgewicht zwischen Diamant (Di) und

Graphit (Gr). Das in Abb. 7.7 gezeigte Phasendiagramm beschränkt sich auf die Schmelzdruckkurven sowie die Graphit-Diamant-Umwandlungskurve, deren Lage für die Synthese von künstlichen Industriediamanten von großem Interesse ist. Der Bereich der Sublimationsdruckkurve bei niedrigen Drücken ist nicht dargestellt. Das Phasendiagramm ist teilweise experimentell bestimmt, teilweise aus thermodynamischen Daten extrapoliert. Unter Normalbedingungen ist Graphit thermodynamisch stabil. Bei sehr hohen Drücken vermutet man die Existenz einer metallischen Phase. Die gestrichelte Linie zeigt die Fortsetzung der Schmelzdruckkurve des Graphits in den metastabilen Bereich. Um Diamant herzustellen, wäre bei 298 K ein Druck von 15 kbar nötig. Allerdings ist die Umwandlung kinetisch gehemmt. Künstliche Diamanten werden bei 2500 K und 70 kbar hergestellt, wobei die Umwandlung durch flüssige Metalle, die Graphit lösen (z. B. Nickel), katalysiert wird.

Beispiel 7.4. Wir wollen den Gleichgewichtsdruck der Graphit-Diamant-Umwandlung bei 298.15 K unter der Annahme abschätzen, daß die Dichten $\rho = 2.25$ g cm^{-3} und 3.51 g cm^{-3} des Graphits und Diamants druckunabhängig sind. Die GIBBSsche Standardenergie der Phasenumwandlung ist bei 298.15 K $\Delta\overline{G}^\circ = \overline{G}^\circ_{\mathrm{Dia}} - \overline{G}^\circ_{\mathrm{Gr}} = 2.90$ kJ mol^{-1}. Aus den Dichten folgt $\Delta\overline{V} = -1.92 \cdot 10^{-6}$ m^3 mol^{-1}. Die Gleichgewichtsbedingung fordert $\Delta\overline{G} = \Delta\mu = 0$. Daraus folgt

$$\Delta\mu = \Delta\mu^\circ + \int_{P^\circ}^{P} \Delta\overline{V}\,\mathrm{d}P = \Delta\overline{G}^\circ + \Delta\overline{V}\,(P - P^\circ) = 0\,.$$

Der Umwandlungsdruck errechnet sich damit zu $P = 1.51 \cdot 10^9$ Pa = 15.1 kbar. Ein hoher Druck begünstigt das Auftreten der dichteren Modifikation.

7.3 Materie in der Nähe von kritischen Punkten

Der kritische Punkt stellt den Endpunkt sowohl der Koexistenzkurve (Binodale) als auch der Stabilitätsgrenze (Spinodale) dar. Die koexistierenden Phasen werden ununterscheidbar, so daß auch kein Sprung in H, S oder V auftritt. Er entspricht also einem Phasenübergang zweiter Ordnung. T_c und P_c bestimmt man am einfachsten durch Beobachtung des Meniskus zwischen Flüssigkeit und Gas bei Temperaturerhöhung entlang der Dampfdruckkurve. Am kritischen Punkt werden die Phasen identisch, so daß der Meniskus verschwindet. Das kritische Volumen ist sehr schwer zu messen. Meist extrapoliert man den Mittelwert $(\rho^\ell + \rho^g)/2$ der Dichten der koexistierenden Phasen nach der *Regel des geradlinigen Durchmessers* von CAILLETET und MATHIAS linear auf die kritische Temperatur (Abb. 7.8).

Nach Gl. (6.12) divergiert die isotherme Kompressibilität κ_T bei Annäherung an den kritischen Punkt. Um diese Divergenz zu beschreiben, benutzen wir ein asymptotisches Potenzgesetz für die Annäherung an den kritischen Punkt entlang der Isochoren

$$\kappa_T = \kappa_0\, \tau^\gamma + \ldots\,. \tag{7.26}$$

$\tau = (T - T_c)/T_c$ kennzeichnet den Abstand vom kritischen Punkt. Es zeigt sich, daß κ_0 eine stoffspezifische Konstante und γ ein universeller *kritischer Exponent* ist. Gl. (7.26) wird

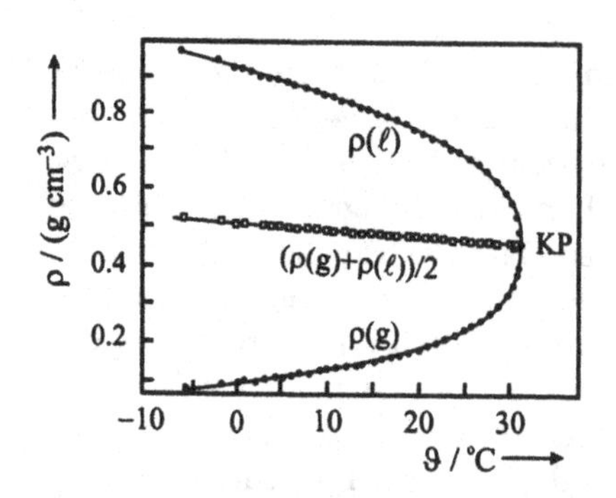

Abb. 7.8
Koexistenzkurve mit geradlinigem Durchmesser für CO_2. Nach: A. Michels, B. Blaisse und C. Michels, Proc. Royal Soc., A160, 367 (1937).

als *Skalengesetz* bezeichnet. Wir können dieses Skalengesetz z. B. aus jeder analytischen Zustandsgleichung herleiten, indem wir die HELMHOLTZ-Energie $A(V,T)$ in eine TAYLOR-Reihe in V und T um den kritischen Punkt entwickeln und aus den Ableitungen κ_T bestimmen. Dies liefert für jede Zustandsgleichung den gleichen Wert $\gamma = 1$, da der Exponent des Führterms der TAYLOR-Entwicklung unabhängig von der analytischen Form der Gleichung ist. Experimentell findet man jedoch $\gamma \cong 1.24$. Dieses Verhalten ist nichtanalytisch.

Tab. 7.1 Skalengesetze und kritische Exponenten.

Exponent	Eigenschaft	Skalengesetz	Pfad	Wert	
				VAN DER WAALS	ISING-Modell
α	C_V	$C_V = A_0\, \tau^{\alpha}$	isochor	0	0.11
β	$\rho^g - \rho^\ell$	$\rho^g - \rho^\ell = B_0\, \tau^{\beta}$	Koexistenz	1/2	0.326
γ	κ_T	$\kappa_T = \kappa_0\, \tau^{\gamma}$	isochor	1	1.24
δ	P	$P - P_c = D_0\, \tau^{\delta}$	isotherm	3	4.5

Einige andere Größen verschwinden oder divergieren bei Annäherung an den kritischen Punkt ebenfalls nach Skalengesetzen mit universellen, nichtanalytischen Exponenten

$$X = X_0\, \tau^{\chi} + \ldots\,. \tag{7.27}$$

Tab. 7.1 stellt die für die Gleichgewichtsthermodynamik wichtigen Skalengesetze zusammen.[4] Diese setzen vorgegebene Pfade der Annäherung an den kritischen Punkt voraus. Die Ausdehnung des asymptotischen Bereichs hängt von der Art der Eigenschaft ab und erstreckt sich typischerweise bis zu $\tau \leq 10^{-2}$. Ob die kritischen Anomalien bei praktischen Berechnungen berücksichtigt werden müssen, hängt von der Art der Eigenschaft, vom Abstand vom kritischen Punkt und von der gewünschten Genauigkeit ab.

Beispiel 7.5. Wir wollen uns als Beispiel das Skalengesetz für den Exponenten β ansehen. Die in das Skalengesetz eingehende Größe $(\rho^g - \rho^\ell)$ wird aus der Koexistenzkurve gewonnen (siehe auch Abb. 7.8). Sie wird als *Ordnungsparameter* bezeichnet. Der Ordnungsparameter stellt ein Maß für

[4]Man kann thermodynamisch zeigen, daß eine Reihe von Ungleichungen zwischen den Exponenten erfüllt sein müssen. Experimente zeigen, daß innerhalb der Fehlerbreite diese Ungleichungen in realen Systemen Gleichungen sind. Theoretisch ist diese Tatsache Gegenstand der sog. *Skalenhypothese*. Die Existenz von Gleichungen zwischen den Exponenten impliziert, daß nur zwei Exponenten unabhängig sind.

die Ähnlichkeit der beiden Phasen dar. Am kritischen Punkt sind die beiden Phasen identisch, so daß der Ordnungsparameter verschwindet. Die VAN DER WAALS-Gleichung sagt $\beta = 1/2$ voraus, was eine parabolische Koexistenzkurve bedingt.

$(T_c - T)$ / K	0.868	0.497	0.255	0.096	0.046
$(\rho^\ell - \rho^c)$ / g cm^{-3}	0.265	0.217	0.169	0.121	0.098
$(T_c - T)$ / K	0.568	0.287	0.114	0.061	0.030
$(\rho^c - \rho^g)$ / g cm^{-3}	0.227	0.172	0.125	0.101	0.077

Die Tabelle zeigt experimentelle Daten für Xenon. Wir logarithmieren das Skalengesetz und tragen $\log(\rho^\ell - \rho^c)$ und $\log(\rho^c - \rho^g)$ gegen $T_c - T$ auf. Wir erhalten eine Gerade mit der Steigung $\beta = 0.35$. Dies entspricht einer in erster Näherung kubischen Koexistenzkurve. Der exakte Exponent ist $\beta = 0.326$.

Wir haben bereits gesehen, daß am kritischen Punkt die isotherme Kompressibilität κ_T divergiert, so daß es wenig Energie kostet, das Volumen zu ändern. Dies führt zu lokalen Fluktuationen in der Dichte, die am kritischen Punkt makroskopisch werden.[5] Die Statistik charakterisiert die Abweichungen einer fluktuierenden Größe x von ihrem Mittelwert durch die Varianz $\sigma_x^2 = \langle (x - \langle x \rangle)^2 \rangle = \langle x^2 \rangle - \langle x \rangle^2$. Die statistische Thermodynamik liefert für die Fluktuation der Teilchenzahl in einem großkanonischen Ensemble, das ein offenes System repräsentiert, bei mittlerer Teilchenzahl $< N >$

$$\frac{\sigma_N}{\langle N \rangle} = \left(\frac{k_B T \kappa_T}{V} \right)^{1/2} . \tag{7.28}$$

Die Stärke der Dichteschwankungen wird also durch die isotherme Kompressibilität bestimmt. Divergiert κ_T, erstrecken sich die Dichtefluktuationen über makroskopische Bereiche. Die Ausdehnung der Dichteinhomogenitäten wird durch die sog. *Korrelationslänge* ξ beschrieben, die am kritischen Punkt ebenfalls divergiert. ξ ist z. B. durch Lichtstreuung bestimmbar, da die Lichtstreuung durch Dichtefluktuationen hervorgerufen wird. Erstrecken sich die inhomogenen Bereiche über die Längenskala der Wellenlänge des sichtbaren Lichts, werden die Fluktuationen mit bloßem Auge als Trübung (sog. *kritische Opaleszenz*) sichtbar. Diese Trübung kann zur Lokalisierung des kritischen Punkts verwendet werden.

Aus allen Experimenten an Fluiden folgt, daß in der Nähe des kritischen Punkts das Verhalten nichtanalytisch ist. Tatsächlich wird dieses anomale Verhalten auch bei einer Reihe von anderen Phasenübergängen, wie z. B. bei Flüssig-flüssig-Entmischungen und paramagnetischen Übergängen in Festkörpern, beobachtet. Diese *Isomorphie* der kritischen Phänomene ermöglicht es, den Flüssig-Gas-Übergang mit einem Spinmodell nach ISING zu behandeln, das zunächst für paramagnetische Übergänge entwickelt wurde. Es zeigt sich, daß die dreidimensionale Form dieses ISING-Modells die experimentell beobachteten Exponenten innerhalb der Fehlergrenzen wiedergibt (siehe Tab. 7.1). Allerdings ist im dreidimensionalen Fall das ISING-Modell nicht analytisch lösbar. Die um 1970 von WILSON entwickelte *Renormalisierungstheorie* stellt heute das mathematische Rüstzeug zur Verfügung, solche Phasenübergänge zu beschreiben.

[5] Beispielsweise reicht in der Nähe des kritischen Punkts das Schwerefeld der Erde aus, um große Dichtegradienten im zu untersuchenden Stoff zu erzeugen, was Messungen in der Nähe des kritischen Punkts sehr schwierig macht.

8 Thermodynamische Eigenschaften von Gemischen

In Gemischen ist die Abhängigkeit der thermodynamischen Funktionen von den Stoffmengen der Komponenten zu berücksichtigen. Wir wollen in diesem Kapitel die thermodynamischen Grundlagen erarbeiten und danach die thermodynamischen Eigenschaften von Gasgemischen und flüssigen Gemischen beschreiben.

8.1 Thermodynamische Beschreibung von Gemischen

8.1.1 Zusammensetzungsvariablen

In Gemischen hängen die extensiven Zustandsfunktionen Y von den Stoffmengen n_k ($k = 1, 2 \ldots K$) der K Komponenten ab. Meist benutzen wir jedoch nicht die Stoffmengen selbst sondern daraus abgeleitete Größen. Die wichtigste Größe ist der *Molenbruch*

$$x_k \stackrel{def}{=} \frac{n_k}{n_1 + n_2 + \ldots + n_K} = \frac{n_k}{n}, \qquad \sum_k x_k = 1, \tag{8.1}$$

der das Verhältnis der Stoffmenge n_k der Komponente k zur Gesamtstoffmenge n angibt.

Ist es zweckmäßig, zwischen dem Gelösten als Minoritätskomponente (Index 2) und dem Lösungsmittel (Index 1) zu unterscheiden, beschreiben wir die Konzentration des Gelösten durch die *Molalität* m_2 (Einheit 1 mol kg^{-1})

$$m_2 \stackrel{def}{=} \frac{n_2}{n_1 M_1} = \frac{x_2}{x_1 M_1}, \tag{8.2}$$

wobei M_1 die Molmasse des Lösungsmittels ist. Für verdünnte Lösungen ($x_1 \to 1$) ist

$$m_2 = x_2/M_1. \tag{8.3}$$

Die in der allgemeinen Chemie weit verbreitete *Molarität* (Einheit 1 mol L^{-1} = 1 M)[1]

$$c_k = n_k/V \tag{8.4}$$

wird in der chemischen Thermodynamik wenig benutzt, da sie, im Gegensatz zu x_k und m_k, von Temperatur und Druck abhängt.

[1] Die Bezeichnung „M" ist keine SI-Einheit und der Bezug auf 1 L = 1 dm^3 führt in Gleichungen oft zu unerwünschten Zahlenfaktoren, wenn andere Größen auf m^3 bezogen sind.

8.1.2 Thermodynamische Mischungsfunktionen und partielle molare Größen

Wir interessieren uns für Änderungen der Zustandsfunktionen bei isotherm-isobarer Vermischung der Reinstoffe. Dazu dienen je nach Zweckmäßigkeit die folgenden Größen:

- Thermodynamische Mischungsfunktionen $\Delta_{\text{mix}}\overline{Y}$ spiegeln den Unterschied zwischen der Eigenschaft $\overline{Y}$ der Mischung und dem arithmetischen Mittel der Reinstoffeigenschaften wider;
- partielle molare Größen $\overline{Y}_k$ beschreiben die Stoffmengenabhängigkeit von Y;
- thermodynamische Exzeßfunktionen $\overline{Y}^{\text{E}}$ beschreiben Abweichungen von den Zustandsfunktionen einer hypothetischen idealen Mischung.

Kennzeichnen wir Eigenschaften der Reinstoffe mit einem Stern (∗), ergeben sich thermodynamische Mischungsfunktionen zu

$$\Delta_{\text{mix}}Y \overset{def}{=} Y - (n_1\overline{Y}_1^* + n_2\overline{Y}_2^*), \qquad \Delta_{\text{mix}}\overline{Y} = Y/n = \overline{Y} - (x_1\overline{Y}_1^* + x_2\overline{Y}_2^*). \quad (8.5)$$

Abb. 8.1 zeigt das Verhalten des Mischungsvolumens $\Delta_{\text{mix}}\overline{V}$ in einem binären System.

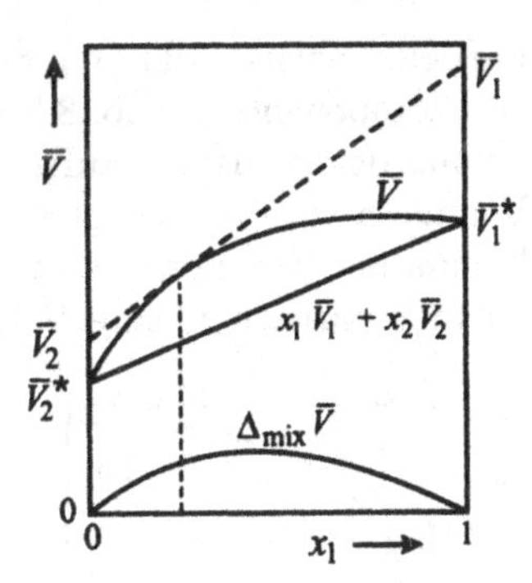

Abb. 8.1
Zur Definition der verschiedenen Mischungsgrößen am Beispiel des molaren Volumens eines Systems mit Volumenexpansion bei Vermischung.

Eine andere Art, Mischungseffekte zu charakterisieren, basiert auf der Beschreibung der Stoffmengenabhängigkeit der Zustandsfunktionen mit Hilfe von *partiellen molaren Größen*. Dazu bilden wir das totale Differential dY einer Zustandsfunktion $Y(P,T,n_1,n_2,\ldots,n_K)$

$$\mathrm{d}Y = \left(\frac{\partial Y}{\partial P}\right)_{T,n_j} \mathrm{d}P + \left(\frac{\partial Y}{\partial T}\right)_{P,n_j} \mathrm{d}T + \sum_{k=1}^{K}\left(\frac{\partial Y}{\partial n_k}\right)_{P,T,n_j} \mathrm{d}n_k\,. \quad (8.6)$$

Terme, die die Stoffmengenabhängigkeit der thermodynamischen Funktionen bei konstantem Druck und konstanter Temperatur charakterisieren, werden als *partielle molare Größen*

$$\overline{Y}_k \overset{def}{=} (\partial Y/\partial n_k)_{P,T,n_j} \quad (8.7)$$

bezeichnet. Wir kennzeichnen partielle molare Größen mit einem Querstrich über dem Symbol.[2] Für isotherm-isobare Prozesse folgt:

$$(\mathrm{d}Y)_{P,T} = \sum_k \overline{Y}_k \mathrm{d}n_k\,. \quad (8.8)$$

[2] Oft wird stattdessen ein tiefgestellter Index „m“ bevorzugt.

Partielle molare Größen sind intensive Größen, die von Druck, Temperatur und Zusammensetzung der Mischung abhängen. Für den Reinstoff A_k verschwinden alle Terme mit $j \neq k$ und die partiellen molaren Größen gehen in die molaren Größen $\overline{Y}_k^*$ des Reinstoffs über.

Als Beispiel betrachten wir das Volumen eines Zweistoffsystems. Bei Zugabe von infinitesimalen Stoffmengen dn_1 und dn_2 der Stoffe 1 und 2 ändert sich das Volumen um

$$(\mathrm{d}V)_{P,T} = \overline{V}_1\,\mathrm{d}n_1 + \overline{V}_2\,\mathrm{d}n_2\,. \tag{8.9}$$

Vergrößern wir die Stoffmenge, ist das Volumen als extensive Größe proportional zur Gesamtstoffmenge n. Halten wir bei diesem Vorgang das Verhältnis n_1/n_2 konstant, ändern sich n_1 und n_2 proportional zu n, während die partiellen molaren Volumina als intensive Größen unverändert bleiben. Damit folgt für das Gesamtvolumen

$$V = n_1\overline{V}_1 + n_2\overline{V}_2, \qquad \overline{V} = x_1\overline{V}_1 + x_2\overline{V}_2. \tag{8.10}$$

Eine allgemeinere Herleitung von Gl. (8.10) macht davon Gebrauch, daß Zustandsfunktionen homogene Funktionen ersten Grades der Stoffmenge sind (siehe Anhang A.3).

Partielle molare Volumina ermöglichen eine fiktive Auftrennung des Volumens in Beiträge der Komponenten. Abb. 8.2 zeigt, daß dabei erhebliche Abweichungen von den molaren Volumina der Reinstoffe auftreten können. Die molekulare Bedeutung der partiellen molaren Volumina wird allerdings oft überschätzt. Sie dürfen keinesfalls mit den tatsächlichen Volumina der Komponenten im Gemisch gleichgesetzt werden. In einigen Elektrolytlösungen nehmen partielle molare Volumina der Salze sogar negative Werte an.

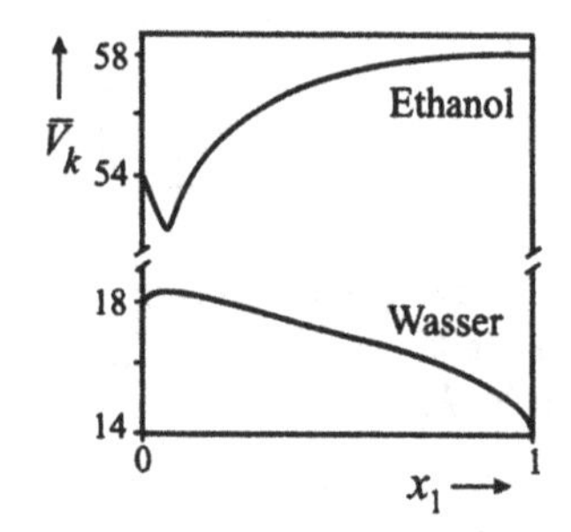

Abb. 8.2
Partielle Molvolumina im System (Ethanol + Wasser) bei 293.15 K und 1 bar. Ethanol ist Komponente 1. Die partiellen Molvolumina sind in der Einheit cm^3 mol^{-1} angegeben. (Nach W. Jost und J. Troe, Kurzes Lehrbuch der Physikalischen Chemie, Steinkopff, Darmstadt, 1973.)

Die Überlegungen können auf beliebige Zustandsfunktionen übertragen werden. Wir finden

$$Y = \sum_{k=1}^{K} n_k\overline{Y}_k\,, \qquad \overline{Y} = \sum_{k=1}^{K} x_k\overline{Y}_k\,. \tag{8.11}$$

Die partiellen molaren Größen hängen mit den Mischungsgrößen zusammen:

$$\Delta_{\text{mix}}\overline{Y} = x_1\left(\overline{Y}_1 - \overline{Y_1}^*\right) + x_2\left(\overline{Y}_2 - \overline{Y_2}^*\right)\,. \tag{8.12}$$

Für eine vernachlässigbare Mischungsgröße $\Delta_{\text{mix}}\overline{Y}$ gehen die partiellen molaren Größen $\overline{Y}_k$ in die molaren Größen $\overline{Y}_k^*$ der Reinstoffe über.

Zur experimentellen Bestimmung partieller molarer Größen dient das sog. *Tangentenverfahren*. Wir betrachten wiederum das Volumen V und formen Gl. (8.10) zu

$$\overline{V} = (1 - x_2)\,\overline{V}_1(x_2) + x_2\,\overline{V}_2(x_2) \tag{8.13}$$

um. Legt man also an der Stelle x_2 an die Funktion $\overline{V}(x_2)$ eine Tangente an, können die partiellen molaren Größen bei der Zusammensetzung x_2 aus den beiden Achsenabschnitten dieser Tangente bei $x_2 = 0$ und $x_2 = 1$ abgelesen werden (Abb. 8.1).

Beispiel 8.1. Zur numerischen Bestimmung partieller molarer Volumina wird eine Modellfunktion für $\overline{V}(x_k)$ vorgegeben und deren Parameter an die experimentellen Daten angepaßt. Das Molvolumen von Kohlenwasserstoffgemischen läßt sich z. B. durch den Ansatz $\overline{V} = x_1\overline{V}_1^* + x_2\overline{V}_2^* + a x_1 x_2$ darstellen. Bei 293.2 K besitzt ein äquimolares Gemisch aus n-Hexan ($\overline{V}_1^* = 130.68\ \mathrm{cm^3\ mol^{-1}}$) und n-Hexadekan ($\overline{V}_2^* = 292.77\ \mathrm{cm^3\ mol^{-1}}$) das molare Volumen $\overline{V}(x_1 = 0.5) = 211.24\ \mathrm{cm^3\ mol^{-1}}$. Für den Parameter a ergibt sich daraus $a = -1.94\ \mathrm{cm^3\ mol^{-1}}$. Es tritt also Volumenkontraktion auf. Zur Bestimmung des partiellen Molvolumens des Hexans bilden wir aus dem oben gegebenen Ausdruck die Tangenten-Gleichung $\overline{V}_1 = \overline{V} - x_2\,(\mathrm{d}\overline{V}/\mathrm{d}x_2)$. Nach Differentiation und Umformung finden wir $\overline{V}_1 = \overline{V}_1^* + a x_2^2$. Bei $x_1 = 0.5$ ergibt sich z. B. $\overline{V}_1(x_1 = 0.5) = 130.20\ \mathrm{cm^3\ mol^{-1}}$.

8.1.3 Chemisches Potential und Gibbs-Duhem-Beziehung

Die wichtigste partielle molare Größe ist das in Kap. 3.2 eingeführte chemische Potential

$$\mu_k \stackrel{def}{=} \left(\frac{\partial G}{\partial n_k}\right)_{P,T,n_j} . \tag{8.14}$$

Die Kenntnis des chemischen Potentials wird später zur Auswertung von Gleichgewichtsbedingungen erforderlich sein. Im binären Gemisch folgt für das Differential der GIBBS-Energie

$$(\mathrm{d}G)_{P,T} = \mu_1\,\mathrm{d}n_1 + \mu_2\,\mathrm{d}n_2 . \tag{8.15}$$

Die Integration liefert dann

$$G = n_1\mu_1 + n_2\mu_2 , \qquad \overline{G} = x_1\mu_1 + x_2\mu_2 . \tag{8.16}$$

Um die Temperatur- und Druckabhängigkeit des chemischen Potentials zu beschreiben, nutzen wir aus, daß Beziehungen zwischen Zustandsfunktionen auch für ihre partiellen molaren Größen gelten.[3] Wir finden dann

$$\left(\frac{\partial \mu_k}{\partial T}\right)_P = -\overline{S}_k , \tag{8.17}$$

$$\left(\frac{\partial \mu_k}{\partial P}\right)_T = \overline{V}_k . \tag{8.18}$$

[3] Dies folgt aus der Anwendung des SCHWARZschen Satzes auf die Funktionen $G(T,n)$ bzw. $G(P,n)$.

Man kann nun zeigen, daß in einem System mit K Komponenten nur $K-1$ chemische Potentiale voneinander unabhängig sind. Dies folgt unmittelbar aus der im Anhang A.3 skizzierten Theorie homogener Funktionen. Wir vergleichen hier in einer einfacheren Herleitung Gl. (8.15) mit dem totalen Differential der GIBBS-Energie

$$(\mathrm{d}G)_{P,T} = \mu_1\,\mathrm{d}n_1 + n_1\,\mathrm{d}\mu_1 + \mu_2\,\mathrm{d}n_2 + n_2\,\mathrm{d}\mu_2\,. \tag{8.19}$$

Gl. (8.15) kann nur erfüllt sein, wenn die Bedingung

$$n_1\,\mathrm{d}\mu_1 + n_2\,\mathrm{d}\mu_2 = 0 \tag{8.20}$$

erfüllt ist. Gl. (8.20) heißt GIBBS-DUHEM-*Beziehung.* Für K Komponenten ist

$$\sum_{k=1}^{K} n_k\,\mathrm{d}\mu_k = 0\,. \tag{8.21}$$

Die GIBBS-DUHEM-Beziehung gilt in der Form

$$\sum_{k=1}^{K} n_k\,\mathrm{d}\overline{Y}_k = 0 \tag{8.22}$$

für jede extensive Zustandsfunktion. Damit folgt:

- In einem System aus K Komponenten sind nur $K-1$ partielle molare Größen $\overline{Y}_k$ einer Zustandsfunktion Y voneinander unabhängig.

Die GIBBS-DUHEM-Beziehung ermöglicht es, Eigenschaften der verschiedenen Komponenten eines Systems miteinander zu verknüpfen.

Beispiel 8.2. Im binären Gemisch aus Ethanol und Wasser in Abb. 8.2 ist das Maximum im partiellen Molvolumen des Wassers notwendigerweise mit einem Minimum im partiellen Molvolumen des Ethanols verknüpft. Wenden wir die GIBBS-DUHEM-Beziehung auf das Volumen an, ist $n_1\mathrm{d}\overline{V}_1 = -n_2\mathrm{d}\overline{V}_2$. Differentiation nach x_2 (oder x_1) liefert

$$x_1\,(\partial\overline{V}_1/\partial x_2) = -x_2\,(\partial\overline{V}_2/\partial x_2)\,.$$

Nimmt das partielle Molvolumen einer Komponente mit steigendem Molenbruch x_2 zu, muß dasjenige der anderen Komponente abnehmen. Im Maximum ist $(\partial\overline{V}_2/\partial x_2) = 0$ und damit notwendigerweise $(\partial\overline{V}_1/\partial x_2) = 0$. Das Maximum von $\overline{V}_2(x_2)$ entspricht dann einem Minimum von $\overline{V}_1(x_2)$.

8.1.4 Thermodynamische Funktionen idealer Gemische

Eine andere Beschreibung der Eigenschaften realer Gemische vergleicht Zustandsfunktionen mit Vorhersagen für „ideale“ Gemische. Dazu müssen die Eigenschaften einer idealen Mischung definiert werden. Da eine allgemeine Definition auch auf verdünnte Gase anwendbar sein sollte, ist es zweckmäßig, zunächst Mischungen idealer Gase zu betrachten.

Wir charakterisieren zunächst die Zusammensetzung eines Gases durch den *Partialdruck*

$$P_k \overset{def}{=} x_k^g P, \qquad \sum_{k=1}^{K} P_k = P, \tag{8.23}$$

wobei x_k^g der Molenbruch der Komponente k ist. Gl. (8.23) ist allgemeiner Natur und gilt auch für reale Gase. Behalten wir das Konzept des idealen Gases für Gemische bei, folgt

- In einer Mischung idealer Gase verhält sich jede Komponente so, als ob sie sich alleine im Gesamtvolumen befände.

Damit ergibt sich für den Partialdruck einer Komponente im Gemisch idealer Gase

$$P_k^{pg} = n_k RT/V = c_k RT. \tag{8.24}$$

Die Einführung der Partialdrücke ermöglicht eine einfache Beschreibung der Änderung der GIBBS-Energie bei isotherm-isobarer Vermischung. Vor der Vermischung gilt

$$G_i = n_1 \overline{G}_1^* + n_2 \overline{G}_2^* = n_1 \left\{ \mu_1^\circ + RT \ln\left(\frac{P}{P^\circ}\right) \right\} + n_2 \left\{ \mu_2^\circ + RT \ln\left(\frac{P}{P^\circ}\right) \right\}. \tag{8.25}$$

Nach isotherm-isobarer Vermischung ist

$$G_f = n_1 \left\{ \mu_1^\circ + RT \ln\left(\frac{P_1}{P^\circ}\right) \right\} + n_2 \left\{ \mu_2^\circ + RT \ln\left(\frac{P_2}{P^\circ}\right) \right\}. \tag{8.26}$$

Damit folgt für die GIBBSsche Mischungsenergie $\Delta_{mix} G^{pg} = G_f - G_i$ idealer Gase

$$\Delta_{\mathrm{mix}} G^{pg} = n_1 RT \ln\left(\frac{P_1}{P^\circ}\right) + n_2 RT \ln\left(\frac{P_2}{P^\circ}\right) = nRT\,(x_1 \ln x_1 + x_2 \ln x_2). \tag{8.27}$$

Gl. (8.27) bedingt $\Delta_{\mathrm{mix}} G^{pg} \leq 0$. Dies setzt allerdings voraus, daß die Teilchen der Sorte 1 und 2 unterscheidbar sind. Beim Mischen von gleichen Teilchen setzen wir $\Delta_{\mathrm{mix}} G = 0$. Bemerkenswerterweise ist $\Delta_{\mathrm{mix}} G^{pg}$ keine Funktion des Drucks. Allgemein folgt für eine Mischung aus K Gasen

$$\Delta_{\mathrm{mix}} G^{pg} = nRT \sum_{k=1}^{K} x_k \ln x_k. \tag{8.28}$$

Es hat sich nun als zweckmäßig erwiesen, Gl. (8.28) auch als Konvention zur Festlegung der Eigenschaften idealer Gemische von Flüssigkeiten und Festkörpern zu benutzen:

- Ein Gemisch verhält sich ideal, wenn die Zusammensetzungsabhängigkeit der GIBBSschen Mischungsenergie derjenigen eines Gemischs idealer Gase entspricht.

Wir schreiben also unabhängig vom Aggregatzustand für eine ideale Mischung (Index „id")

$$\Delta_{\mathrm{mix}} G^{\mathrm{id}} = nRT \sum_{k=1}^{K} x_k \ln x_k. \tag{8.29}$$

Obwohl für ideale Gemische in den verschiedenen Aggregatzuständen die gleichen Gesetze vorausgesetzt werden, besteht ein grundsätzlicher Unterschied:

- In Gemischen idealer Gase sind keine zwischenmolekularen Wechselwirkungen vorhanden, in idealen flüssigen Gemischen heben sich die Beiträge der verschiedenen Wechselwirkungen gerade gegenseitig auf.

Mit der Definition von $\Delta_{\text{mix}}G^{\text{id}}$ sind alle anderen thermodynamischen Mischungsfunktionen idealer Gemische festgelegt. Für die im folgenden wichtigsten Größen gilt

$$\Delta_{\text{mix}}V^{\text{id}} = \left(\partial \Delta_{\text{mix}}G^{\text{id}}/\partial P\right)_T = 0\,, \tag{8.30}$$

$$\Delta_{\text{mix}}S^{\text{id}} = -\left(\partial \Delta_{\text{mix}}G^{\text{id}}/\partial T\right)_P = -nR\,(x_1 \ln x_1 + x_2 \ln x_2) \geq 0\,, \tag{8.31}$$

$$\Delta_{\text{mix}}H^{\text{id}} = \Delta_{\text{mix}}G^{\text{id}} + T\,\Delta_{\text{mix}}S^{\text{id}} = 0\,, \tag{8.32}$$

$$\Delta_{\text{mix}}A^{\text{id}} = \Delta_{\text{mix}}G^{\text{id}}\,. \tag{8.33}$$

Enthalpie und Volumen einer idealen Mischung beinhalten also keine Mischungsbeiträge. Da $\Delta_{\text{mix}}H^{\text{id}} = 0$ ist, ist die GIBBSsche Mischungsenthalpie einer idealen Mischung durch den Entropieanteil gegeben. Weiterhin ist die HELMHOLTZ-Energie der idealen Mischung gleich der GIBBS-Energie. Dies vereinfacht theoretische Analysen oft wesentlich, da statistisch-thermodynamische Theorien meist die HELMHOLTZ-Energie liefern. Abb. 8.3 zeigt die resultierenden Abhängigkeiten der Mischungsfunktionen einer idealen binären Mischung von der Zusammensetzung. Drückt man alle Funktionen als Vielfache von RT bzw. R aus, erhält man eine Auftragung, in der $\overline{G}^{\text{id}}/RT$ gerade das Spiegelbild von $\overline{S}^{\text{id}}/R$ ist.

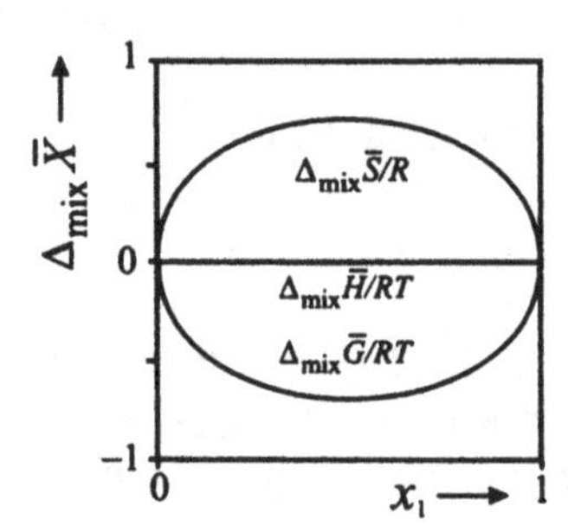

Abb. 8.3
Thermodynamische Funktionen idealer Gemische.

Schließlich wollen wir einen Ausdruck für das chemische Potential einer Komponente in einer idealen Mischung herleiten. Wir betrachten wiederum zunächst ein ideales Gas. Das partielle Molvolumen der Komponente k ist dann durch $\overline{V}_k = (\partial\mu_k/\partial P)_{T,x_j} = RT/P$ gegeben. Wir integrieren diese Beziehung und erhalten

$$\mu_k^{\text{pg}}(T,P_k) = \mu_k(T,P_k=1) + RT \ln \frac{P_k}{P^\circ} = \mu_k(T,P_k=1) + RT \ln \frac{P}{P^\circ} + RT \ln x_k^{\text{g}}\,. \tag{8.34}$$

Wir fassen die beiden ersten Glieder auf der rechten Seite dieser Gleichung zum chemischen Potential $\mu_k^*(T,P)$ des Reinstoffs zusammen und finden

$$\mu_k^{\text{pg}}(T,P_k) = \mu_k^*(T,P) + RT \ln x_k^{\text{g}}\,. \tag{8.35}$$

Wir verallgemeinern nun wiederum dieses Ergebnis auf alle Aggregatzustände

$$\mu_k^{\text{id}} = \mu_k^*(T,P) + RT \ln x_k\,. \tag{8.36}$$

Für $x_k \to 1$ geht das chemische Potential in den Wert im Standardzustand über. Gl. (8.36) definiert daher den sog. RAOULT*schen Standardzustand* eines Gemischs:

- Der RAOULTsche Standardzustand für das chemische Potential einer Komponente eines Gemischs ist durch die reine Komponente bei gleichem Gesamtdruck und gleicher Temperatur gegeben.

8.1.5 Thermodynamische Exzeßfunktionen

Um die Eigenschaften des realen Systems durch die Abweichungen von den Werten des idealen Systems zu beschreiben, definieren wir die molare GIBBSsche Exzeßenergie durch

$$\Delta_{\text{mix}}\overline{G} = \Delta_{\text{mix}}\overline{G}^{\text{id}} + \overline{G}^{\text{E}}, \tag{8.37}$$

d. h. wir spalten die GIBBS-Energie willkürlich in einen Beitrag der reinen Komponenten, einen Beitrag aufgrund idealer Vermischung und einen Beitrag der realen Mischung auf:

$$G = n_1\mu_1^* + n_2\mu_2^* + \Delta_{\text{mix}}G^{\text{id}} + G^{\text{E}}. \tag{8.38}$$

Der Exzeßanteil kann positiv oder negativ sein oder als Funktion der Zusammensetzung sein Vorzeichen wechseln. Abb. 8.4 zeigt schematisch die Aufspaltung der GIBBSschen Mischungsenergie eines Systems mit positiver GIBBSscher Exzeßenergie.

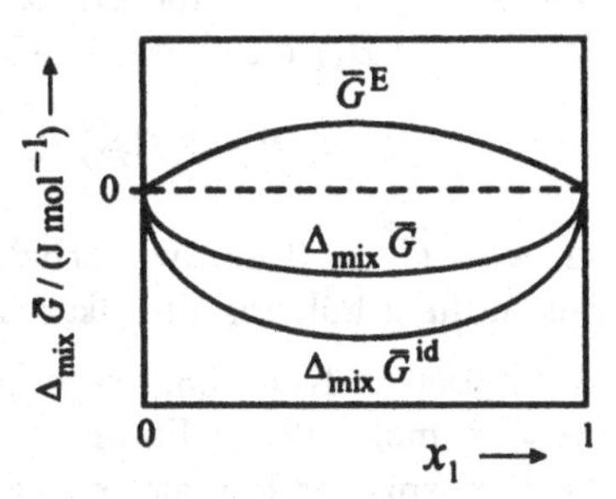

Abb. 8.4
Auftrennung der GIBBSschen Mischungsenergie in den Ideal- und Exzeßanteil im Fall positiver GIBBSscher Exzeßenergie.

In analoger Form können wir Exzeßfunktionen anderer Zustandsfunktionen definieren:

$$\left(\frac{\partial\overline{G}^{\text{E}}}{\partial T}\right)_{P,x_k} = -\overline{S}^{\text{E}}, \tag{8.39}$$

$$\left(\frac{\partial\overline{G}^{\text{E}}}{\partial P}\right)_{T,x_k} = \overline{V}^{\text{E}}, \tag{8.40}$$

$$\left(\frac{\partial(\overline{G}^{\text{E}}/T)}{\partial(1/T)}\right)_{P,x_k} = -\frac{\overline{H}^{\text{E}}}{T^2}. \tag{8.41}$$

Für V, H und U sind die idealen Mischungsfunktionen gleich null, so daß jeder Meßeffekt bei isotherm-isobarer Vermischung direkt die Exzeßfunktion widerspiegelt. Dies gilt nicht für die Funktionen G, A und S, da auch bei idealer Vermischung ein Entropiebeitrag auftritt.

8.2 Gemische realer Gase

8.2.1 Thermische Zustandsgleichungen für Gasgemische

Wir wollen nun für mäßig komprimierte Gase das Realverhalten durch eine nach dem zweiten Virialkoeffizienten abgebrochene Virialentwicklung darstellen. Wir setzen also

$$z(\text{Gemisch}) = P\overline{V}/RT = 1 + B/\overline{V}\,. \qquad (8.42)$$

Die statistische Thermodynamik ergibt für den zweiten Virialkoeffizienten des Gemischs[4]

$$B = x_1^2 B_{11} + x_2^2 B_{22} + 2x_1x_2B_{12}\,. \qquad (8.43)$$

B_{11} und B_{22} beschreiben Wechselwirkungen zwischen Teilchen der gleichen Sorte und entsprechen den Virialkoeffizienten der Reinstoffe. Der „Kreuzvirialkoeffizient" B_{12} beschreibt Wechselwirkungen zwischen Teilchen verschiedenen Typs. Gl. (8.43) ist auf Vielkomponentensysteme erweiterbar. Dabei zeigt sich, daß alle thermodynamischen Exzeßfunktionen als Funktion der Größe

$$\Delta \stackrel{def}{=} 2B_{12} - B_{11} - B_{22} \qquad (8.44)$$

darstellbar sind. Für die GIBBSsche Exzeßenergie finden wir beispielsweise $\overline{G}^{\mathrm{E}} = x_1x_2P\Delta$. Nähern wir B_{12} durch das arithmetische Mittel der Virialkoeffizienten der Reinstoffe

$$B_{12} = (B_{11} + B_{22})/2 \qquad (8.45)$$

an, wird $\overline{G}^{\mathrm{E}} = 0$ und wir erhalten ein ideales Gemisch schwach realer Gase. Eine analoge Behandlung höherer Virialkoeffizienten ist möglich.

Wir haben in Kap. 6.3.4 gesehen, daß der zweite Virialkoeffizient eines Reinstoffs aus dem zwischenmolekularen Potential errechnet werden kann. Zur Erweiterung auf Gemische ist die Kenntnis des Potentials zwischen den ungleichen Teilchen erforderlich. Wir suchen nach einer Möglichkeit, die Parameter des Potentials $u_{12}(r)$ aus denjenigen der Potentiale $u_{11}(r)$ und $u_{22}(r)$ abzuschätzen. Für das LENNARD-JONES-Potential existieren semiempirische Kombinationsregeln, die unter dem Namen LORENTZ-BERTHELOT-*Regeln* bekannt sind:

$$\sigma_{12} = (\sigma_1 + \sigma_2)/2\,, \qquad \varepsilon_{12} = (\varepsilon_1\varepsilon_2)^{1/2}\,. \qquad (8.46)$$

Diese werden sinngemäß auf Zustandsgleichungen übertragen. Mit der Molekülgeometrie zusammenhängende Parameter werden arithmetisch gemittelt, energetische Parameter werden geometrisch gemittelt. Der Vergleich mit dem Experiment zeigt allerdings oft Abweichungen, so daß im Laufe der Zeit viele andere Regeln vorgeschlagen wurden. Oft erweitert man die LORENTZ-BERTHELOT-Regeln (8.46) durch zusätzliche empirische Parameter:

$$\sigma_{12} = \eta\,(\sigma_1 + \sigma_2)/2\,, \qquad \varepsilon_{12} = \xi\,(\varepsilon_1\varepsilon_2)^{1/2}\,. \qquad (8.47)$$

[4]Dies ist die einzige theoretisch begründbare Form. In der Praxis wird gelegentlich der *empirische* Ansatz $B = x_1B_{11} + x_2B_{22} + x_1x_2\delta_{12}$ benutzt, wobei δ_{12} als Exzeßvirialkoeffizient bezeichnet wird.

Als Beispiel betrachten wir die VAN DER WAALS-Gleichung für Gemische. Wir setzen $b = \eta\,(x_1 b_{11} + x_2 b_{22})$. b_{11} und b_{22} sind die Werte der Reinstoffe. Für den VAN DER WAALS-Parameter a des Gemischs sagt die Theorie eine quadratische Zusammensetzungsabhängigkeit der Form $a = x_1^2 a_{11} + x_2^2 a_{22} + 2x_1 x_2\, a_{12}$ voraus. Für a_{12} benutzt man die Mischungsregel $a_{12} = \xi\sqrt{a_{11}a_{22}}$. In einfachen Fällen genügen die Näherungen $\eta = 1$ und $\xi = 1$. Ein Ziel gegenwärtiger Forschung ist es, molekulare Modelle für die Mischungsparameter ξ und η zu entwickeln.

8.2.2 Fugazität und Fugazitätskoeffizient in Gemischen

Wir verallgemeinern das Konzept der Fugazität auf Gemische, indem wir den Partialdruck P_k und die Fugazität f_k einer Komponente über den Fugazitätskoeffizienten φ_k verknüpfen

$$f_k \stackrel{def}{=} \varphi_k P_k = \varphi_k\, x_k\, P \tag{8.48}$$

und den Fugazitätskoeffizienten auf den Anteil dieser Komponente am Realgasfaktor des Gemischs beziehen:

$$\ln\varphi = \int_0^P \frac{z_k - 1}{P}\,\mathrm{d}P\,, \qquad z_k \stackrel{def}{=} \frac{P}{RT}\,\overline{V}_k(P,T,x_k)\,. \tag{8.49}$$

Fugazitätskoeffizienten spielen bei der Berechnung von Phasengleichgewichten und chemischen Gleichgewichten bei höheren Gasdrücken eine wichtige Rolle. Da die zur ihrer Berechnung erforderlichen Zustandsdaten kaum zur Verfügung stehen, sind meist Näherungen erforderlich. Behandeln wir das reale Gemisch als ideales Gemisch realer Reinstoffe ergibt sich die vielfach benutzte *Fugazitätenregel* von LEWIS und RANDALL

$$f_k = x_k f_k^*\,, \tag{8.50}$$

nach der zur Berechnung von f_k nur die Fugazität f_k^* des Reinstoffs erforderlich ist.

Beispiel 8.3. Wir wollen die Fugazitäten der Komponenten in einem äquimolaren Gemisch aus Wasserstoff (Komponente 1), Stickstoff (2) und Ammoniak (3) bei 523 K und 100 bar mit Hilfe der VAN DER WAALS-Gleichung und der LEWIS-RANDALL-Regel abschätzen. Aus den VAN DER WAALS-Konstanten in Tab. 6.1 finden wir mit Gl. (6.11) $B_1 = 21.04\ \mathrm{cm^3\ mol^{-1}}$, $B_2 = 7.18\ \mathrm{cm^3\ mol^{-1}}$ und $B_3 = -60.0\ \mathrm{cm^3\ mol^{-1}}$. Gl. (6.34) liefert die Fugazitätskoeffizienten $\varphi_1^* = 1.049$, $\varphi_2^* = 1.017$ und $\varphi_3^* = 0.871$. In einer idealen Mischung ergeben sich die Partialdrücke jeweils zu 33.3 bar. Mit Hilfe der LEWIS-RANDALL-Regel folgt $f_1 = 35.0$ bar, $f_2 = 33.9$ bar und $f_3 = 29.0$ bar.

Unter Benutzung der Fugazitäten können wir die GIBBS-Energie der Mischung angeben. Wir betrachten dazu die GIBBS-Energie vor und nach isotherm-isobarer Vermischung:

$$G_\mathrm{i} = n_1\,\{\mu_1^\circ(T) + RT\ln(f_1^*/f^\circ)\} + n_2\,\{\mu_2^\circ(T) + RT\ln(f_2^*/f^\circ)\}\,, \tag{8.51}$$

$$G_\mathrm{f} = n_1\,\{\mu_1^\circ(T) + RT\ln(f_1/f^\circ)\} + n_2\,\{\mu_2^\circ(T) + RT\ln(f_2/f^\circ)\}\,. \tag{8.52}$$

Für die GIBBSsche Mischungsenergie folgt damit

$$\Delta_{\text{mix}}G = nRT\left\{x_1 \ln\left(\frac{f_1}{f_1^*}\right) + x_2 \ln\left(\frac{f_2}{f_2^*}\right)\right\}. \tag{8.53}$$

Wir definieren nun nach LEWIS die *Aktivität* a_k einer Komponente durch

$$a_k \stackrel{def}{=} f_k/f_k^* \stackrel{def}{=} \gamma_k\, x_k\,. \tag{8.54}$$

γ_k heißt *Aktivitätskoeffizient.* Für die GIBBS-Energie der Mischung erhalten wir dann

$$\Delta_{\text{mix}}\overline{G} = RT\left\{x_1 \ln a_1 + x_2 \ln a_2\right\} = \Delta_{\text{mix}}\overline{G}^{\text{id}} + RT\left\{x_1 \ln \gamma_1 + x_2 \ln \gamma_2\right\}. \tag{8.55}$$

Damit ergibt sich die molare GIBBSsche Exzeßenergie zu

$$\overline{G}^{\text{E}} = RT\left\{x_1 \ln \gamma_1 + x_2 \ln \gamma_2\right\}. \tag{8.56}$$

8.3 Flüssige Gemische

Das Konzept der Fugazität ist nicht an den gasförmigen Zustand gebunden. Ein Verfahren, das in Zukunft erhöhte Bedeutung gewinnen wird, beruht auf der Entwicklung von Zustandsgleichungen, aus der Fugazitäten und weitere thermodynamische Eigenschaften bestimmt werden können. Heute sind aber in der Regel noch keine wirklich guten Zustandsgleichungen vorhanden, die eine Beschreibung von Gemischen über weite Bereiche unter Einschluß des flüssigen Bereichs erlauben, so daß der Nutzen dieses Verfahrens im wesentlichen auf die Behandlung überkritischer oder nahkritischer Fluide beschränkt ist. Zur Beschreibung flüssiger Gemische wird ein anderes Konzept benutzt, das von thermodynamischen Exzeßfunktionen und Aktivitäten ausgeht. Diese Art der Beschreibung ist auch auf komplexere Systeme mit stark polaren Molekülen, Elektrolyten oder Makromolekülen anwendbar.

8.3.1 Thermodynamische Exzeßfunktionen flüssiger Gemische

Abb. 8.5 zeigt zwei typische Beispiele für thermodynamische Exzeßfunktionen von realen flüssigen Gemischen. In einigen Fällen wird ein vergleichsweise einfaches Verhalten gefunden:

- Bei einer *idealen Mischung* verschwinden die Exzeßgrößen über den gesamten Temperatur- und Druckbereich. Diesem Grenzfall kommen Isotopengemische und Gemische aus benachbarten Substanzen homologer Reihen, wie z. B. Chlorbenzol + Brombenzol, nahe.

- In *athermischen Mischungen* tritt keine Enthalpieänderung beim Vermischen auf, so daß $\Delta_{\text{mix}}\overline{G} \cong -T\Delta_{\text{mix}}\overline{S}$ ist. Beispiele sind Lösungen von polymeren Kohlenwasserstoffen in niedermolekularen Kohlenwasserstoffen.

- In *regulären Mischungen* verhält sich die Mischungsentropie ideal, so daß $\Delta_{\text{mix}}\overline{G} \cong \Delta_{\text{mix}}\overline{H}$ ist. Dieses Verhalten wird oft bei Mischungen von Komponenten ähnlicher Größe und Gestalt aber unterschiedlicher Polarität gefunden.

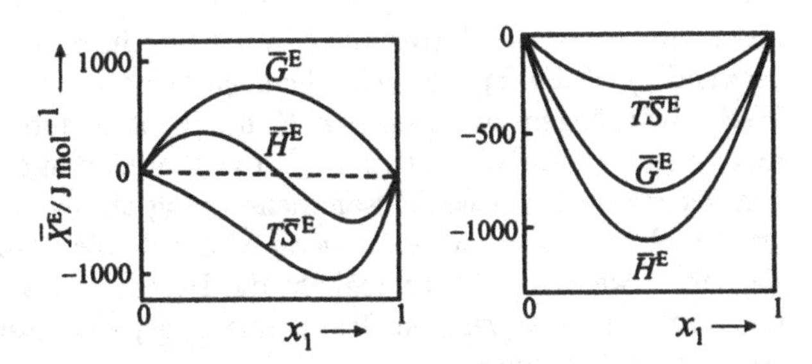

Abb. 8.5 Thermodynamische Exzeßfunktionen wäßriger Gemische mit Dioxan (links) und Wasserstoffperoxid (rechts) bei 298.15 K und 1 bar. x_1 ist der Molenbruch des Wassers. Quellen: [DEC-1], [DEC-3]).

Die bei weitem wichtigste Exzeßfunktion ist die GIBBSsche Exzeßenergie. Positive Werte der GIBBSschen Exzeßenergien werden durch bevorzugte Wechselwirkungen zwischen Teilchen der gleichen Sorte erklärt, negative Abweichungen durch bevorzugte Wechselwirkungen zwischen den unterschiedlichen Komponenten (siehe Kap. 8.4.2 und 13.5.3). Beispiele für Systeme mit positiver GIBBSscher Exzeßenergie sind Gemische aus stark polaren oder wasserstoffbrückengebundenen Stoffen mit Stoffen niedriger Polarität sowie wäßrige Lösungen hydrophober Stoffe. Ein bekanntes Beispiel für ein System mit negativer GIBBSscher Exzeßenergie ist das System Chloroform + Aceton, bei dem es Hinweise auf eine Wasserstoffbrücke der Form C–H ··· O=C zwischen Chloroform und Aceton gibt.

Zur Beschreibung der Exzeßfunktionen stehen zahlreiche empirische und halbempirische Ansätze zur Verfügung. Im Hinblick auf Anwendungen sollten wenige Parameter benutzt und eine Form gewählt werden, die eine Erweiterung auf Mehrkomponentensysteme zuläßt. Der einfachste Ansatz, der der GIBBS-DUHEM-Bedingung genügt, ist der PORTER-Ansatz

$$\overline{Y}^E = A\,x_1 x_2\,. \tag{8.57}$$

Er ergibt zu $x_1 = 0.5$ symmetrische, parabolische Exzeßfunktionen. Ist im Fall der GIBBS-Energie die Konstante A unabhängig von Temperatur und Druck, beschreibt der PORTER-Ansatz das Verhalten der regulären Mischung.[5] Der Ansatz kann nach REDLICH und KISTER zum empirischen Ansatz

$$\overline{Y}^E = x_1 x_2 \left\{ A + B(x_1 - x_2) + C(x_1 - x_2)^2 + \ldots \right\} \tag{8.58}$$

erweitert werden, der in der Lage ist, ein unsymmetrisches Verhalten und einen Vorzeichenwechsel der Exzeßfunktion im Bereich zwischen $x_1 = 0$ und $x_1 = 1$ zu beschreiben.

Vor allem für $\overline{G}^E$ existieren leistungsfähige semiempirische Modelle, die oft der Form

$$\overline{G}^E = \overline{G}^E_{\mathrm{comb}} + \overline{G}^E_{\mathrm{resid}} \tag{8.59}$$

genügen, wobei der *kombinatorische* Anteil dem Einfluß der Mischungsentropie und der Gestalt der Moleküle Rechnung trägt, während der *residuelle* Anteil den energetischen Einfluß

[5] Im Fall der GIBBS-Energie besitzt die Konstante A die Dimension der Energie. Oft wird dieser Ansatz in der Form $\overline{G}^E/RT = A'(P,T)\,x_1 x_2$ mit einer dimensionslosen Konstanten A' geschrieben.

beschreibt (der Begriff „residuell" wird hier in einem anderen Sinn als in Abschnitt 6.2.2 verwendet). Dabei spielen vor allem *quasi-chemische Theorien* eine Rolle, die spezifische Wechselwirkungen zwischen den Komponenten durch chemische Reaktionsgleichgewichte modellieren (siehe Kap. 13.5.3). Diese führen dann zu lokalen Zusammensetzungen, die von der makroskopischen Zusammensetzung abweichen. Die Effizienz solcher Modelle kann wesentlich verbessert werden, wenn Moleküle als Ansammlung von molekularen Gruppen behandelt werden. Dies ermöglicht die Beschreibung einer großen Anzahl von Gemischen mit vergleichsweise wenigen Gruppenbeitragsparametern. Die darauf beruhende quasichemische *UNIFAC-Methode* stellt heute das am häufigsten angewandte Modell für die GIBBSsche Exzeßenergie dar.

8.3.2 Aktivität und Aktivitätskoeffizient im Raoultschen Bezugssystem

In einer idealen Mischung gilt nach Gl. (8.36) für das chemische Potential einer Komponente die Beziehung $\mu_k^{\mathrm{id}}(P,T) = \mu_k^*(P,T) + RT \ln x_k$, wobei der RAOULTsche Standardzustand durch die reine Flüssigkeit bei gleichem Druck und gleicher Temperatur gegeben ist. Zur Beschreibung realer Gemische addieren wir einen Exzeßbeitrag

$$\mu_k = \mu_k^{\mathrm{id}} + \mu_k^{\mathrm{E}} = \mu_k^*(P,T) + RT \ln x_k + \mu^{\mathrm{E}} \tag{8.60}$$

und schreiben für den Exzeßanteil

$$\mu_k^{\mathrm{E}} = RT \ln \gamma_k \,. \tag{8.61}$$

Damit ergibt sich für das chemische Potential

$$\mu = \mu_k^* + RT \ln x_k + RT \ln \gamma_k = \mu_k^* + RT \ln a_k \tag{8.62}$$

mit der Grenzbedingung

$$\lim_{x_k \to 1} \gamma_k = 1 \,. \tag{8.63}$$

a_k ist die Aktivität der Komponente k und γ_k der Aktivitätskoeffizient. Diese Definition ist mit der in Abschnitt 8.2.2 über die Fugazität eingeführten Definition konsistent. Das chemische Potential wird damit *willkürlich* in drei Beiträge aufgetrennt, nämlich in

- das chemische Potential im Bezugszustand der reinen Komponente,
- seine Veränderung in einer idealen Mischung und
- die Abweichungen vom Idealverhalten.

Eine Verknüpfung mit der GIBBSschen Exzeßenergie liefert für das binäre Gemisch

$$\left(\frac{\partial \overline{G}^{\mathrm{E}}}{\partial n_1}\right)_{P,T,n_2} = RT \ln \gamma_1 \,, \tag{8.64}$$

$$\overline{G}^{\mathrm{E}} = RT\,(x_1 \ln \gamma_1 + x_2 \ln \gamma_2) \,. \tag{8.65}$$

Aktivitätskoeffizienten müssen der GIBBS-DUHEM-Beziehung genügen. Im binären System führt dies auf die sog. DUHEM-MARGULES-Gleichung:

$$x_1 \left(\frac{\partial \ln \gamma_1}{\partial x_1}\right)_{P,T} + x_2 \left(\frac{\partial \ln \gamma_2}{\partial x_1}\right)_{P,T} = 0 . \tag{8.66}$$

Beispiel 8.4. Die GIBBSsche Exzeßenergie von Toluol + Acetonitril-Gemischen kann durch den REDLICH-KISTER-Ansatz (8.58) mit $A = 1.179$, $B = -0.0599$ und $C = 0.128$ beschrieben werden (R. V. Orye und J. M. Prausnitz, Trans. Faraday Soc., 61, 1338 (1965)). Wir wollen den Aktivitätskoeffizienten des Toluols in der äquimolaren Mischung berechnen. Aus Gl. (8.64) folgt

$$\mu_1^E/RT = \ln \gamma_1 = x_2^2 \left\{A + B(3 - 4x_2) + C(5 - 16x_2 + 12x_2^2)\right\} .$$

Numerisch finden wir $\gamma_1(x_1 = 0.5) = 1.322$.

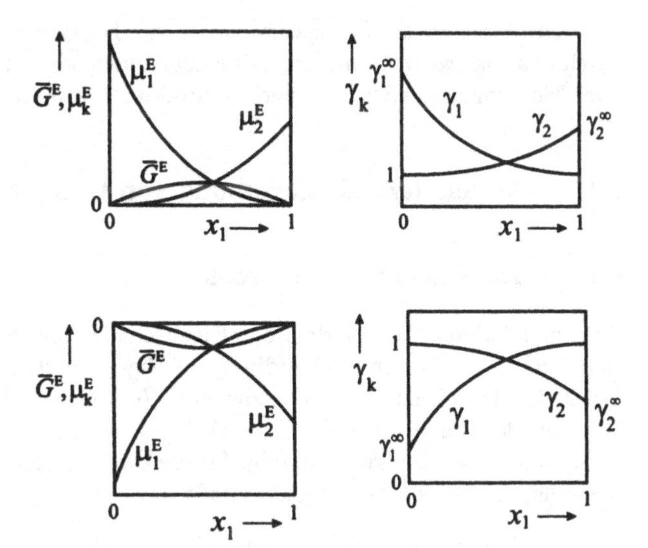

Abb. 8.6 Chemische Exzeßpotentiale und Aktivitätskoeffizienten bei positiver bzw. negativer GIBBSscher Exzeßenergie.

Aktivitätskoeffizienten sind Funktionen von Druck, Temperatur und Zusammensetzung. Experimentell werden sie meist aus Messungen von Phasengleichgewichten bestimmt (siehe Kap. 9). Abb. 8.6 zeigt das Verhalten der chemischen Exzeßpotentiale und Aktivitätskoeffizienten bei positiver bzw. negativer GIBBSscher Exzeßenergie.[6]

Zur Bestimmung der Temperaturabhängigkeit des Aktivitätskoeffizienten wenden wir die GIBBS-HELMHOLTZ-Beziehung (3.23) auf das chemische Potential an und finden

$$\left(\frac{\partial \ln a_k}{\partial T}\right)_{P,x_j} = \left(\frac{\partial \ln \gamma_k}{\partial T}\right)_{P,x_j} = \frac{\overline{H}_k^\circ - \overline{H}_k}{RT^2} . \tag{8.67}$$

[6]Aus Gl. (8.65) und der GIBBS-DUHEM-Beziehung folgt auch, daß sich in Abb. (8.6) die beiden chemischen Exzeßpotentiale μ_1^E und μ_2^E gerade im Maximum der GIBBSschen Exzeßenergie schneiden müssen.

Da der Reinstoff als Bezugszustand dient, ist die Größe $\overline{H}_k^\circ - \overline{H}_k$ durch die Differenz zwischen der partiellen molaren Enthalpie der Komponente k im Gemisch und der molaren Enthalpie $\overline{H}_k^*$ des Reinstoffs gegeben. Diese sog. *partielle molare Lösungswärme* ist kalorimetrisch bestimmbar. Über große Temperaturbereiche muß zusätzlich die Temperaturabhängigkeit der Lösungswärme, d. h. die partielle molare Wärmekapazität, berücksichtigt werden.

Um die Druckabhängigkeit der Aktivität zu beschreiben, ist das partielle Differential

$$\left(\frac{\partial \mu_k}{\partial P}\right)_{T,x_j} = \left(\frac{\partial \mu_k^\circ}{\partial P}\right)_{T,x_j} + RT\left(\frac{\partial \ln a_k}{\partial P}\right)_{T,x_k} \tag{8.68}$$

auszuwerten. Da die Ableitung bei konstanter Zusammensetzung zu bilden ist, folgt

$$\left(\frac{\partial \ln a_k}{\partial P}\right)_{T,x_k} = \left(\frac{\partial \ln \gamma_k}{\partial P}\right)_{T,x_k} = \frac{\overline{V}_k - \overline{V}_k^\circ}{RT}. \tag{8.69}$$

Mit dem Reinstoff als Bezugszustand ist die Druckabhängigkeit des Aktivitätskoeffizienten durch das sog. *partielle molare Lösungsvolumen* $\overline{V}_k - \overline{V}_k^*$ gegeben. Dieses ist experimentell über Messungen der Dichte oder die direkte Bestimmung der Exzeßvolumina zugänglich.

8.4 Molekulare Beschreibung von Gemischen

8.4.1 Kombinatorische Entropie

Zum molekularen Verständnis der Eigenschaften der Gemische wollen wir zunächst einen Blick auf die statistische Behandlung der Eigenschaften von Gemischen idealer Gase werfen. Wir betrachten dazu zwei Systeme mit N_1 Teilchen der Sorte 1 im Volumen V_1 und N_2 Teilchen der Sorte 2 im Volumen V_2 bei gleicher Temperatur T. Da die beiden Systeme voneinander unabhängig sind, folgt für die kanonische Zustandssumme eines übergeordneten Systems, das beide Teilsysteme umfaßt,

$$Z = Z_1(N_1, V_1, T) \cdot Z_2(N_2, V_2, T). \tag{8.70}$$

Vermischen wir die beiden Teilsysteme, steht den Teilchen statt der Volumina V_1 bzw. V_2 das Volumen $V = V_1 + V_2$ zur Verfügung, und wir finden

$$Z = Z_1(N_1, V, T) \cdot Z_2(N_2, V, T). \tag{8.71}$$

Da sich bei Vermischung außer den Volumina keine in die Zustandssummen eingehenden Größen ändern, ist es zweckmäßig, *volumenbezogene Zustandssummen* zu bilden:

$$\zeta_k(N, T) \stackrel{def}{=} Z_k(N, V, T)/V_k. \tag{8.72}$$

Vor der Vermischung ist also $Z = \zeta_1 V_1 \cdot \zeta_2 V_2$, nach der Vermischung ist $Z = \zeta_1 V \cdot \zeta_2 V$. Bilden wir nun die HELMHOLTZsche Mischungsenergie, folgt

$$\Delta_{\text{mix}} A^{\text{id}} = -k_B T \ln\left\{\frac{\zeta_1 V \; \zeta_2 V}{\zeta_1 V_1 \; \zeta_2 V_2}\right\}. \tag{8.73}$$

Die durch ζ_k zusammengefaßten Beiträge heben sich weg. Wir finden

$$\Delta_{\text{mix}}A^{\text{id}} = \Delta_{\text{mix}}G^{\text{id}} = Nk_BT\,\{x_1\ln(V_1/V) + x_2\ln(V_2/V)\}\ . \tag{8.74}$$

Da definitionsgemäß kein Volumeneffekt auftritt, entspricht dies Gl. (8.27). Damit sind auch die Ergebnisse für andere Zustandsfunktionen mit den phänomenologisch eingeführten Ausdrücken identisch. Für die sog. *kombinatorische Entropie* folgt

$$\Delta_{\text{mix}}S^{\text{id}} = -\left(\frac{\partial\Delta_{\text{mix}}A}{\partial T}\right)_{V,N_1,N_2} = -Nk_B\,(x_1\ln x_1 + x_2\ln x_2)\ . \tag{8.75}$$

Wir können diesen Ausdruck für die Entropie noch auf einem anderen Weg herleiten und von einem *Gittermodell* ausgehen. Wir ordnen jedem Teilchen einen abzählbaren Gitterplatz zu und vernachlässigen die inneren Freiheitsgrade. Wir betrachten nun die Vermischung von zwei Gittern, die mit sehr ähnlichen Teilchen besetzt sind, so daß keine Volumen- und Energieeffekte auftreten, und nehmen an, daß die Verteilung der Teilchen auf die Gitterplätze zufällig erfolgt. Wenn wir die Zahl der Realisierungsmöglichkeiten vor und nach der Vermischung betrachten, erhalten wir den zu Gl. (8.75) äquivalenten Ausdruck

$$\Delta_{\text{mix}}S^{\text{id}} = -k_B\,\{N_1\ln(N_1/N) + N_2\ln(N_2/N)\}\ . \tag{8.76}$$

8.4.2 Reguläre Mischungen

Die Berücksichtigung unterschiedlicher Wechselwirkungen zwischen den Komponenten führt in kondensierten Phasen zu sehr komplexen statistisch-thermodynamischen Theorien. In einfachen Darstellungen ist es zunächst bequem, von *Gittermodellen* auszugehen. Solche Gittermodelle erscheinen für Flüssigkeiten unrealistisch, jedoch werden in Gittermodellen meist nur die direkten Nachbarn eines Zentralteilchens in die Betrachtungen einbezogen, wobei man hofft, daß diese quasi-kristalline Nahordnung eine adäquate Beschreibung der nächsten Nachbarn in Flüssigkeiten darstellt.

Wir wollen eine reguläre Mischung behandeln, bei der sich die Mischungsentropie ideal verhält, während die Mischungsenthalpie von null verschieden ist. Zur Beschreibung der Wechselwirkungen zwischen den Teilchen benutzen wir die kohäsive Energie w_{ij}, die die Zunahme der potentiellen Energie beschreibt, wenn zwei Teilchen i und j von unendlichem Abstand auf ihren Gleichgewichtsabstand im Gitter gebracht werden. Wir benötigen zur Beschreibung drei Energien w_{11}, w_{12} und w_{22}. Nun überführen wir ein Molekül der Sorte 1 von der reinen Flüssigkeit 1 in die Flüssigkeit 2 und gleichzeitig ein Molekül der Sorte 2 in die Flüssigkeit 1. Wird die Zahl der nächsten Nachbarn im Gitter mit z bezeichnet, ändert sich die potentielle Energie um die sog. „Austauschenergie“

$$2z\,\{w_{12} - w_{11}/2 - w_{22}/2\} \overset{def}{=} 2zw\ . \tag{8.77}$$

Bei Kenntnis der Austauschenergie können wir die Energieänderung bei statistischer Vermischung zweier Gitter ausrechnen. Wir wollen hier nur das Ergebnis angeben:

$$\Delta_{\text{mix}}U = zw\,(N_1N_2/N)\ . \tag{8.78}$$

Eine Verknüpfung mit dem Ausdruck für die kombinatorische Entropie liefert

$$\Delta_{\text{mix}}A = \Delta_{\text{mix}}G = zw\,(N_1N_2/N) + k_BT\,\{N_1\ln(N_1/N) + N_2\ln(N_2/N)\}\ . \quad (8.79)$$

Der Beitrag des zweiten Terms entspricht demjenigen der idealen Mischung, so daß der erste Term die GIBBSsche Exzeßenergie wiedergibt:

$$A^{\text{E}} = G^{\text{E}} = zw(N_1N_2/N). \quad (8.80)$$

Dies entspricht der Form des empirischen PORTER-Ansatzes (8.57). Das Vorzeichen der GIBBSschen Exzeßenergie hängt damit vom Vorzeichen der durch Gl. (8.77) definierten Austauschenergie ab. Positive GIBBSsche Exzeßenergien implizieren $w_{11} + w_{22} > 2w_{12}$, negative Werte $w_{11} + w_{22} < 2w_{12}$. In der idealen Mischung ist $w_{11} + w_{22} = 2w_{12}$. Dies entspricht der phänomenologischen Interpretation, daß bevorzugte Wechselwirkungen zwischen Teilchen der gleichen Sorte zu positiven, bevorzugte Wechselwirkungen zwischen Teilchen unterschiedlicher Sorte zu negativen Werten von G^{E} führen.

8.4.3 Flory-Theorie von athermischen Mischungen und Polymerlösungen

Wir wollen nun die *athermische* Mischung betrachten, in der sich die Entropie aufgrund von Unterschieden in der Größe und Form der Moleküle real verhält, aber keine Energieeffekte auftreten. Athermisches Verhalten wird oft bei Polymerlösungen beobachtet.

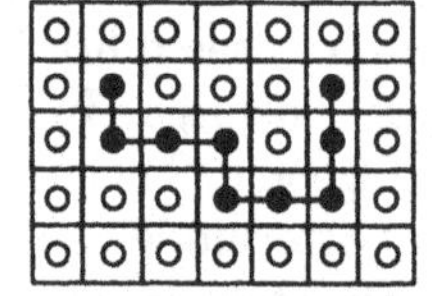

Abb. 8.7
Modell eines Polymers in Lösung, dessen Segmente mehrere Gitterplätze einnehmen.

Wir nehmen an, daß jedes der r Segmente eines Polymers 2 im Lösungsmittel 1 einen Gitterplatz beansprucht (Abb. 8.7). Die Statistik sagt vorher, wieviele Möglichkeiten es gibt, r Polymersegmente auf p Gitterplätze zu verteilen. Da die Energie konstant ist, ergibt die Zahl der Anordnungsmöglichkeiten nach der BOLTZMANN-Gleichung (4.21) gerade die Entropie. Diese von FLORY entwickelte Theorie liefert die bemerkenswert einfache Beziehung

$$\Delta\overline{S}_{\text{ath}} = -\frac{\Delta\overline{G}_{\text{ath}}}{T} = -R\,\{x_1\ln\phi_1 + x_2\ln\phi_2\}\ . \quad (8.81)$$

Die Größe

$$\phi_k \stackrel{def}{=} \frac{x_k\overline{V}_k}{x_1\overline{V}_1 + x_2\overline{V}_2} \quad (8.82)$$

ist der Volumenbruch der Komponente k ($k = 1, 2$). Wir ziehen nun den Idealanteil ab und erhalten für die Exzeßfunktionen $\overline{S}^{\text{E}}$ und $\overline{G}^{\text{E}}$

$$\overline{S}^{\text{E}}_{\text{ath}} = -\frac{\Delta\overline{G}^{\text{E}}_{\text{ath}}}{T} = -R\left\{x_1\ln\frac{\phi_1}{x_1} + x_2\ln\frac{\phi_2}{x_2}\right\} \quad (8.83)$$

und für den Aktivitätskoeffizienten

$$\ln \gamma_k^{\mathrm{ath}} = 1 - \frac{\phi_k}{x_k} + \ln \frac{\phi_k}{x_k} . \tag{8.84}$$

Wir können diese Beziehungen noch umformen. Wenn ein Polymersegment ungefähr die Größe eines Lösungsmittelmoleküls besitzt, ist der Polymerisationsgrad näherungsweise durch $r \cong \overline{V}_2/\overline{V}_1$ gegeben. Für die Volumenbrüche folgt dann $\phi_1 = x_1/(x_1 + rx_2)$ und $\phi_2 = rx_2/(x_1 + rx_2)$. Für hohe Polymerisationsgrade wird $\phi_1 \ll x_1$ und $\phi_2 \cong 1$. Dies ergibt eine stark positive Exzeßentropie und damit eine stark negative GIBBSsche Exzeßenergie in Übereinstimmung mit experimentellen Befunden, die oft stark negative Abweichungen vom RAOULTschen Gesetz für athermische Polymerlösungen ergeben.

Um von der Theorie athermischer Lösungen zu einer Theorie realer Mischungen überzugehen, kann man nach FLORY und HUGGINS die GIBBSsche Exzeßenergie empirisch durch einen Term ergänzen, der den enthalpischen Beiträgen Rechnung trägt. Wir schreiben

$$\overline{G}^{\mathrm{E}} = \overline{G}^{\mathrm{E}}_{\mathrm{ath}} + \Delta \overline{G}^{\mathrm{E}} , \tag{8.85}$$

$$\ln \gamma_k = \ln \gamma_k^{\mathrm{ath}} + \ln \Delta \gamma_k \qquad k = 1,2 . \tag{8.86}$$

Wenn wir den einfachen PORTER-Ansatz zur Darstellung von $\Delta \overline{G}^{\mathrm{E}}$ benutzen, wobei wir aber die Molenbrüche durch Volumenbrüche ersetzen, folgt

$$\ln \Delta \gamma_1 = \chi \phi_2^2, \tag{8.87}$$

$$\ln \Delta \gamma_2 = r \chi \phi_1^2 . \tag{8.88}$$

Der FLORY-HUGGINS-Parameter χ wird in der Praxis als anpaßbarer, temperaturabhängiger Parameter behandelt, der alle energetischen Wechselwirkungen pauschal berücksichtigt.

Positive Werte des FLORY-HUGGINS-Parameters χ wirken dem entropischen Anteil entgegen. Bei einem bestimmten Wert von χ kompensieren sich die enthalpischen und entropischen Beiträge. Ein solches Lösungsmittel wird als „Θ-Lösungsmittel" bezeichnet (siehe auch Kap. 10.2). Da χ von der Temperatur abhängt, tritt für ein gegebenes System diese Kompensation nur bei einer charakteristischen Temperatur auf, die als Θ-Temperatur bezeichnet wird. Für noch höhere Werte von χ resultieren stark positive Werte der GIBBSschen Exzeßenergie. Dies führt zu Phänomenen wie z. B. Flüssig-flüssig-Entmischungen, die für niedermolekulare Systeme typisch sind und in den folgenden Kapiteln besprochen werden.

Die Theorie von FLORY und HUGGINS bildet den Ausgangspunkt vieler moderner thermodynamischer Theorien von Polymerlösungen. Bereits in ihrer hier skizzierten ursprünglichen Version beschreibt die FLORY-HUGGINS-Theorie viele Eigenschaften von Polymerlösungen zumindest qualitativ korrekt. Die Hauptschwierigkeit besteht in der Erfassung von Änderungen der Packungsdichte der Polymere beim Übergang vom dicht gepackten reinen Zustand zu niedrigeren Packungsdichten in Lösung. Diese führen zu negativen Exzeßvolumina und zusätzlichen negativen Beiträgen zur Exzeßentropie. Das der FLORY-HUGGINS-Theorie zugrunde liegende „starre" Gittermodell kann diese Beiträge nicht berücksichtigen.

9 Flüssig-Gas-Gleichgewichte in Mehrstoffsystemen

Die meisten Phasengleichgewichte in Natur, Labor und Technik betreffen Mehrstoffsysteme. Wir wollen zunächst Flüssig-Gas-Gleichgewichte besprechen, die u. a. die Grundlage von Stofftrennverfahren durch Destillation bilden. Wir beschränken uns im wesentlichen auf Zweistoffsysteme. In Mehrstoffsystemen treten keine grundsätzlich neuen Phänomene auf.

Gegenüber dem Reinstoff erhöht sich die Zahl der Freiheitsgrade. Zustandsdiagramme von Zweistoffsystemen sind vierdimensionale Gebilde mit P, V, T und einem Molenbruch als Variable, die graphisch nur anhand von Projektionen oder Schnitten darstellbar sind. Wir erhalten anstelle der Dampfdruckkurve im zweidimensionalen P, T-Diagramm des Reinstoffs eine Flüssig-Gas-Zweiphasenfläche in einem dreidimensionalen P, T, x-Diagramm. Meist bilden wir dann weitere Projektionen oder Schnitte, in denen Phasengleichgewichte in der T, x,- P, x- oder P, T-Ebene dargestellt werden.

9.1 Stoffliches Gleichgewicht und Stabilität von Mehrstoffsystemen

9.1.1 Gleichgewichtsbedingungen und Koexistenzgleichungen

Die Herleitung von Gleichgewichtsbedingungen für die Phasen α, β, γ ... eines Systems mit K Komponenten geht wiederum von der Maximierung der Entropie des heterogenen Systems aus, wobei Gl. (7.2) nun Terme für die chemischen Potentiale aller Komponenten enthält. Die thermischen und mechanischen Gleichgewichtsbedingungen bleiben dabei erhalten, die stoffliche Gleichgewichtsbedingung gilt nun für alle Komponenten:[1]

$$\left.\begin{array}{l} \mu_1^\alpha = \mu_1^\beta = \mu_1^\gamma = \ldots \\ \mu_2^\alpha = \mu_2^\beta = \mu_2^\gamma = \ldots \\ \vdots \qquad \vdots \qquad \vdots \\ \mu_K^\alpha = \mu_K^\beta = \mu_K^\gamma = \ldots \end{array}\right\} \quad \text{stoffliches Gleichgewicht}. \tag{9.1}$$

Wir können wiederum anstelle der chemischen Potentiale die Fugazitäten einführen:

[1]Die Bedingungen gelten für *freien* Stoffaustausch zwischen den Phasen. Wir werden in Kap. 10.2 bei der Behandlung des osmotischen Drucks einen Fall kennenlernen, in dem der freie Stoffaustausch einer Komponente durch eine Membran verhindert wird. In diesem Fall sind die Gleichgewichtsbedingungen in der angegebenen Form nicht anwendbar.

$$\left.\begin{array}{l} f_1^\alpha = f_1^\beta = f_1^\gamma = \dots \\ f_2^\alpha = f_2^\beta = f_2^\gamma = \dots \\ \vdots \qquad \vdots \qquad \vdots \\ f_K^\alpha = f_K^\beta = f_K^\gamma = \dots \end{array}\right\} \quad \text{stoffliches Gleichgewicht}. \tag{9.2}$$

Aus den Gln. (9.1) und (9.2) resultieren in der Praxis zwei unterschiedliche Wege, Phasengleichgewichte zu berechnen. Zunächst schreiben wir die Gleichgewichtsbedingung (9.2) unter Einführung des Fugazitätskoeffizienten in der Form

$$\varphi_k^{\mathrm{g}} x_k^{\mathrm{g}} P = \varphi_k^\ell x_k^\ell P. \tag{9.3}$$

Damit können Phasengleichgewichte aus P, V, T-Daten der Mischung, d. h. aus Zustandsgleichungen, errechnet werden. Bei Beteiligung kondensierter Phasen sind Zustandsgleichungen, die den gesamten interessierenden Zustandsbereich überdecken, in der Regel jedoch nicht erhältlich. Andererseits tritt keine auf einen Standardzustand bezogene Größe auf. Da der Bezug auf einen genau bekannten Standardzustand sich in einigen Fällen, z. B. unter nah- und überkritischen Bedingungen, als schwierig erweist, kann die Berechnung über die Fugazitätskoeffizienten von Vorteil sein.

Die Beschreibung von Gleichgewichten unter Beteiligung kondensierter Phasen geht dagegen heute fast ausschließlich von Gl. (8.62) für das chemische Potential der flüssigen Phase aus

$$\mu_k = \mu_k^{\circ,\ell} + RT \ln a_k^\ell = \mu_k^{\circ,\ell} + RT \ln x_k^\ell + RT \ln \gamma_k^\ell, \tag{9.4}$$

die letztendlich auf Modelle für die GIBBSsche Exzeßenergie der kondensierten Phase führen. Solche Modelle sind auch auf stark reale flüssige Gemische und komplexere Systeme, wie z. B. Elektrolyt- oder Polymerlösungen, anwendbar. Allerdings ist zur Berechnung des chemischen Potentials nun die Kenntnis der Eigenschaften im Standardzustand erforderlich.

Der Erhalt des Gleichgewichts bei infinitesimalen Änderungen von P und T fordert

$$\mathrm{d}\mu_k^{\mathrm{g}}(P,T,x_k^{\mathrm{g}}) = \mathrm{d}\mu_k^\ell(P,T,x_k^\ell) \qquad k = 1,2. \tag{9.5}$$

Mit $\mu_k = \overline{H}_k - T\overline{S}_k$ folgen für das binäre System die beiden Koexistenzgleichungen

$$-\overline{S}_1^{\mathrm{g}}\mathrm{d}T + \overline{V}_1^{\mathrm{g}}\mathrm{d}P + \left(\frac{\partial \mu_1^{\mathrm{g}}}{\partial x_1^{\mathrm{g}}}\right)_{P,T} \mathrm{d}x_1^{\mathrm{g}} = -\overline{S}_1^\ell\mathrm{d}T + \overline{V}_1^\ell\mathrm{d}P + \left(\frac{\partial \mu_1^\ell}{\partial x_1^\ell}\right)_{P,T} \mathrm{d}x_1^\ell,$$

$$-\overline{S}_2^{\mathrm{g}}\mathrm{d}T + \overline{V}_2\mathrm{g}\mathrm{d}P + \left(\frac{\partial \mu_2^{\mathrm{g}}}{\partial x_2^{\mathrm{g}}}\right)_{P,T} \mathrm{d}x_2^{\mathrm{g}} = -\overline{S}_2^\ell\mathrm{d}T + \overline{V}_2^\ell\mathrm{d}P + \left(\frac{\partial \mu_2^\ell}{\partial x_2^\ell}\right)_{P,T} \mathrm{d}x_2^\ell. \tag{9.6}$$

Im Prinzip läßt sich aus der Integration dieser Gleichungen das Flüssig-Gas-Gleichgewicht berechnen. Allerdings stehen die erforderlichen thermodynamischen Daten in der Regel nicht zur Verfügung. Man geht daher üblicherweise den umgekehrten Weg und bestimmt aus den Phasengleichgewichten thermodynamische Daten. Analoge Koexistenzgleichungen gelten für alle anderen Gleichgewichte in Mehrstoffsystemen.

9.1.2 Stabilitätsbedingungen für Zweikomponentensysteme

Neben den Gleichgewichtsbedingungen existieren wiederum Stabilitätsbedingungen, deren allgemeine Behandlung in polynären Systemen recht aufwendig ist. Wir beschränken uns hier auf das Zweistoffsystem. Zu den Bedingungen (7.8) und (7.9) für die mechanische und thermische Stabilität tritt dann eine Bedingung für die *stoffliche Stabilität* hinzu:

- Die stoffliche Stabilitätsbedingung schließt aus, daß ein Gemisch spontan eine örtlich unterschiedliche Zusammensetzung annimmt.

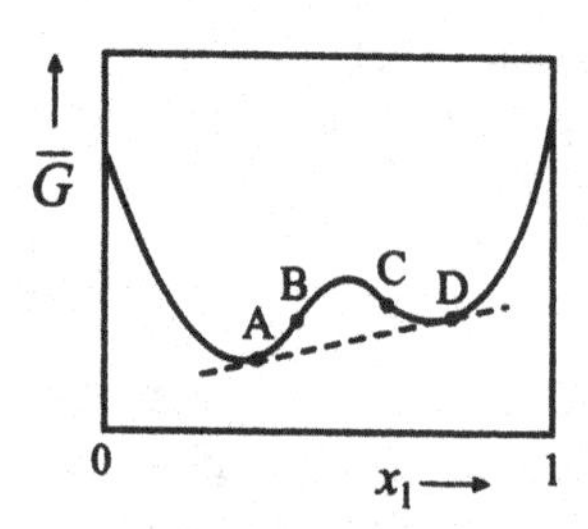

Abb. 9.1
Zur Herleitung der stofflichen Stabilitätsbedingung eines Zweikomponentengemischs.

Wir folgen den bereits bei der Herleitung der mechanischen Stabilitätsbedingung in Kap. 7.1.1 beschriebenen Überlegungen und betrachten in Abb. 9.1 die GIBBS-Energie $\overline{G}$ als Funktion des Molenbruchs x_1 im heterogenen und homogenen Fall. Die Krümmung der Kurve zwischen den Wendepunkten B und C führt zu Instabilität, da dann der heterogene Zustand die niedrigere GIBBS-Energie besitzt. Für die stoffliche Stabilität folgt also

$$\left(\frac{\partial^2 \overline{G}}{\partial x_1^2}\right)_{P,T} \begin{cases} > 0 & \text{für stabile und metastabile Systeme} \\ = 0 & \text{an der Stabilitätsgrenze.} \end{cases} \tag{9.7}$$

Die Einführung des chemischen Potentials führt auf die Bedingung:

$$\left(\frac{\partial \mu_1}{\partial x_1}\right)_{P,T} \begin{cases} > 0 & \text{für stabile und metastabile Systeme} \\ = 0 & \text{an der Stabilitätsgrenze.} \end{cases} \tag{9.8}$$

In einem stofflich stabilen System muß das chemische Potential einer Komponente mit steigendem Molenbruch zunehmen. Man kann zeigen, daß die Grenzen der mechanischen und thermischen Stabilität innerhalb der Grenzen der stofflichen Stabilität liegen, so daß Phasengleichgewichte in Gemischen mit einer Verletzung der stofflichen Stabilität verknüpft sind. Am kritischen Punkt fallen die Punkte A, B, C und D zusammen und wir finden

$$\left(\frac{\partial^2 \overline{G}}{\partial x_1^2}\right)_c = 0\,, \qquad \left(\frac{\partial^3 \overline{G}}{\partial x_1^3}\right)_c = 0\,. \tag{9.9}$$

9.1.3 Gibbssches Phasengesetz

Das GIBBSsche Phasengesetz sagt vorher, wie groß die Zahl der Phasen ist, die unter vorgegebenen Bedingungen miteinander im Gleichgewicht stehen können und welche Freiheiten das System besitzt. In der hier angegebenen Form gilt es nur für Phasenübergänge erster Ordnung in Abwesenheit äußerer Felder mit freiem Stoffaustausch zwischen den Phasen.

Wir betrachten ein System mit p Phasen und K Komponenten. Für Nichtelektrolyte ist bei Abwesenheit chemischer Reaktionen K gleich der Zahl der eingesetzten Stoffe. Liegen chemische Reaktionen vor oder sind andere Nebenbedingungen, wie z. B. die Elektroneutralität von Elektrolyten, zu betrachten, müssen wir den Begriff der Komponente verallgemeinern:

- K ist die Zahl der unabhängigen Substanzen, die man benötigt, um die Zusammensetzung des Systems in allen Phasen festzulegen.

Liegen in einem System S unterschiedliche chemische Spezies vor, die R einschränkenden Bedingungen unterworfen sind, ist

$$K = S - R\,. \tag{9.10}$$

Beispiel 9.1. Schwefelsäure dissoziiert in wäßriger Lösung in zwei Stufen

$$H_2SO_4(aq) \rightleftharpoons H^+(aq) + HSO_4^-(aq)\,,$$

$$HSO_4^-(aq) \rightleftharpoons H^+(aq) + SO_4^{2-}(aq)\,.$$

Damit sind die Teilchensorten H_2O, H_2SO_4, H^+, HSO_4^- und SO_4^{2-} vorhanden, d. h. $S = 5$. Die Zahl der Freiheitsgrade wird jedoch durch die beiden Gleichgewichte sowie die Forderung nach Elektroneutralität eingeschränkt. Damit ist $R = 3$ und $K = 2$. Es handelt sich also um ein Zweikomponentensystem.

Wir interessieren uns für die Zahl der unabhängig wählbaren Variablen des Systems, die als *Zahl der Freiheitsgrade* f bezeichnet wird. f entspricht der Zahl der zur Festlegung des Zustands notwendigen Variablen minus der Zahl der Bedingungen, die zwischen den Variablen im Gleichgewicht vorgegeben sind.

Zur Festlegung des Zustands einer Phase in einem System aus K voneinander unabhängigen Komponenten benötigen wir $K-1$ Molenbrüche. Für p Phasen sind dies $p\cdot(K-1)$ Größen. Hinzu kommen Druck und Temperatur, die für alle Phasen gleich sind. Die stofflichen Gleichgewichtsbedingungen (9.1) bedingen $K\cdot(p-1)$ Einschränkungen. Insgesamt resultieren also $p\cdot(K-1)+2$ Koordinaten zur Festlegung des Zustands und $K\cdot(p-1)$ Bedingungsgleichungen. Daraus ergibt sich das GIBBS*sche* Phasengesetz zu

$$f = K + 2 - p\,. \tag{9.11}$$

Wir bezeichnen Zustände, die keinen Freiheitsgrad besitzen, als *invariant*, Zustände mit einem Freiheitsgrad als *monovariant*, Zustände mit zwei Freiheitsgraden als *bivariant* usw.

9.2 Flüssig-Gas-Gleichgewichte in Zweistoffsystemen

9.2.1 Gleichgewichtsbedingung für Flüssig-Gas-Gleichgewichte

Für ein Flüssig-Gas-Gleichgewicht im binären System ist $\mu_k^{g} = \mu_k^{\ell}$ $(k = 1{,}2)$. Das chemische Potential einer Komponente in der Gasphase ist durch

$$\mu_k^{g} = \mu_k^{\circ,g} + RT\ln(f_k/f^\circ) \tag{9.12}$$

gegeben, wobei sich im folgenden die Fugazität ohne Phasenkennzeichnung immer auf die Gasphase bezieht. Für das chemische Potential in der flüssigen Phase gilt

$$\mu_k^\ell = \mu^{\circ,\ell} + RT \ln a_k^\ell = \mu^{\circ,\ell} + RT \ln x_k^\ell + RT \ln \gamma_k^\ell . \tag{9.13}$$

Damit nimmt die Gleichgewichtsbedingung die Form

$$\mu_k^{\circ,g} + RT \ln \left(\frac{f_k}{f^\circ} \right) = \mu_k^{\circ,\ell} + RT \ln a_k^\ell \tag{9.14}$$

an. Für den Reinstoff k ist $a_k^\ell = 1$ und $f_k = f_k^*$. Die Gleichgewichtsbedingung lautet dann

$$\mu_k^{\circ,g} + RT \ln \left(\frac{f_k^*}{f^\circ} \right) = \mu_k^{\circ,\ell} . \tag{9.15}$$

Wir können nun Gl. (9.15) von Gl. (9.14) abziehen und erhalten nach Umformung

$$a_k^\ell = \gamma_k^\ell x_k^\ell = \frac{f_k}{f_k^*} . \tag{9.16}$$

Gl. (9.16) ermöglicht die Bestimmung von Aktivitätskoeffizienten der flüssigen Phase aus Dampfdruckdaten. Verhält sich die Dampfphase als ideales Gas, ist $f_k = P_k$ und damit

$$a_k^\ell = \gamma_k^\ell x_k^\ell = \frac{P_k}{P_k^*} . \tag{9.17}$$

9.2.2 Flüssig-Gas-Gleichgewicht der idealen Mischung

Verhalten sich Dampfphase und flüssige Phase ideal, folgt aus Gl. (9.17):

- In einer idealen Mischung sind die Partialdrücke der Komponenten in der Dampfphase proportional zu ihrem Molenbruch in der flüssigen Phase:

$$P_k = x_k^\ell P_k^* . \tag{9.18}$$

Dies ist das RAOULT*sche Gesetz.*[2]

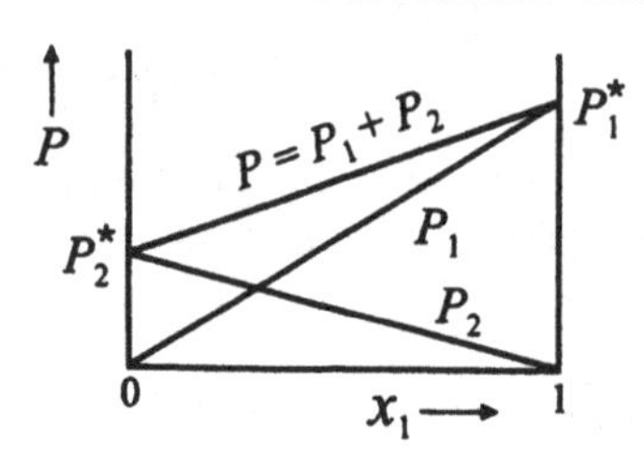

Abb. 9.2
Partialdrücke und Gesamtdruck nach dem RAOULTschen Gesetz.

Abb. 9.2 zeigt das Verhalten der Partialdrücke nach dem RAOULTschen Gesetz. Der Gesamtdruck als Funktion des Molenbruchs der flüssigen Phase ergibt sich zu

$$P = P_1 + P_2 = x_1^\ell P_1^* + x_2^\ell P_2^* = P_2^* + (P_1^* - P_2^*)\, x_1^\ell . \tag{9.19}$$

[2] Über das RAOULTsche Gesetz wurde früher die ideale flüssige Mischung definiert. Heute beruht die Definition auf Gl. (8.29). Beide Definitionen sind äquivalent, wenn sich die Dampfphase ideal verhält.

Drücken wir unter Benutzung des Partialdrucks $P_k = x_k^g P$ den Gesamtdruck als Funktion des Molenbruchs der Gasphase aus, ist

$$P = \frac{P_1^* P_2^*}{P_1^* + (P_2^* - P_1^*)\, x_1^g} \,. \tag{9.20}$$

Wir finden also:

- Der Gesamtdruck ist nach dem RAOULTschen Gesetz eine lineare Funktion des Molenbruchs der flüssigen Phase und eine hyperbolische Funktion des Molenbruchs der Dampfphase.

Abb. 9.3 zeigt verschiedene Möglichkeiten, Flüssig-Dampf-Gleichgewichte zu beschreiben. Wir wollen zunächst das *Dampfdruckdiagramm* betrachten, das einen P, x-Schnitt des dreidimensionalen P, T, x-Diagramms unter isothermen Bedingungen zeigt. Über der Geraden liegt nur die Flüssigkeit vor, unter der Hyperbel nur der Dampf. Dazwischen befindet sich das Zweiphasengebiet ($\ell + \mathrm{g}$). Da die Drücke der koexistierenden Phasen gleich sind, stellt die horizontale Verbindungslinie die Konode dar.

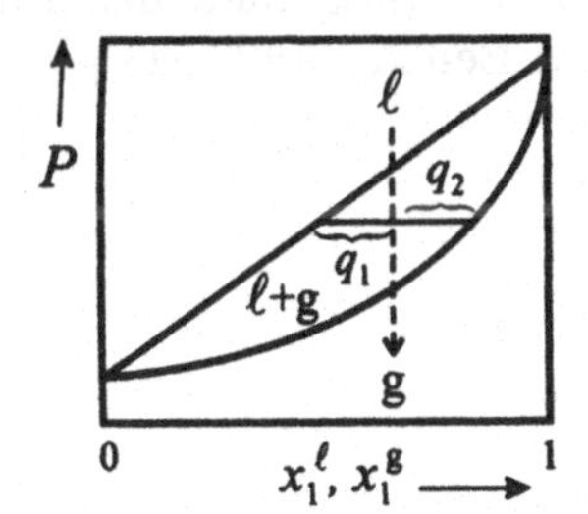

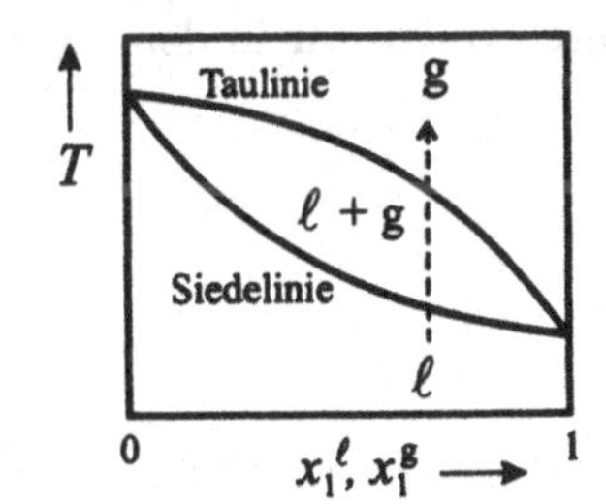

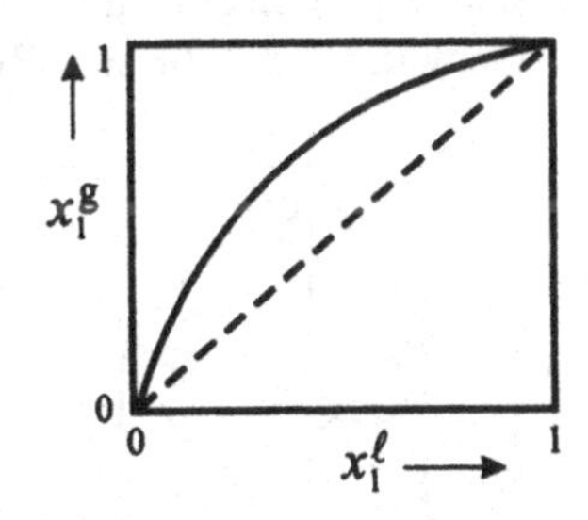

Abb. 9.3 Dampfdruckdiagramm ($T = const$, Siedediagramm ($P = const$) und Gleichgewichtsdiagramm einer idealen Mischung.

Erniedrigen wir bei einer flüssigen Mischung der Zusammensetzung x_1 den Druck, erhalten wir im Koexistenzgebiet eine flüssige Phase der Zusammensetzung x_1' und eine Gasphase der Zusammensetzung x_1''. Eine Stoffmengenbilanz liefert für die Bruttozusammensetzung $n = n_1 + n_2 = n' + n''$. Die Stoffmengenbilanz der Komponente 1 ergibt $n_1 = x_1 n = x_1(n' + n'') = n_1' + n_1'' = x_1' n' + x_1'' n''$. Diese Beziehung kann zum sog. *Hebelgesetz*

$$\frac{x_1'' - x_1}{x_1 - x_1'} = \frac{q_2}{q_1} = \frac{n'}{n''} \tag{9.21}$$

umgeformt werden, das in Analogie zum Hebelgesetz der Mechanik benannt ist und für alle Phasengleichgewichte gilt. q_1 und q_2 sind die Hebelabschnitte in Abb. 9.3. Wir finden also:

- Das Stoffmengenverhältnis der koexistierenden Phasen ist durch das „Hebelverhältnis" der jeweiligen Konodenabschnitte gegeben.

Betreten wir ausgehend vom homogenen flüssigen Bereich das Zweiphasengebiet (ℓ+g), liegt nur eine infinitesimale Menge an Dampf vor. Eine weitere Druckerniedrigung verschiebt das Hebelverhältnis zugunsten der Dampfphase, bis das homogene Einphasengebiet des Dampfes erreicht ist.

Beispiel 9.2. Gemische aus Benzol und Toluol folgen in guter Näherung dem RAOULTschen Gesetz. Wir wollen die Zusammensetzung der flüssigen und gasförmigen Phase einer Mischung bestimmen, die bei 313.15 K und 100 mbar siedet. In der Literatur sind Angaben zu Dampfdruckkurven in Form der ANTOINE-Gleichung $\log(P^{sat}/P^{\circ}) = A - B/(C + (T - 273.15K))$ mit $A_1 = 6.0048$, $B_1 = 1196.8$ und $C_1 = 219.16$ für Benzol und $A_2 = 6.0758$, $B_2 = 1342.3$ und $C_2 = 219.19$ für Toluol zu finden, wobei der Druck in kPa gegeben ist. Wir erhalten für die Dampfdrücke der reinen Komponenten bei 313.15 K $P_1^* = 0.2437$ bar und $P_2^* = 0.0788$ bar. Aus Gl. (9.19) bestimmen wir den Molenbruch in der flüssigen Phase zu $x_1^{\ell} = 0.129$, aus Gl. (9.20) denjenigen in der Gasphase zu $x_1^{g} = 0.313$. Aufgrund des höheren Dampfdrucks des Reinstoffs ist Benzol im Dampf angereichert.

Bestimmt man Dampfdruckdiagramme bei verschiedenen Temperaturen, erhält man ein dreidimensionales P, T, x-Diagramm (Abb. 9.4). Ein isobarer Schnitt ergibt dann das in Abb. 9.3 gezeigte isobare T, x-*Siedediagramm*. Wir gehen vom homogenen flüssigen Bereich aus und erhöhen bei konstantem Druck die Temperatur. An der *Siedelinie* beginnt die Mischung zu sieden, und wir betreten das Zweiphasengebiet (ℓ + g). Entlang der *Taulinie* verschwindet die flüssige Phase, so daß wir in den homogenen Bereich des Gases gelangen.

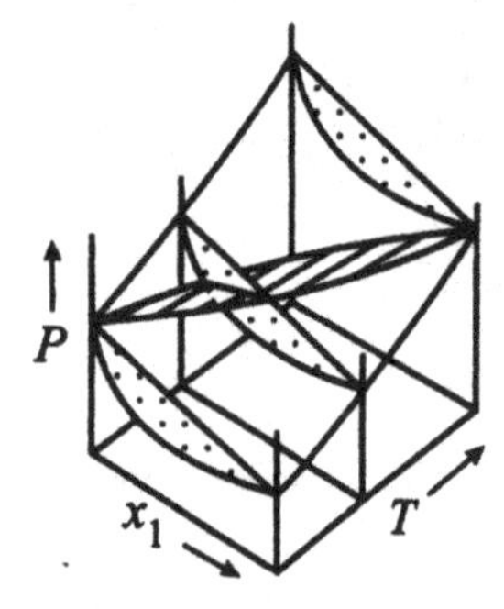

Abb. 9.4
Temperatur-Druck-Zusammensetzungsdiagramm einer idealen Mischung.

Schließlich ist für Stofftrennungen das in Abb. 9.3 gezeigte *Gleichgewichtsdiagramm* von Interesse, das die Zusammensetzung der gasförmigen Phase als Funktion der Zusammensetzung der flüssigen Phase angibt. Die unterschiedliche Zusammensetzung von flüssiger Phase und Gasphase wird durch den *Trennfaktor* α beschrieben:

$$(x_2^g/x_1^g) = \alpha\,(x_2^{\ell}/x_1^{\ell}) \tag{9.22}$$

Werte $\alpha \neq 1$ erlauben Stofftrennung durch *Destillation*. Für das ideale Gemisch ist $\alpha^{id} = P_2^*/P_1^*$, d. h. der Trennfaktor hängt nur vom Verhältnis der Dampfdrücke der Reinstoffe ab. Die Komponente mit dem höheren Dampfdruck ist im Dampf angereichert.

9.2.3 Einfache Flüssig-Gas-Gleichgewichte im kritischen Bereich

Um zu diskutieren, wie sich die Phasengleichgewichte idealer Zweistoffsysteme beim Übergang zu kritischen und überkritischen Zuständen verhalten, betrachten wir in Abb. 9.5 das dreidimensionale P, T, x-Diagramm und seine isothermen bzw. isoplethen P, T-Schnitte. *Isoplethen* sind Linien konstanter Zusammensetzung.

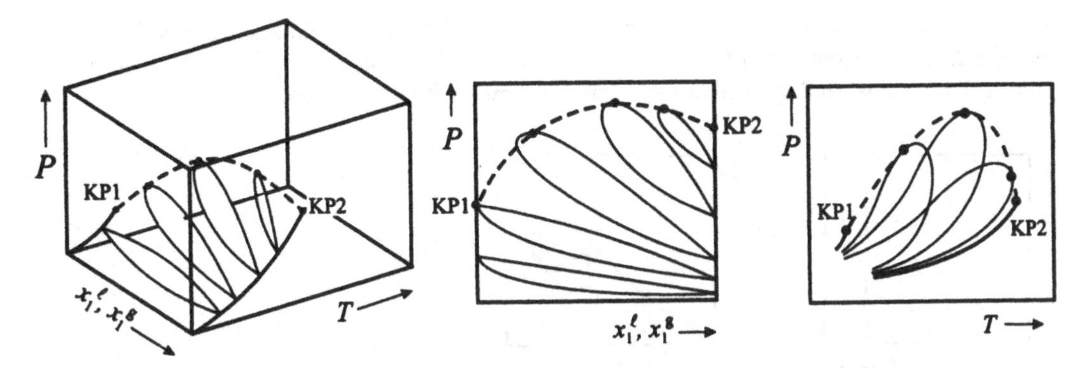

Abb. 9.5 P, T, x-Diagramm eines einfachen Gemischs und seine P, x- und P, T-Schnitte. Die Zweiphasengebiete liegen innerhalb der Schleifen. Die kritischen Punkte sind zu kritischen Linien verbunden.

Bei tiefen Temperaturen erstreckt sich im isothermen P, x-Schnitt das Zweiphasengebiet ($g+\ell$) über den gesamten Zusammensetzungsbereich (siehe auch Abb. 9.3). Solange Temperatur und Druck unterhalb der kritischen Werte der reinen Komponenten liegen, bleibt diese Form des Zweiphasengebiets bei Temperaturerhöhung im wesentlichen erhalten. Erreichen wir den kritischen Punkt KP1 der niedriger siedenden Komponente, existiert nur noch eine einzige, homogene Phase des Stoffs 1. Die Isothermen beginnen sich dann von der Ordinate zu lösen. Wir erhalten eine Schlinge, die sich bei weiterer Temperaturerhöhung zusammenzieht. Am kritischen Punkt KP2 des höher siedenden Stoffs verschwindet das Zweiphasengebiet völlig. Aus den Gln. (9.9) folgt, daß die kritischen Punkte durch die Maxima der Isothermen gegeben sind, die zu einer *kritischen Linie* verbunden werden können.

Abb. 9.5 zeigt in einem P, T-Diagramm die zugehörigen isoplethen Schnitte zusammen mit den Dampfdruckkurven der reinen Komponenten. Diese Darstellung ist weit verbreitet, da man oft an der Lage der homogenen bzw. heterogenen Bereiche als Funktion von Druck und Temperatur interessiert ist. Die Maxima der Isoplethen stellen keine kritischen Punkte dar, die kritische Kurve ergibt sich aus ihrer Einhüllenden. Die resultierende kritische Linie verläuft ununterbrochen vom kritischen Punkt KP1 zum kritischen Punkt KP2. Gelegentlich wird anstelle eines Druckmaximums ein Minimum oder ein komplexeres Verhalten gefunden. Komplexere Topologien für reale Gemische werden in Abschnitt 10.1.2 besprochen.

Mit der Form und Lage der kritischen Linien sind Besonderheiten im nah- und überkritischen Bereich verbunden, die unserer Erfahrung zunächst zu widersprechen scheinen.[3] Wir wollen dazu in Abb. 9.6 eine Isoplethe betrachten. Die Siedelinie, die das Zweiphasengebiet ($\ell+$g) vom homogenen flüssigen Bereich (ℓ) trennt, erstreckt sich bis zum kritischen Punkt KP, wo sie in die Taulinie übergeht, die das homogene Gebiet des Gases (g) vom Zweiphasengebiet trennt. In der linken Teilabbildung liegt dieser Punkt links vom Maximum der Isoplethe. Komprimiert man das Gas isotherm oberhalb der kritischen Temperatur, tritt zunächst die flüssige Phase als zweite Phase auf, verschwindet bei weiterer Kompression

[3] Wir bezeichnen die dichtere Phase als „Flüssigkeit". Der sog. *barotrope Effekt* zeigt, daß selbst diese Klassifizierung willkürlich ist. Besitzen die koexistierenden Phasen annähernd gleiche Dichten, kann eine geringe Änderung des Drucks oder der Temperatur zu einer Umkehrung der Dichtedifferenz zwischen „flüssiger" und „gasförmiger" Phase führen, so daß die beiden Phasen im Schwerefeld der Erde die Plätze tauschen.

jedoch wieder, so daß man zurück in den homogenen Bereich des Gases gelangt. Diese sog. *retrograde Verdampfung* wurde bereits 1893 von KUENEN beschrieben. Die rechte Teilabbildung skizziert das analoge Phänomen der *retrograden Kondensation*.

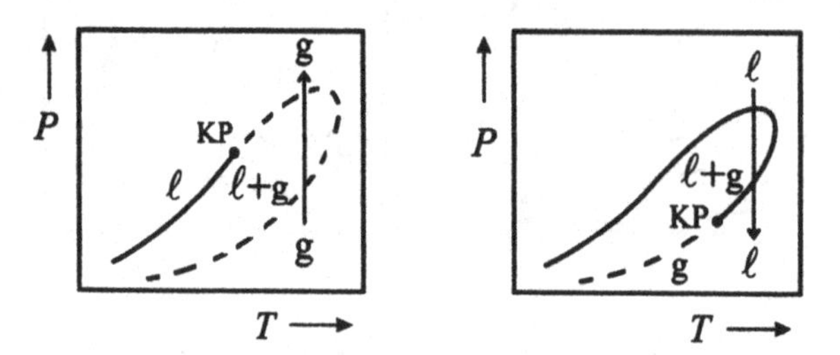

Abb. 9.6 Zur retrograden Verdampfung (links) und retrograden Kondensation (rechts).

9.2.4 Reale Gemische und Azeotropie

In realen Systemen können die Partialdrücke sowohl höher als auch niedriger sein, als vom RAOULTschen Gesetz vorhergesagt wird. Abb. 9.7 zeigt das Verhalten der Dampfdruck-, Siede- und Gleichgewichtsdiagramme bei Abweichungen vom RAOULTschen Gesetz.

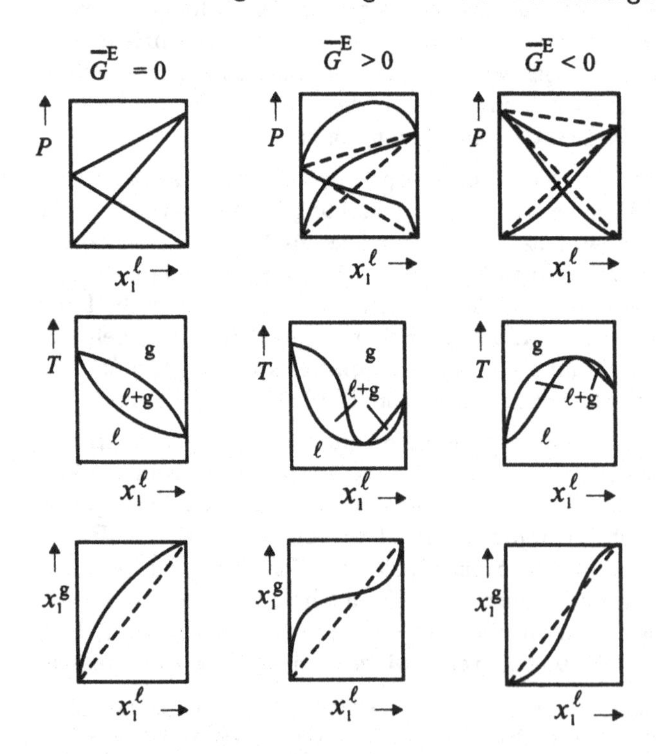

Abb. 9.7 Verhalten realer Gemische mit Azeotropie.

Positive Abweichungen bezüglich der Partialdrücke resultieren aus positiven GIBBSschen Exzeßenergien und Aktivitätskoeffizienten $\gamma_k > 1$, die seltener auftretenden negativen Abweichungen aus negativen GIBBSschen Exzeßenergien und Aktivitätskoeffizienten $\gamma_k < 1$. Die Überlegungen zur molekularen Interpretation der Exzeßfunktionen in Kap. 8 sind damit auf Abweichungen vom RAOULTschen Gesetz übertragbar.

Hinreichend große Abweichungen ergeben in Dampfdruckdiagrammen Extrema, die als *Azeotrope* bezeichnet werden. Positive Abweichungen führen zu Dampfdruckmaxima (sog. *positive Azeotropie*), negative Abweichungen zu Minima (*negative Azeotropie*). In seltenen Fällen (z. B. Gemische von Benzol und Hexafluorobenzol) tritt in einem System positive und negative Azeotropie bei unterschiedlichen Zusammensetzungen sogar gleichzeitig auf.

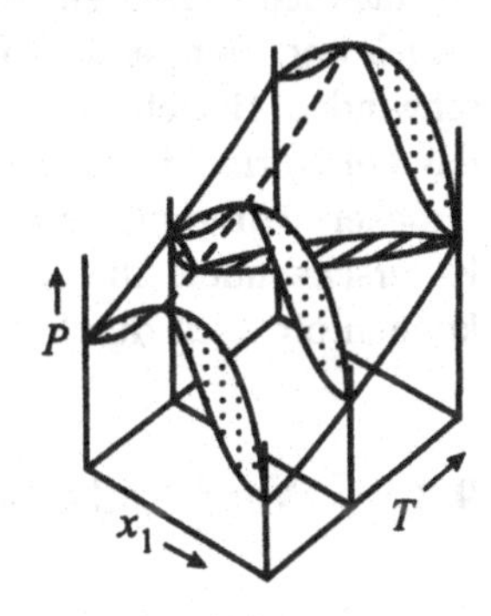

Abb. 9.8
P, T, x-Diagramm eines Systems mit positiver Azeotropie mit isothermen Schnitten (punktiert) und isobaren Schnitten (schraffiert). Die azeotropen Punkte bilden eine azeotrpe Linie.

Das dreidimensionalen P, T, x-Diagramm in Abb. 9.8 zeigt isotherme P, x-Schnitte, deren Maxima die *azeotropen Linie* bilden. Ein isobarer Schnitt liefert das schraffiert gezeichnete T, x-Siedediagramm, dessen Minimum ebenfalls auf der azeotropen Linie liegt. Extrema im Dampfdruckdiagramm sind also immer mit Extrema im isobaren Siedediagramm verknüpft, wobei die Dampfdruckmaxima zu Minima der Siedetemperatur führen.

Im azeotropen Punkt besitzen Flüssigkeit und Dampf die gleiche Zusammensetzung, ansonsten aber unterschiedliche Eigenschaften. Aus einer Integration der Koexistenzgleichungen (9.6) folgt zwingend, daß für einen Punkt, in dem $(\mathrm{d}P/\mathrm{d}x_1^\ell)_T = (\mathrm{d}P/\mathrm{d}x_1^g)_T = 0$ ist, $x_1^\ell = x_1^g$ und $x_2^\ell = x_2^g$ sein muß. Dies ist der Inhalt des *ersten* GIBBS-KONOWALOW*schen Satzes*:[4]

- Bei konstantem Druck weist die Siedetemperatur eines binären Systems als Funktion der Zusammensetzung der flüssigen oder gasförmigen Phase dann und nur dann einen Extremwert auf, wenn Flüssigkeit und Dampf die gleiche Zusammensetzung haben.

Für den nach Gl. (9.22) definierten Trennfaktor folgt am azeotropen Punkt

$$\alpha^{az} = (x_1^g/x_2^g)(x_2^\ell/x_1^\ell) = 1\,. \tag{9.23}$$

[4]Die weiteren Sätze lauten:

- 2. Satz: Die Siedetemperatur steigt bei konstantem Druck durch Zusatz derjenigen Komponente, deren Konzentration im Dampf kleiner als in der Flüssigkeit ist.
- 3. Satz: Bei Änderung der Siedetemperatur bei konstantem Druck ändert sich die Zusammensetzung der Flüssigkeit in gleichem Sinn wie die Zusammensetzung des Dampfes.

Die Sätze können auf Multikomponentensysteme verallgemeinert werden und gelten in der allgemeinsten Form auch für andere Phasengleichgewichte.

Weiterhin folgt unter Annahme der Idealität der Dampfphase

$$\alpha^{az} = (\gamma_1 P_1^*)/(\gamma_2 P_2^*) = 1 , \qquad (\gamma_2/\gamma_1)^{az} = P_1^*/P_2^* . \tag{9.24}$$

Am azeotropen Punkt ist also das Verhältnis der Aktivitätskoeffizienten gleich dem umgekehrten Verhältnis der Sättigungsdampfdrücke der reinen Komponenten. Bei ähnlichen Sättigungsdampfdrücken der reinen Komponenten reichen daher bereits geringe Abweichungen von der Idealität aus, um ein azeotropes Verhalten zu erzeugen. Sind die Dampfdrücke der Reinstoffe sehr unterschiedlich, ist Azeotropie dagegen selten.

Da Destillation die Zusammensetzung des Dampfes nur bis zum Azeotrop verschieben kann, ist das Siedeverhalten für viele Gemische untersucht. Die Lage eines Azeotrops hängt von Druck und Temperatur ab. Bei Änderung der Zustandsbedingungen können Azeotrope verschwinden. Beispielsweise weist das System Ethanol + Wasser ein Siedepunktsminimum auf, das bei Normaldruck bei 351 K und einem Molenbruch $x_1^\ell = 0.96$ des Ethanols liegt. Eine Druckerniedrigung verschiebt das Minimum in Richtung des reinen Ethanols, wo es bei 303 K verschwindet. Die Druckerniedringung „bricht" in diesem Fall das Azeotrop. Azeotrope können oft auch durch Zugabe von Drittsubstanzen, wie z. B. Salze, gebrochen werden.

9.3 Verdünnte Lösungen

Bisher wurden Beschreibungen der Gemischeigenschaften verwendet, in denen alle Komponenten gleichberechtigt behandelt wurden. Wir wollen nun zu Systemen übergehen, in denen eine Komponente in großem Überschuß vorliegt. Diese wird dann als *Lösungsmittel*, die Minoritätskomponente als *Gelöstes* bezeichnet. Die Unterscheidung ist willkürlich und spiegelt keine physikalischen Unterschiede wider. Wir bezeichnen im folgenden das Lösungsmittel als Komponente 1 und das Gelöste als Komponente 2.

9.3.1 Grenzgesetze für Partialdruckkurven und ideal verdünnte Lösungen

Wir wollen das Grenzverhalten des Dampfdrucks der Komponente k in den beiden Grenzfällen $x_k \to 0$ und $x_k \to 1$ diskutieren und betrachten zunächst die Annäherung an den Reinstoff, wobei der Einfachheit halber Idealität der Dampfphase angenommen sei.

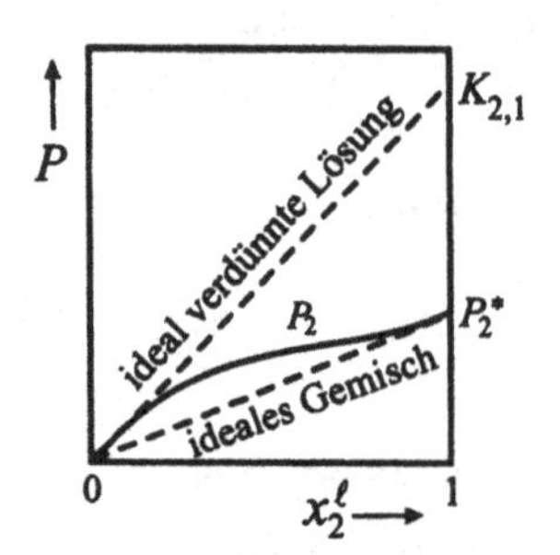

Abb. 9.9
HENRYsches und RAOULTsches Grenzverhalten.

Abb. 9.9 zeigt als Beispiel das Verhalten eines realen Gemischs mit positiven Abweichungen vom RAOULTschen Gesetz. Für $x_2^\ell \to 1$ schmiegt sich offensichtlich der Partialdruck der

Komponente 2 an die RAOULTsche Gerade an. Das gleiche gilt sinngemäß für die Komponente 1. Das RAOULTsche Gesetz stellt also ein Grenzgesetz dar, dem alle Gemische bei Annäherung an den Zustand der reinen Flüssigkeit gehorchen:

$$\lim_{x_k^\ell \to 1} \frac{P_k}{x_k^\ell} = P_k^* \qquad (k = 1, 2). \tag{9.25}$$

Betrachten wir in Abb. 9.9 das Verhalten des Partialdrucks P_2 bei hoher Verdünnung des Gelösten 2, beobachten wir als weitere Gesetzmäßigkeit das HENRYsche Gesetz. In der ursprünglichen Form lautet es:

- Im Grenzfall verschwindender Stoffmenge einer Komponente steigt ihr Partialdruck P_k linear mit dem Molenbruch x_k in der flüssigen Phase an, d. h.

$$\lim_{x_2^\ell \to 0} \frac{P_2}{x_2^\ell} = K_{2,1}\,. \tag{9.26}$$

Ziehen wir das Realverhalten der Dampfphase in Betracht, gilt

$$\lim_{x_2^\ell \to 0} \frac{f_2}{x_2^\ell} = K_{2,1}\,. \tag{9.27}$$

$K_{2,1}$ (Einheit 1 bar) ist die HENRY-Konstante des Gelösten 2 im Lösungsmittel 1. Lösungen, die dem HENRYschen Gesetz genügen, heißen *ideal verdünnt.* Experimentell ist $K_{2,1}$ durch Messungen des Partialdrucks P_2 im hochverdünnten Bereich des Gelösten bestimmbar. Die Extrapolation der Grenzgeraden auf $x_2 = 1$ liefert die HENRY-Konstante (siehe Abb. 9.9).

9.3.2 Löslichkeit von Gasen in Flüssigkeiten

Die Voraussetzungen der ideal verdünnten Lösung gelten oft für Lösungen von Gasen in Flüssigkeiten. Wir gehen dazu von Gl. (9.27) aus, die wir in der Form

$$x_2^\ell K_{2,1} = f_2 = \varphi_2 P_2 = \varphi_2 x_2^g P \tag{9.28}$$

schreiben. Verhält sich das Gas ideal, ist $\varphi_2 = 1$, d. h.

- in ideal verdünnter Lösung ist die Stoffmenge des gelösten Gases proportional zum Druck des Gases und indirekt proportional zur HENRY-Konstanten.

Tab. 9.1 Einige HENRY-Konstanten einfacher Systeme bei 298.15 K. Quelle: [HCP].

	$K_{2,1}$ / Pa		
	Cyclohexan	Benzol	Wasser
H_2	$2.5 \cdot 10^8$	$3.9 \cdot 10^8$	$7.9 \cdot 10^9$
N_2	$1.3 \cdot 10^8$	$2.3 \cdot 10^8$	$8.5 \cdot 10^9$
CH_4	$3.1 \cdot 10^7$	$4.9 \cdot 10^7$	$4.1 \cdot 10^9$
CO_2		$1.1 \cdot 10^7$	$1.7 \cdot 10^8$

Tab. 9.1 stellt einige HENRY-Konstanten von Gasen in Wasser, Benzol und Cyclohexan zusammen. Hohe HENRY-Konstanten bedingen geringe Gaslöslichkeiten. HENRY-Konstanten

können sehr unterschiedliche Werte aufweisen. Beispielsweise sind apolare Gase in apolaren Lösungsmitteln wesentlich besser löslich als in Wasser. Für polare Gase und reaktive Gase, wie z. B. CO_2, werden auch in Wasser hohe Löslichkeiten beobachtet.

Die Temperaturabhängigkeit der Gaslöslichkeit folgt aus der Temperaturabhängigkeit der HENRY-Konstanten, die über die GIBBS-HELMHOLTZ-Gleichung mit der Änderung der partiellen molaren Enthalpie des Gases beim Lösungsprozeß verknüpft ist. Letztere ist meist negativ, so daß die Löslichkeit mit steigender Temperatur abnimmt. Gelegentlich wird die Löslichkeit bei hohen Temperaturen verbessert.[5]

Beispiel 9.3. Wir wollen die Löslichkeit des Ethans in Wasser bei 298.15 K und 50 bar berechnen. Bei 1 bar ist die Löslichkeit $x_2 = 0.33 \cdot 10^{-4}$. Wir setzen voraus, daß die Lösung ideal verdünnt ist und der Partialdruck des Wassers gegenüber demjenigen des Ethans vernachlässigt werden kann. Der Fugazitätskoeffizient von Ethan kann nach Gl. (6.32) aus dem Realgasfaktor $z(P) = 1 - 7.63 \cdot 10^{-3}$ P/bar $-7.22 \cdot 10^{-5}$ (P/bar)^2 berechnet werden. Wir schreiben

$$\frac{x_2^\ell(P_2)}{x_2^\ell(P_1)} = \frac{\varphi_2 P_2}{\varphi_1 P_1}$$

und erhalten $\varphi(50 \text{ bar}) = 0.624$, $\varphi(1 \text{ bar}) = 0.992$ und $x_2^\ell(50 \text{ bar}) = 1.029 \cdot 10^{-3}$.

9.3.3 Relative Dampfdruckerniedrigung und Siedepunktserhöhung

Ist das Gelöste 2 in einer ideal verdünnten Lösung schwerflüchtig, gilt für die Partialdrücke $P_2 \ll P_1$. Damit liefert das RAOULTsche Grenzgesetz sofort

$$(P_1^* - P)/P_1^* = x_2^\ell . \tag{9.29}$$

Wir können aus der relativen Dampfdruckerniedrigung des Lösungsmittels also den Molenbruch und damit bei vorgegebener Einwaage die Molmasse M_2 des Gelösten 2 bestimmen.

Die Dampfdruckerniedrigung bedingt eine Erhöhung der Siedetemperatur. Setzen wir in einer ideal verdünnten Lösung die Verdampfungsenthalpie gleich derjenigen des reinen Lösungsmittels, folgt aus Gl. (9.29) und der CLAUSIUS-CLAPEYRONschen Gleichung (7.17)

$$\Delta T = \frac{R(T_1^*)^2}{\Delta_{\text{vap}}\overline{H}_1^*}\, x_2^\ell = \frac{R(T_1^*)^2 M_1}{\Delta_{\text{vap}}\overline{H}_1^*}\, m_2 \stackrel{\text{def}}{=} K_\text{b}\, m_2 . \tag{9.30}$$

Die *ebullioskopische Konstante* K_b (Einheit 1 K kg mol^{-1}) hängt nur von Eigenschaften des Lösungsmittels ab. Für Wasser ist $K_\text{b} = 0.513$ K kg mol^{-1}. Offensichtlich sind Dampfdruckerniedrigung und Siedepunktserhöhung im Bereich der ideal verdünnten Lösung nur von der Stoffmenge des Gelösten abhängig, jedoch nicht von dessen Art.[6] Wir bezeichnen solche Eigenschaften als *kolligative Phänomene*. Wir werden die Gefrierpunktserniedrigung und den osmotischen Druck als weitere kolligative Eigenschaften kennenlernen. Kolligative Phänomene haben historisch bei Molmassenbestimmungen eine große Rolle gespielt.

---

[5] Streng genommen ist auch eine Druckabhängigkeit der HENRY-Konstanten zu erwarten, da das HENRYsche Gesetz nur streng gilt, wenn der Gesamtdruck dem Dampfdruck des Lösungsmittels entspricht. Der Effekt ist jedoch erst bei sehr hohen Drücken merklich.

[6] Allerdings muß für dissoziierende Stoffe, wie z. B. Salze, diese Dissoziation berücksichtigt werden.

9.3.4 Aktivitätskoeffizienten im Bezugssystem der ideal verdünnten Lösung

Wir haben bisher die chemischen Potentiale der flüssigen Phase des binären Systems durch

$$\mu_1 = \mu_1^* + RT \ln a_1 = \mu_1^* + RT \ln x_1^\ell + RT \ln \gamma_1 ,$$

$$\mu_2 = \mu_2^* + RT \ln a_2 = \mu_2^* + RT \ln x_2^\ell + RT \ln \gamma_2 \tag{9.31}$$

dargestellt und dabei als Bezugszustand die jeweilige reine Komponente gewählt. Für das Grenzverhalten der Aktivitätskoeffizienten folgt dann

$$\lim_{x_1^\ell \to 1} \gamma_1 = 1, \qquad \lim_{x_2^\ell \to 1} \gamma_2 = 1 .$$

Bei Lösungen von Gasen oder Festkörpern liegt die Minoritätskomponente 2 als Reinstoff jedoch nicht flüssig vor. Man kann dann versuchen, den Standardwert des chemischen Potentials aus Daten für den flüssigen Bereich auf die jeweiligen überkritischen oder unterkühlten Bedingungen zu extrapolieren. Da die Wahl des Standardzustands jedoch willkürlich erfolgen kann, liegt es nahe, einen geeigneteren Bezugszustand zu wählen.

In der Praxis drückt man das chemische Potential des Lösungsmittels 1 im RAOULTschen Bezugszustand des reinen Lösungsmittels aus, während das chemische Potential des Gelösten im *Bezugszustand der ideal verdünnten Lösung* (sog. HENRYscher Bezugszustand) angegeben wird. Gehen wir von der Gleichgewichtsbedingung $\mu_2^\ell = \mu_2{}^{g}$ aus, ist:

$$\mu_2^\ell = \mu_2^g = \mu_2^{\circ,g} + RT \ln\left(\frac{f_2}{f^\circ}\right) . \tag{9.32}$$

Für ideal verdünnte Lösungen gilt das HENRYsche Gesetz und damit

$$\mu_2^\ell = \mu_2^{\circ,g} + RT \ln\left(\frac{K_{2,1}}{f^\circ}\right) + RT \ln x_2^\ell . \tag{9.33}$$

Wir fassen nun die beiden ersten Terme auf der rechten Seite zum neuen Standardpotential

$$\mu_2^\infty \stackrel{def}{=} \mu_2^{\circ,g} + RT \ln\left(\frac{K_{2,1}}{f^\circ}\right) \tag{9.34}$$

zusammen und erhalten

$$\mu_2^\ell = \mu_2^\infty + RT \ln x_2^\ell . \tag{9.35}$$

μ_2^∞ ist das chemische Potential im *Bezugszustand der ideal verdünnten Lösung.* Wir finden

$$\mu_2 \to \mu_2^\infty \qquad \text{für} \quad x_2^\ell \to 0 . \tag{9.36}$$

Der Bezugszustand der ideal verdünnten Lösung ist ein *hypothetischer* Bezugszustand eines reinen Stoffs 2, in dem dieser Stoff die gleichen Eigenschaften wie in ideal verdünnter Lösung besitzt.

Wir gehen nun wiederum von der idealen zur realen Lösung über und setzen

$$\mu_2^\ell = \mu_2^\infty + RT\ln x_2^\ell + RT\ln \gamma_2^{\mathrm{H}}. \tag{9.37}$$

Da nun ein anderer Bezugszustand gewählt wurde, unterscheidet sich der numerische Wert γ_2^{H} des Aktivitätskoeffizienten im HENRYschen Bezugssystem vom Wert im RAOULTschen Bezugssystem. Wir finden als Grenzverhalten

$$\lim_{x_2^\ell \to 0} \gamma_2^{\mathrm{H}} = 1. \tag{9.38}$$

Abb. 9.10 erläutert die Bedeutung der Aktivitätskoeffizienten anhand eines Dampfdruckdiagramms unter Annahme des Idealverhaltens der Gasphase. Wir betrachten dazu eine Lösung vorgegebener Zusammensetzung. Das RAOULTsche Gesetz sagt den Dampfdruck in Punkt B voraus. Bei positiven Abweichungen vom RAOULTschen Gesetz sei der Dampfdruck des realen Systems durch Punkt C charakterisiert. Der Aktivitätskoeffizient γ_2 ergibt sich dann aus dem Verhältnis der Strecken AC zu AB. Bezieht man sich dagegen auf das HENRYsche Gesetz, liegt der Dampfdruck des idealen Systems (Punkt D) auf der HENRYschen Geraden. Der Aktivitätskoeffizient γ_2^{H} ergibt sich dann aus dem Verhältnis der Strecken AC zu AD.

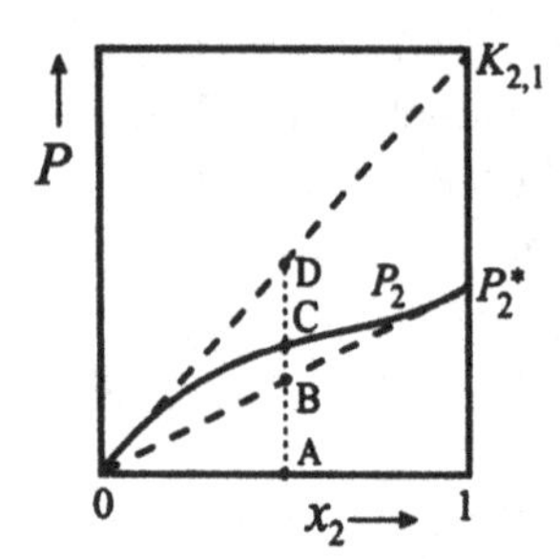

Abb. 9.10
Zur Bedeutung der Aktivitätskoeffizienten im RAOULTschen und HENRYschen Bezugssystem.

Die Standardpotentiale und Aktivitätskoeffizienten sind ineinander umrechenbar, da das chemische Potential invariant gegen die Art seiner Zerlegung sein muß. Wir setzen die chemischen Potentiale der beiden Formulierungen gleich und erhalten

$$\mu_2^* + RT\ln x_2^\ell + RT\ln\gamma_2 = \mu_2^\infty + RT\ln x_2^\ell + RT\ln\gamma_2^{\mathrm{H}}. \tag{9.39}$$

Für einen Zustand genügend hoher Verdünnung, in dem $\gamma_2^{\mathrm{H}} = 1$ ist, lautet dieser Ausdruck

$$\mu_2^* + RT\ln x_2^\ell + RT\ln\gamma_2^\infty = \mu_2^\infty + RT\ln x_2^\ell, \tag{9.40}$$

wobei der Grenzwert des RAOULTschen Aktivitätskoeffizienten für unendliche Verdünnung der Komponente 2 im Lösungsmittel 1 durch

$$\gamma_2^\infty \stackrel{def}{=} \lim_{x_2^\ell \to 0} \gamma_2 \tag{9.41}$$

abgekürzt ist. Die Kombination dieser Gleichungen liefert dann

$$RT\ln\gamma_2^{\mathrm{H}} = RT\ln\gamma_2 - RT\ln\gamma_2^\infty, \qquad \gamma_2^{\mathrm{H}} = \gamma_2/\gamma_2^\infty. \tag{9.42}$$

Nach Abb. 9.11 entspricht dies einer Parallelverschiebung der Kurve des Aktivitätskoeffizienten in einer logarithmischen Auftragung gegen x_2.

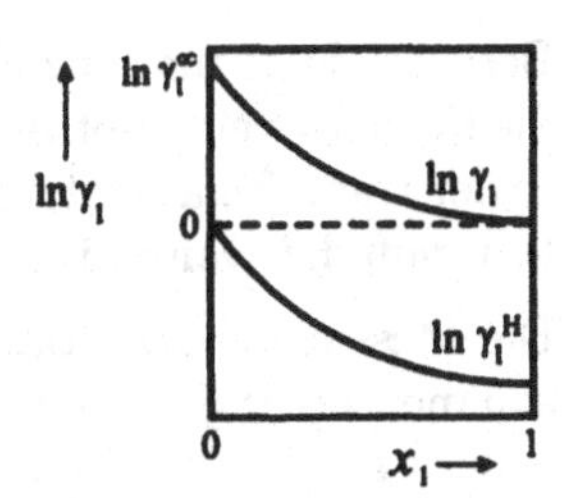

Abb. 9.11
Zur Transformation des Bezugszustands des chemischen Potentials.

Beispiel 9.4. Wir wollen den in Beispiel 8.4 bestimmten Aktivitätskoeffizienten des Toluols im äquimolaren Gemisch aus Toluol und Acetonitril im HENRYschen Bezugssystem angeben. Die Transformationsbeziehung lautet $\gamma_1^{\mathrm{H}} = \gamma_1/\gamma_1^{\infty}$. Mit dem in Beispiel 8.4 angegebenen Ausdruck folgt $\gamma_1^{\infty} = 3.923$ und damit $\gamma_1^{\mathrm{H}}(x_1^{\ell} = 0.5) = 0.337$.

Oft ist bei der Behandlung verdünnter Lösungen die Molalität m_2 allerdings eine geeignetere Variable als der Molenbruch. Wir schreiben dann wir für die ideal verdünnte Lösung[7]

$$\mu_2 = \mu_2^{\infty,m} + RT \ln\left(\frac{m_2}{m^\circ}\right) . \qquad (9.43)$$

Der Index (m) gibt an, daß der HENRYsche Zustand gewählt ist und der Ausdruck auf die Molalität bezogen ist. Die Division der Molalität m_2 durch $m^\circ = 1$ mol kg^{-1} ermöglicht die Bildung des Logarithmus einer dimensionslosen Zahl. Der hypothetische Bezugszustand ist nun eine Lösung der Molalität $m_2 = 1$ mol kg^{-1}, in dem der Stoff die gleichen Eigenschaften wie in ideal verdünnter Lösung besitzt. Führen wir zur Beschreibung eines realen Systems einen Aktivitätskoeffizienten $\gamma^{(m)}$ ein, ist

$$\mu_2 = \mu_2^{\infty,m} + RT \ln\left(\frac{m_2}{m^\circ}\right) + RT \ln \gamma_2^{(m)} \qquad (9.44)$$

mit dem Grenzverhalten

$$\lim_{m_2 \to 0} \gamma_2^{(m)} = 1 . \qquad (9.45)$$

Die Zahlenwerte von $\gamma^{(m)}$ und γ^{H} unterscheiden sich, das chemische Potential ist invariant gegenüber der Art der Aufspaltung.

9.4 Die experimentelle Bestimmung von Aktivitätskoeffizienten aus Flüssig-Gas-Gleichgewichten

9.4.1 Aktivitätskoeffizienten aus Dampfdruckmessungen

Dampfdruckmessungen stellen wichtige Verfahren zur Bestimmung von Aktivitätskoeffizienten dar. Im RAOULTschen Bezugszustand gilt bei einer idealen Dampfphase

$$\gamma_k = P_k / x_k^{\ell} P_k^* = x_k^{\mathrm{g}} P / x_k^{\ell} P_k^* . \qquad (9.46)$$

[7]Die Beziehungen können sinngemäß auf die Molarität als Zusammensetzungsmaß übertragen werden.

Berücksichtigt man das Realverhalten des Dampfes, ist auf der rechten Seite von Gl. (9.46) die Fugazität einzusetzen bzw. eine *Realgaskorrektur* einzufügen.[8] Wegen der geringen Dichte der Dampfphase erfolgt diese meist auf der Ebene der zweiten Virialkoeffizienten. Zusätzlich muß der Dampfdruck bzw. die Fugazität des Reinsstoffs bekannt sein.

Die Messung der Partialdruckkurven kann durch Messung des Gesamtdrucks und der Zusammensetzung der Gasphase geschehen. Allerdings reicht die Bestimmung des Gesamtdrucks $P = P_1 + P_2$ zur Berechnung der beiden Aktivitätskoeffizienten aus, da diese über die DUHEM-MARGULES-Gleichung (8.66)

$$x_1^\ell \left(\frac{\partial \ln \gamma_1}{\partial x_1^\ell}\right)_{P,T} + x_2^\ell \left(\frac{\partial \ln \gamma_2}{\partial x_1^\ell}\right)_{P,T} = 0$$

verknüpft sind. In der Praxis stehen Algorithmen zur Verfügung, um Aktivitätskoeffizienten aus Daten für den Gesamtdruck unter dieser Nebenbedingung zu gewinnen.

Liegt die reine Komponente bei der gegebenen Temperatur im festen oder überkritischen Zustand vor, ist man entweder auf Extrapolationen über ihren flüssigen Bereich hinaus angewiesen oder man bezieht das chemische Potential auf den HENRYschen Standardzustand. Im letztgenannten Fall ist der Partialdruck des Gelösten bis zu hoher Verdünnung zu messen und die HENRY-Konstante zu bestimmen, aus deren Kenntnis dann Aktivität und Aktivitätskoeffizient bestimmt werden können.

Liegen Datensätze für die Partialdrücke beider Komponenten vor, kann anhand der DUHEM-MARGULES-Gleichung ihre Konsistenz überprüft werden. Üblicherweise wird dazu eine integrierte Form der Gleichung benutzt, wie z. B. das Kriterium von REDLICH und HERINGTON

$$RT \int_{x_1^\ell=0}^{x_1^\ell=1} \ln \frac{\gamma_1}{\gamma_2} \, \mathrm{d}x_1^\ell = 0 \, . \tag{9.47}$$

In einer Auftragung von $\ln(\gamma_1/\gamma_2)$ gegen x_1^ℓ entspricht das Integral der Fläche unter der Kurve. Die Abweichung vom Wert null ist ein Maß für die Inkonsistenz der Daten. Gl. (9.47) stellt eine notwendige, jedoch nicht hinreichende Bedingung für die Güte von Daten dar.

9.4.2 Bestimmung thermodynamischer Daten mit Hilfe der Gaschromatographie

Aktivitätskoeffizienten können auch aus chromatographischen Experimenten ermittelt werden. Unter dem Begriff *Chromatographie* faßt man Methoden zusammen, bei denen Stofftrennungen auf unterschiedlichen Verteilungen zwischen einer stationären und einer mobilen Phase beruhen, die selbst nicht miteinander mischbar sind. Dazu bringt man die Substanz in eine strömende mobile Phase ein und ermöglicht danach in einer Trennsäule einen kontinuierlichen Stoffaustausch mit der stationären Phase. Die mobile Phase kann gasförmig oder flüssig, die stationäre Phase flüssig (immobilisiert als Film auf einem Trägermaterial, wie

[8] Falls sich Systemdruck und Sättigungsdampfdruck unterscheiden, ist bei sehr hohen Genauigkeitsanforderungen zusätzlich noch eine Korrektur für die Druckabhängigkeit des chemischen Potentials der flüssigen Phase erforderlich, die üblicherweise auf der POYNTING-Gleichung (7.22) beruht.

z. B. Cellulose oder Kieselgel) oder fest sein. Dies führt auf eine Reihe von Methoden, wie z. B. die *Verteilungsgaschromatographie* (g – ℓ), *Adsorptionsgaschromatographie* (g – s) oder *Flüssig-flüssig-Verteilungschromatographie* (ℓ – ℓ). Das Hauptanwendungsgebiet der Chromatographie liegt auf dem Gebiet der analytischen und präparativen Stofftrennung. Da der zugrunde liegende Prozeß jedoch auf einem Phasengleichgewicht beruht, können chromatographische Techniken auch zur Bestimmung thermodynamischer Daten eingesetzt werden. Im vorliegenden Zusammenhang ist vor allem die Gaschromatographie von Interesse.

Die zentrale Größe in der Theorie chromatographischer Verfahren ist das Kapazitätsverhältnis k_i einer zu untersuchenden Komponente i. Für den reversiblen Stoffaustausch eines Stoffs zwischen der mobilen Gasphase und der stationären flüssigen Phase gilt

$$k_i \stackrel{def}{=} \frac{c_i^\ell}{c_i^g}\frac{V^\ell}{V^g} = K_i\frac{V^\ell}{V^g}, \tag{9.48}$$

wobei c_i^ℓ bzw. c_i^g die Konzentrationen des Stoffs in der stationären bzw. mobilen Phase und V^ℓ und V^g die Gesamtvolumina in der Säule sind, deren Verhältnis als Apparatekonstante angesehen werden kann.

$$K_i \stackrel{def}{=} \frac{c_i^\ell}{c_i^g} = \frac{x_i^\ell \overline{V^g}}{x_i^g \overline{V^l}} \tag{9.49}$$

ist der Verteilungskoeffizient des Stoffs zwischen der stationären und mobilen Phase. Das Kapazitätsverhältnis k_i läßt sich relativ leicht aus der Messung der Gesamtretentionszeit τ_i einer Substanz in der stationären Phase und der Retentionszeit τ_0 einer durch die stationäre Phase nicht verzögerten Substanz bestimmen. Die Theorie zeigt, daß $k_i = (\tau_i - \tau_0)/\tau_0$ ist. Wir nehmen nun an, daß der Stoff in der mobilen Phase als ideale Lösung vorliegt, während er in der stationären Phase ein reales flüssiges Gemisch bildet. Wir finden dann

$$K_i = \frac{RT}{P_i^* \gamma_i^\ell \overline{V^g}}, \tag{9.50}$$

so daß der Aktivitätskoeffizient des Stoffs i in der stationären (flüssigen) Phase bestimmt werden kann, falls der Dampfdruck der reinen Komponente i bekannt ist. Die lokale Konzentration des Stoffs in der stationären Phase ist üblicherweise so gering, daß man annehmen kann, daß der gemessene Aktivitätskoeffizient sich auf den Zustand unendlicher Verdünnung des Stoffs bezieht. Weiterhin sind aus der Temperaturabhängigkeit des Kapazitätsverhältnisses Grenzwerte der partiellen molaren Enthalpien und partiellen molaren Entropien bestimmbar. Solche Daten dienen bei Modellierungen mit empirischen oder semiempirischen Theorien oft als wichtige Zielgrößen, um Parameter anzupassen.

Neben der konventionellen Gaschromatographie spielt bei der Bestimmung thermodynamischer Eigenschaften von fluiden Gemischen heute auch die Chromatographie mit überkritischen Phasen (*supercritical fluid chromatography*, SFC) eine Rolle, in der komprimierte überkritische Fluide als mobile Phasen Verwendung finden. In diesem Fall tritt der Druck als weitere Variable hinzu. Für Druckbereiche, in denen zweite Virialkoeffizienten zur Beschreibung des Realverhaltens der Gase ausreichen, läßt sich aus der Druckabhängigkeit des Kapazitätsverhältnisses der gemischte zweite Virialkoeffizient (Kreuzvirialkoeffizient) B_{12}

zwischen Trägergas und gelöstem Stoff bestimmen, der durch direkte P, V, T-Messungen nur sehr aufwendig ermittelbar ist. Gemischte zweite Virialkoeffizienten sind von grundsätzlichem theoretischem Interesse (siehe Kap. 8.2.1) und auch in praktischen Anwendungen, z. B. für Realgaskorrekturen von Dampfdruckmessungen, wichtig. Für Drücke oberhalb des kritischen Drucks, die in der Chromatographie mit dichten überkritischen Fluiden relevant sind, genügt eine Behandlung auf der Ebene des zweiten Virialkoeffizienten nicht mehr.

9.4.3 Aktivitätskoeffizienten des Gelösten aus Daten für das Lösungsmittel

Wir haben bereits gesehen, daß die Aktivitätskoeffizienten beider Stoffe eines binären Gemischs über die DUHEM-MARGULES-Beziehung (8.66) verknüpft sind. Wir finden

$$\mathrm{d}\ln\gamma_2 = -\frac{x_1^\ell}{x_2^\ell}\,\mathrm{d}\ln\gamma_1 \tag{9.51}$$

und nach Integration

$$\ln\gamma_2 = -\int\limits_{x_1^\ell=0}^{x_1^\ell} \frac{x_1^\ell}{1-x_1^\ell}\,\mathrm{d}\ln\gamma_1\,. \tag{9.52}$$

Wir wollen nun den häufigen Fall betrachten, daß der Aktivitätskoeffizient des Gelösten 2 im HENRYschen Zustand mit der Molalität als Variable, derjenige des Lösungsmittels im RAOULTschen Standardzustand mit dem Molenbruch als Variable gegeben ist. Wir ersetzen γ_2 durch $\gamma_2^{(m)}$ und finden nach Umformung

$$\mathrm{d}\ln a_2^{(m)} = \mathrm{d}\ln\gamma_2^{(m)} + \mathrm{d}\ln\left(\frac{m_2}{m^\circ}\right) = \mathrm{d}\ln\gamma_1 + \mathrm{d}\ln x_1^\ell = -\frac{n_1}{n_2}\,\mathrm{d}\ln a_1\,. \tag{9.53}$$

Man definiert nun als Hilfsgröße oft den *osmotischen Koeffizienten* durch

$$\Phi \stackrel{def}{=} -\frac{n_1}{n_2}\ln a_1 \tag{9.54}$$

und erhält nach Integration

$$\ln\gamma_2^{(m)} = (\Phi-1) + \int\limits_{m_2=0}^{m_2} \frac{(\Phi-1)}{m_2}\,\mathrm{d}m_2. \tag{9.55}$$

Tabellenwerke listen oft osmotische Koeffizienten anstelle der Aktivitätskoeffizienten des Lösungsmittels auf.

10 Flüssig-flüssig-Gleichgewichte

10.1 Gleichgewichtsbedingungen für Flüssig-flüssig-Gleichgewichte

Bei nichtidealem Verhalten kann die homogene flüssige Phase eines binären Systems in zwei flüssige Phasen ℓ_1 und ℓ_2 unterschiedlicher Zusammensetzung zerfallen. Wir unterscheiden

a) Zweiphasengebiete, die durch einen *oberen Entmischungspunkt* vom homogenen Bereich abgegrenzt sind (z. B. Wasser + Phenol);

b) Zweiphasengebiete, die durch einen *unteren Entmischungspunkt* begrenzt sind (z. B. Triethylamin + Wasser);

c) Zweiphasengebiete, die eine geschlossene Mischungslücke mit oberem und unterem Entmischungspunkt bilden (z. B. Nikotin + Wasser) und

d) Systeme mit mehreren getrennten Zweiphasengebieten (z. B. Schwefel + Benzol), die oft durch Überlappung ein uhrglasförmiges Zweiphasengebiet bilden.

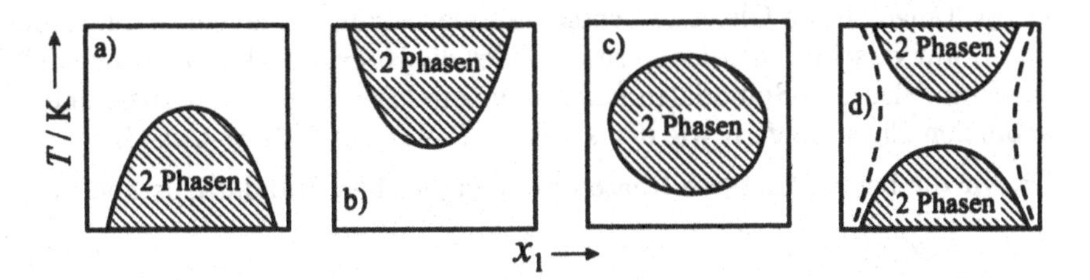

Abb. 10.1 Flüssig-flüssig-Phasendiagramme bei konstantem Druck.

Nach der Stabilitätsbedingung (9.7) muß der Differentialquotient $(\partial G^2/\partial x_1^2)_{P,T}$ positiv sein. Daher ist in Abb. 10.2 die Mischung innerhalb der Wendepunkte B und C instabil. Die Verbindungslinie der Punkte B und C bei verschiedenen Temperaturen bildet die Spinodale. Führen wir die GIBBSsche Exzeßenergie ein, folgt für stabile und metastabile Systeme

$$RT/(x_1(1-x_1)) + \left(\partial^2\overline{G}^{\mathrm{E}}/\partial x_1^2\right)_{P,T} > 0\,. \tag{10.1}$$

Der erste, aus dem Idealanteil resultierende Term ist positiv, d. h. eine ideale Mischung ist stofflich stabil. Wenn die Funktion $G^E(x_1)$ keinen Wendepunkt aufweist, ist das Vorzeichen von $(\partial^2 G^{\mathrm{E}}/\partial x_1^2)_{P,T}$ entgegengesetzt zum Vorzeichen von G^{E}, so daß Entmischung in der Regel bei Gemischen mit stark positiven Abweichungen vom RAOULTschen Gesetz auftritt.

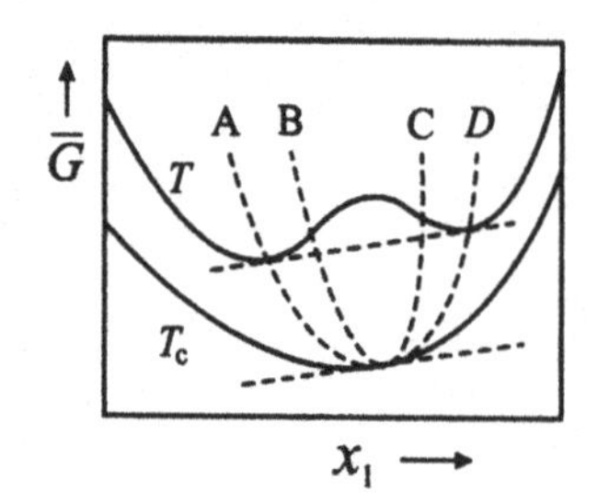

Abb. 10.2
Zur Konstruktion der Binodalen und Spinodalen in einem System mit Flüssig-flüssig-Entmischung.

Beispiel 10.1. Um zu überprüfen, ob in einer streng regulären Mischung eine Flüssig-flüssig-Entmischung auftreten kann, setzen wir den PORTER-Ansatz $\overline{G}^{\mathrm{E}} = A x_1 x_2$ mit $A \neq f(P,T)$ in Gl. (10.1) ein. Wir finden dann die Stabilitätsbedingung $RT/(x_1(1-x_1)) - 2A > 0$. Der erste Term besitzt den Maximalwert $4RT$ bei $x_1 = 0.5$. Damit lautet die Stabilitätsbedingung $A < 2RT$ bzw. $\overline{G}^{\mathrm{E}}(x_1 = 0.5) < RT/2$. Bei 298.15 K ist RT/2 = 1.239 kJ mol^{-1}.

Um die Gleichgewichtszusammensetzung zu bestimmen, betrachten wir das totale Differential der GIBBS-Energie bei konstantem Druck und konstanter Temperatur. Ersetzen wir die Stoffmengen durch Molenbrüche, folgt nach Umformung

$$(\mathrm{d}G)_{P,T} = \mu_1\,\mathrm{d}n_1 + \mu_2\,\mathrm{d}n_2 = (n_1+n_2)(\mu_1-\mu_2)\,\mathrm{d}x_1\,. \tag{10.2}$$

In Abb. 10.2 ist damit in jedem Punkt die Steigung der GIBBS-Energie proportional zur Differenz der chemischen Potentiale. Daher liefern die Berührungspunkte A und D mit der Doppeltangente die Gleichgewichtszusammensetzung. Die Verbindungslinie der Punkte A und D auf verschiedenen Isothermen bildet die Koexistenzkurve (*Binodale*). Die Endpunkte der Binodalen und Spinodalen fallen in einem kritischen Punkt zusammen, der die gleichen anomalen Eigenschaften wie der kritische Punkt des Flüssig-Gas-Gleichgewichts aufweist.

Da wir die beiden flüssigen Phasen auf den gleichen Standardzustand beziehen können, ist

$$\gamma_k^\alpha\, x_k^\alpha = \gamma_k^\beta\, x_k^\beta\,, \tag{10.3}$$

so daß die Binodale aus Aktivitätskoeffizientenmodellen berechnet werden kann. Allerdings benötigt man zur quantitativen Beschreibung der Flüssig-flüssig-Gleichgewichte sehr genaue Werte der Aktivitätskoeffizienten der flüssigen Phase. Modelle, deren Parameter an experimentelle Daten für Flüssig-Gas-Gleichgewichte angepaßt sind, besitzen für die Berechnung von Flüssig-flüssig-Gleichgewichten oft keine hinreichende Genauigkeit.

Ob eine Mischungslücke zu hohen oder tiefen Temperaturen verengt, hängt von der Temperaturabhängigkeit der Aktivitätskoeffizienten ab. Man erhält folgende Bedingungen:

$$\begin{aligned} &\left(\partial^2\overline{H}^{\mathrm{E}}/\partial x_1^2\right)_{\mathrm{c}} < 0 \qquad \text{am oberen Entmischungspunkt,}\\ &\left(\partial^2\overline{H}^{\mathrm{E}}/\partial x_1^2\right)_{\mathrm{c}} > 0 \qquad \text{am unteren Entmischungspunkt.} \end{aligned} \tag{10.4}$$

Wenn $\overline{H}^{\mathrm{E}}(x_1)$ keinen Wendepunkt aufweist, ist das Vorzeichen der zweiten Ableitung umgekehrt zum Vorzeichen von $\overline{H}^{\mathrm{E}}$ selbst. Dann gilt:

- Bei negativer Exzeßenthalpie strebt das System einem unteren Entmischungspunkt, bei positiver Exzeßenthalpie einem oberen Entmischungspunkt zu.

Da als Funktion der Temperatur ein Vorzeichenwechsel von $\overline{H}^{\mathrm{E}}$ auftreten kann, sind mehrere kritische Punkte möglich. Ein solcher Vorzeichenwechsel tritt z. B. bei vielen wäßrigen Lösungen hydrophober Stoffe auf, die daher oft geschlossene Mischungslücken aufweisen.

Die Druckabhängigkeit der Aktivitätskoeffizienten wird durch das Verhalten des Exzeßvolumens bestimmt. Man findet für die Druckabhängigkeit der kritischen Temperatur:

$$\frac{\mathrm{d}T_{\mathrm{c}}}{\mathrm{d}P} = T_{\mathrm{c}} \frac{(\partial^2\overline{V}^{\mathrm{E}}/\partial x_1^2)_{\mathrm{c}}}{(\partial^2\overline{H}^{\mathrm{E}}/\partial x_1^2)_{\mathrm{c}}} . \tag{10.5}$$

Besitzen die Funktionen $\overline{V}^{\mathrm{E}}(x_1)$ und $\overline{H}^{\mathrm{E}}(x_1)$ keine Wendepunkte, sind die Vorzeichen der zweiten Ableitungen umgekehrt zu den Vorzeichen der Funktionen. Wir finden dann:

- Sind die Exzeßvolumina positiv, steigt die kritische Entmischungstemperatur am oberen kritischen Punkt mit steigendem Druck, während sie am unteren Entmischungspunkt fällt. Systeme mit negativen Exzeßvolumina zeigen das umgekehrte Verhalten.

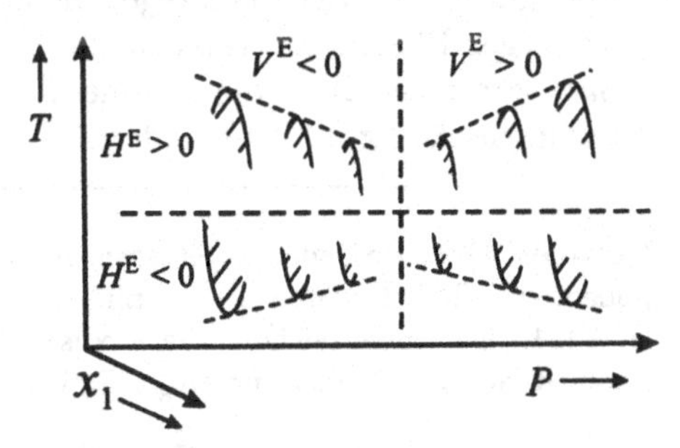

Abb. 10.3
Druckabhängigkeit der Flüssig-flüssig-Entschmischung.

Die in Abb. 10.3 dargestellen Möglichkeiten bedingen eine reichhaltige Topologie von Phasendiagrammen. Beispielsweise kann eine Druckerhöhung zu einer Entmischung eines bei Normaldruck vollständig mischbaren Systems (sog. *Hochdruckentmischung*) oder zum Verschwinden einer bei Normaldruck bestehenden Mischungslücke (*Niederdruckentmischung*) führen. Gebiete der Hochdruck- und Niederdruckentmischung können gleichzeitig auftreten und überlappen. Allerdings erzeugen oft erst Drücke im kbar-Bereich größere Verschiebungen der Koexistenzgebiete. Zudem begünstigt eine Druckerhöhung das Auftreten fester Phasen, so daß bei hohen Drücken letztendlich alle Flüssig-flüssig-Zweiphasengebiete unter der Kristallisationskurve verschwinden.

10.1.1 Siedeverhalten von Systemen mit Flüssig-flüssig-Entmischung

Eine Flüssig-flüssig-Entmischung resultiert üblicherweise aus stark positiven Abweichungen vom RAOULTschen Gesetz, die gleichzeitig die positive Azeotropie begünstigen. Tatsächlich tritt nur bei Gemischen mit sehr unterschiedlichen Dampfdrücken der Reinstoffe, wie z. B. CO_2 + H_2O, eine Entmischung ohne gleichzeitige Bildung eines Azeotrops auf. Bildet sich ein Azeotrop, fällt seine Zusammensetzung in der Regel zwischen diejenigen der koexistierenden flüssigen Phasen. Diese sog. *Heteroazeotropie* tritt praktisch immer auf, wenn Flüssigkeiten ähnlichen Dampfdrucks beschränkt mischbar sind.[1] Heteroazeotrope sind niedrig siedende Azeotrope. Typische Beispiele sind Anilin + Wasser oder Methanol + Cyclohexan.

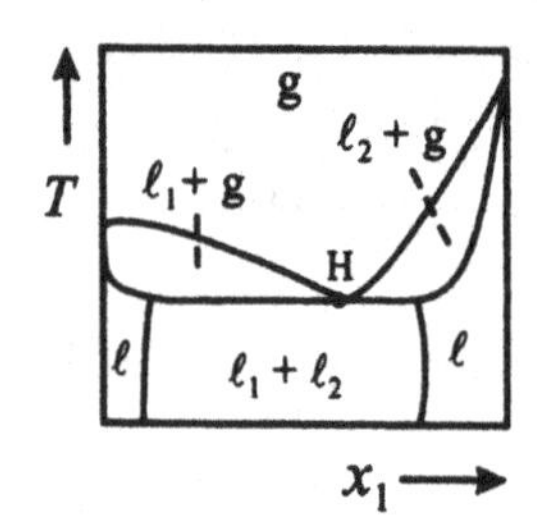

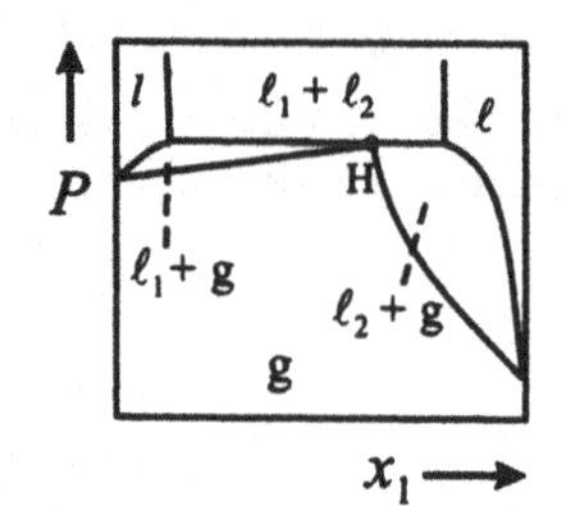

Abb. 10.4 Temperatur-Zusammensetzungs- und Druck-Zusammensetzungsdiagramm eines binären Systems mit Heteroazeotropie.

Abb. 10.4 zeigt das Phasendiagramm eines Systems mit Heteroazeotropie in der T, x- und P, x-Projektion. Nach dem GIBBSschen Phasengesetz kann es mit $p + f = 4$ nur einen Punkt geben, bei dem bei gegebenem Druck zwei flüssige Phasen zusammen mit einer gasförmigen Phase auftreten können. Dieser Punkt H in Abb. 10.4 wird als *heteroazeotroper Punkt* bezeichnet. Beim Sieden eines flüssigen Gemischs der Zusammensetzung H wird diese Zusammensetzung nicht verändert.

Beispiel 10.2. Besonders interessant ist der Fall sehr geringer gegenseitiger Löslichkeit der Komponenten. Wir betrachten als Beispiel einen in Wasser (W) sehr gering löslichen Kohlenwasserstoff (KW). In der wasserreichen Phase α ist $P_W^\alpha \cong P_W^*$ und $f_W^\alpha \cong 1$, in der kohlenwasserstoffreichen Phase β ist $P_{KW}^\beta \cong P_{KW}^*$ und $f_{KW}^\beta \cong 1$. Für den Totaldruck folgt

$$P = P_W + P_{KW} \cong P_W^* + P_{KW}^* .$$

In Wasser unlösliche, hochsiedende Substanzen können daher mit Wasserdampf bei vergleichsweise milden Temperaturen von nichtflüchtigen Verunreinigungen abgetrennt werden. Dieses Verhalten bildet die Grundlage der *Wasserdampfdestillation*.

10.1.2 Flüssig-flüssig- und Flüssig-Gas-Gleichgewichte im kritischen Bereich

Für technische Verfahren mit komprimierten Gasen und überkritischen Fluiden muß die Lage der homogenen und heterogenen Bereiche der Flüssig-flüssig- und Flüssig-Gas-Gleichgewichte als Funktion von Druck und Temperatur bekannt sein. Die gleiche Art der Information wird z. B. auch in der erdöl- und erdgasverarbeitenden Industrie benötigt. Zur

[1]In seltenen Fällen wie z. B. Methyl-Ethylketon + Wasser fällt die azeotrope Zusammensetzung außerhalb des Zweiphasengebiets („homogene Azeotropie"). Wäßrige Lösungen von SO_2, HCl und HBr zeigen ein noch bemerkenswerteres Verhalten, in dem eine Mischungslücke an einem Ende des Zusammensetzungsbereichs zusammen mit einem *negativen* Azeotrop am anderen Ende auftritt.

kompakten Darstellung wird üblicherweise eine P, T-Projektion des Phasendiagramms benutzt, in der die jeweiligen kritischen Linien gezeigt sind.

Die P, T-Projektion des Zustandsverhaltens kann in verschiedene Typen eingeteilt werden. Die wesentlichen Topologien ergeben sich bereits aus der VAN DER WAALS-Gleichung für Gemische unter Benutzung einfacher Mischungsregeln. Diese liefert fünf Topologien des P, T-Verhaltens, die durch Variation der Parameter kontinuierlich ineinander überführbar sind. Darüber hinaus existieren weitere, durch die VAN DER WAALS-Gleichung nicht erfaßte Topologien. Wir wollen hier die verschiedenen Typen und ihre Varianten nicht im einzelnen besprechen, sondern einige wichtige allgemeine Gesichtspunkte herausgreifen.

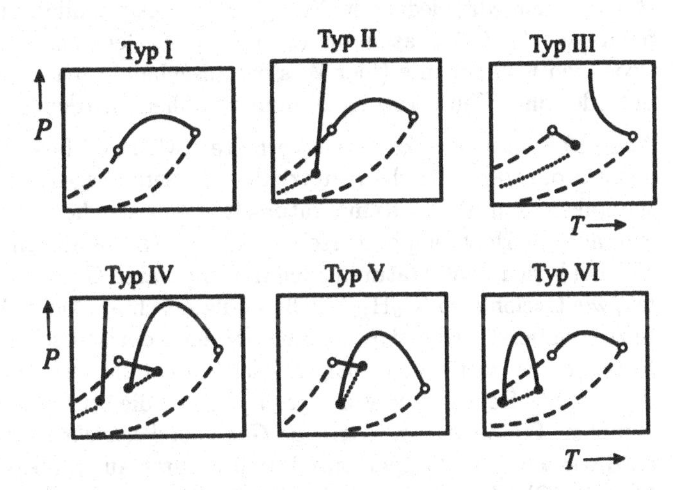

Abb. 10.5 Die Topologie von Phasendiagrammen in der P, T-Projektion: Dampfdruckkurven der Reinstoffe (gestrichelt), kritische Linien (durchgezogen), $(\ell_1 - \ell_2 - g)$-Dreiphasenlinien (punktiert), kritische Punkte des Flüssig-Gas-Gleichgewichts der reinen Substanz (offene Kreise), kritische Endpunkte (ausgefüllte Kreise).

Wir gehen zunächst von einem System ohne Flüssig-flüssig-Entmischung aus und betrachten noch einmal das in Abb. 9.5 gezeigte P, T-Diagramm. Unter Verzicht auf die Darstellung der Isoplethen erhalten wir das in Abb. 10.5 als Typ I gezeigte Diagramm, das die P, T-Projektion der Dampfdruckkurven der Reinstoffe (gestrichelte Kurven) und ihre kritischen Punkte (offene Kreise) sowie die kritische Kurve des $(\ell + g)$-Gleichgewichts (durchgezogene Kurve) zeigt. Dieses einfache Verhalten ist auf Gemische von Komponenten mit ähnlichen Eigenschaften, wie z. B. homologen Kohlenwasserstoffen, beschränkt.

Vergrößern sich die Unterschiede in den Reinstoffeigenschaften, tritt ein Flüssig-flüssig-Gleichgewicht auf, so daß im P, T-Diagramm eine Linie für das Dreiphasengleichgewicht $(\ell_1 + \ell_2 + g)$ und eine kritische Linie hinzugefügt werden müssen. Letztere beschreibt die Druckabhängigkeit der kritischen Entmischungstemperatur und trifft in einem sog. *kritischen Endpunkt* (gefüllter Kreis) auf die Dreiphasenlinie $(\ell_1 + \ell_2 + g)$. Sie verläuft sehr steil, da es sehr hoher Drücke bedarf, um die kritische Temperatur merklich zu verschieben. Je nach Typ des Flüssig-flüssig-Gleichgewichts kann sie zu tiefen oder hohen Drücken verlaufen oder auch ihre Richtung ändern. Liegen mehrere kritische Entmischungspunkte vor, können mehrere kritische Linien für Flüssig-flüssig-Gleichgewichte auftreten (Typ VI).[2] Die Abbildung zeigt eine der dann möglichen Varianten, in der eine geschlossene Mischungslücke vorliegt und die kritische Linie zwei Endpunkte auf der Dreiphasenlinie ($\ell_1 + \ell_2 + g$) besitzt.

Dehnt sich das Flüssig-flüssig-Zweiphasengebiet im Zustandsdiagramm weiter aus, kommt es zu einer Interferenz des kritischen Verhaltens von Flüssig-Gas- und Flüssig-flüssig-Gleichgewichten, die zu komplexen Topologien des P, T-Diagramms führt (Abb. 10.5). Wir wollen uns hier kurz das Verhalten des Typs III ansehen, das u. a. bei wäßrigen Lösungen von apolaren Stoffen auftritt. Die kritische Linie des Flüssig-Gas-Gleichgewichts wird nun durch die Flüssig-flüssig-Gas-Dreiphasenlinie ($\ell_1 + \ell_2 + g$) unterbrochen. Der vom kritischen Punkt ($\ell + g$) der niedrigsiedenden Komponente ausgehende Ast endet in einem kritischen Endpunkt auf der Dreiphasenlinie ($\ell_1 + \ell_2 + g$). Der vom kritischen Punkt ($\ell + g$) der höhersiedenden Komponente (hier Wasser) ausgehende Ast der kritischen Kurve ($\ell + g$) verläuft mit oder ohne Temperaturminimum zu hohen Drücken.

Abb. 10.6 zeigt das kritische Verhalten wäßriger Lösungen unpolarer Stoffe, wobei wir uns auf die vom kritischen Punkt des Wassers ausgehenden Äste der kritischen Kurve beschränken. Auf der Tieftemperaturseite der kritischen Linien liegen die heterogenen Bereiche, auf der Hochtemperaturseite sind die Komponenten vollständig mischbar. Wasser ist also bei hohen Temperaturen auch mit unpolaren Gasen, wie He, H_2, und Kohlenwasserstoffen, wie Cyclohexan (C_6H_{12}), vollständig mischbar. Dabei können sich die Zweiphasengebiete zu Temperaturen erstrecken, die oberhalb der kritischen Temperatur der höhersiedenden Komponente (hier Wasser) liegen. Man spricht dann von *Gas-Gas-Gleichgewichten.*[3] Im Fall des Systems Helium + Wasser verschiebt sich die kritische Linie mit steigendem Druck sofort zu hohen Temperaturen (sog. *Gas-Gas-Gleichgewicht erster Art*). Im Falle des Cyclohexans wird zunächst ein Temperaturminimum durchlaufen (*Gas-Gas-Gleichgewicht zweiter Art*). Gas-Gas-Gleichgewichte wurden bereits 1894 von VAN DER WAALS vorhergesagt und sind auch bei nichtwäßrigen Gemischen weit verbreitet.

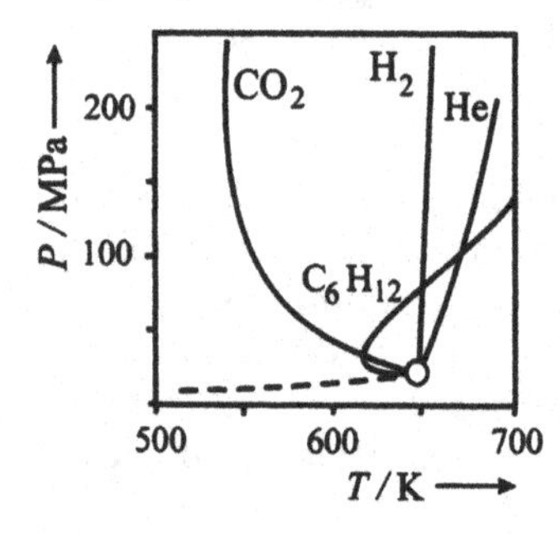

Abb. 10.6
Kritisches Verhalten apolarer Stoffe in Wasser. Nach Daten in: E. U. Franck, J. Chem. Thermodyn. 19, 227 (1987).

Schließlich tritt in Abb. (10.5) der Fall auf, daß die kritische Kurve ($\ell + g$) die Dreiphasenlinie ($\ell_1 + \ell_2 + g$) zweimal schneidet und Anlaß zu komplexeren Diagrammen des Typs IV und V gibt, wobei in Typ IV zwei Dreiphasenlinien ($\ell_1 + \ell_2 + g$) auftreten. Solche komplizierteren Topologien werden z. B. häufig bei Polymerlösungen beobachtet.

[2] Dieser Typ wird von der VAN DER WAALS-Gleichung nicht erfaßt.

[3] Der Begriff Gas-Gas-Gleichgewicht besagt, daß noch oberhalb der kritischen Temperatur der höhersiedenden Komponente ein Zweiphasengebiet vorliegt. Allerdings ist der Begriff etwas mißverständlich, da es sich nicht um Unmischbarkeit verdünnter Gase sondern vergleichsweise dichter Fluide handelt.

10.1.3 Flüssig-flüssig-Entmischung in ternären Systemen

Das GIBBSsche Phasengesetz ergibt für ein Dreikomponentensystem $p+f=5$, so daß sich die Zahl der Freiheitsgrade gegenüber dem binären System erhöht und die Phasendiagramme zwei unabhängige Molenbrüche beinhalten. Dadurch tritt eine Vielfalt von Formen auf, die jedoch keine grundsätzlich neuen Phänomene widerspiegeln.

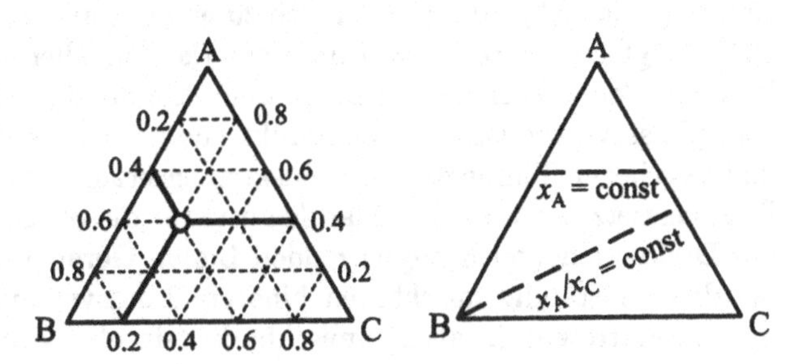

Abb. 10.7 Zur Definition der Dreieckskoordinaten.

Während man die Zusammensetzung eines binären Gemischs als einen Punkt auf einer Linie darstellen kann, benötigt man zur Darstellung der Zusammensetzung eines ternären Gemischs einen Punkt auf einer Fläche. Eine bequeme Beschreibung der Zusammensetzung einer ternären Mischung beruht auf einem in Abb. 10.7 gezeigten *Dreiecksdiagramm*. Die Ecken A, B und C stellen die Reinsubstanzen dar. Ein Punkt auf einer Seite des Dreiecks entspricht der Zusammensetzung des binären Gemischs AB, AC oder BC, ein Punkt im Inneren des Dreiecks einem ternären Gemisch. Zur Charakterisierung der Zusammensetzung ziehen wir nun Parallelen zu den Seiten des Dreiecks. Wir finden

- Linien konstanter Zusammensetzung x_A verlaufen parallel zur Seite BC, Linien konstanter Zusammensetzung x_B parallel zu AC und Linien konstanter Zusammensetzung x_C parallel zu AB.

Die von einem Eckpunkt ausgehende Senkrechte auf das Zentrum der gegenüberliegenden Seite ist ein Maß für den Molenbruch dieser Komponente, so daß jedem Punkt im Phasendiagramm eine Zusammensetzung zugeordnet ist, die aus den davon ausgehenden Senkrechten auf die drei Seiten folgt. Weiterhin gilt:

- Verläuft eine Gerade durch einen Eckpunkt, stehen die Molenbrüche der beiden anderen Komponenten entlang dieser Geraden in einem konstanten Verhältnis.

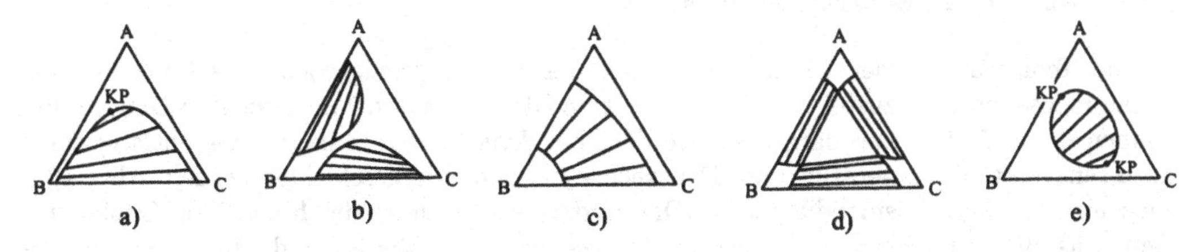

Abb. 10.8 Flüssig-flüssig-Gleichgewichte in ternären Systemen.

Wir wollen hier nur Flüssig-flüssig-Gleichgewichte in ternären Systemen diskutieren. Abb. 10.8 zeigt verschiedene Grundtypen. Bei dem am häufigsten vorkommenden Typ zerfällt ein binäres System BC in zwei Phasen, während AB und AC komplett mischbar sind (Abb. 10.8a). Das Zweiphasengebiet BC erstreckt sich in den ternären Bereich. In selteneren Fällen existieren zwei teilweise mischbare binäre Randsysteme AB und BC, während das dritte Randsystem AC vollständig mischbar ist. Die beiden heterogenen Gebiete können getrennt sein (Abb. 10.8b) oder sich zu einem Band zusammenschließen (Abb. 10.8c). Abb. 10.8d zeigt ein System mit Unmischbarkeit in allen drei binären Systemen. Im Zentrum kann ein Gebiet vorhanden sein, in dem drei flüssige Phasen vorliegen. Dieses Verhalten ist vom phasentheoretischen Standpunkt aus besonders interessant, da bei gegebenem Druck und gegebener Temperatur die Zusammensetzung der drei Phasen nach dem GIBBSschen Phasengesetz invariant ist. Man kann unter diesen Bedingungen zeigen, daß die den inneren Dreiphasenbereich begrenzenden Linien Geraden sein müssen. Schließlich kann selbst bei drei vollständig mischbaren binären Randsystemen eine Unmischbarkeit im ternären System auftreten, die als „Unmischbarkeitsinsel" bezeichnet wird (Abb. 10.8e).

Wir wollen uns nun die Konoden im ternären Gemisch am Beispiel von Abb. 10.8a ansehen. Die Konoden beginnen bei der binären Konode BC. Wird Komponente A zugegeben, verschieben sich die Konoden und werden kürzer, bis sie an einem kritischen Punkt KP verschwinden. Die Endpunkte der Konoden ergeben die Binodalkurve. Die Konoden sind allerdings im allgemeinen nicht parallel zur Seite BC und ändern ihre Neigung. In Abb. 10.8a besitzen alle Konoden eine Neigung in gleicher Richtung. Es sind jedoch auch Fälle bekannt, in denen sich die Richtung der Neigung bei Zugabe der Komponente A ändert. Als Konsequenz der Neigung der Konoden befindet sich der kritische Punkt üblicherweise nicht am Maximum der Binodalkurve in Bezug auf Komponente A.

Betrachten wir noch einmal Diagramm 10.8a, ist das Gemisch AC vollständig mischbar. Eine Zugabe der Komponente B erzeugt also hier in einem ursprünglich homogenen Gemisch AC eine Flüssig-flüssig-Phasentrennung. Oft ist B ein Salz, so daß man von einem *Aussalzeffekt* spricht. Aussalzer führen zur Entmischung oder vergrößern bereits vorhandene Mischungslücken. Beispielsweise zerfallen Gemische aus Wasser und Ethanol bei Zugabe von Kaliumkarbonat in zwei flüssige Phasen. Auch NaCl kann als Aussalzer wirken. Einige Salze können die Mischbarkeit eines binären Systems verbessern oder eine Mischungslücke unterdrücken. Man spricht dann von einem *Einsalzeffekt.* Ist die Konzentration des Salzes gering, behandelt man das ternäre System oft als *pseudobinäres* System. Dies ist allerdings nur möglich, solange die Konoden näherungsweise parallel zur Konode des binären Systems, d. h. in Abb. 10.8a waagrecht, verlaufen.

Ist die Temperatur- oder Druckabhängigkeit des Phasengleichgewichts als Funktion der Zusammensetzung darzustellen, tritt eine weitere Dimension auf. T, x- oder P, x-Diagramme können dann als Prismen dargestellt werden, bei denen Dreiecksdiagramme entlang einer dazu senkrechten Temperatur- oder Druckachse übereinandergeschichtet werden. Abb. 10.9 zeigt ein typisches Prismendiagramm. Die vordere Fläche zeigt das heterogene Gebiet des Gemischs BC mit einem oberen Entmischungspunkt. Zugabe einer dritten Komponente ergibt das Zweiphasengebiet im Inneren des Prismas. Die kritischen Punkte jedes isothermen Schnittes sind durch die gestrichelt gezeichnete kritische Linie verbunden.

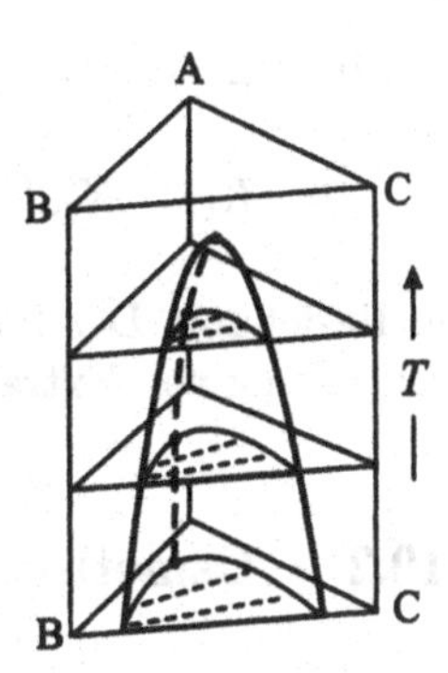

Abb. 10.9
Prismendarstellung der Temperaturabhängigkeit der Flüssig-flüssig-Gleichgewichte ternärer Systeme bei konstantem Druck.

10.1.4 Nernstscher Verteilungssatz

Das Verteilungsgleichgewicht eines gelösten Stoffs in zwei Lösungsmitteln, die selbst nicht miteinander mischbar sind, kann zur Extraktion eines Stoffs ausgenutzt werden. Bezogen auf das chemische Potential des Gelösten 2 in den Lösungsmitteln 1 und 3 lautet die Gleichgewichtsbedingung $\mu_{2,1} = \mu_{2,3}$. Eine Auftrennung der chemischen Potentiale liefert

$$\mu^{\circ}_{2,1} + RT \ln (x_{2,1}\, \gamma_{2,1}) = \mu^{\circ}_{2,3} + RT \ln (x_{2,3}\, \gamma_{2,3}) \,. \tag{10.6}$$

Eine Umformung ergibt den Ausdruck

$$\ln \left(\frac{\gamma_{2,1}\, x_{2,1}}{\gamma_{2,3}\, x_{2,3}} \right) = \frac{\mu^{\circ}_{2,3} - \mu^{\circ}_{2,1}}{RT} \,, \tag{10.7}$$

der unter Einführung der Konstanten (Index steht D für engl. *distribution*)

$$K_{\mathrm{D}} \stackrel{def}{=} \exp \left\{ \frac{\mu^{\circ}_{2,3} - \mu^{\circ}_{2,1}}{RT} \right\} \tag{10.8}$$

die Form

$$K_{\mathrm{D}} = \frac{\gamma_{2,1}\, x_{2,1}}{\gamma_{2,3}\, x_{2,3}} \tag{10.9}$$

annimmt. Im Grenzfall ideal verdünnter Lösungen geht diese Beziehung in

$$K_{\mathrm{D}} = \frac{x_{2,1}}{x_{2,3}} \tag{10.10}$$

über. K_{D} heißt *Verteilungskoeffizient.* Gl. (10.10) wird als NERNST*scher Verteilungssatz* bezeichnet:

- Bei vorgegebener Temperatur und vorgegebenem Druck ist das Verhältnis der Molenbrüche des Gelösten in zwei nicht mischbaren Lösungsmitteln konstant.

Oft drückt man diesen Sachverhalt, wie ursprünglich von NERNST vorgeschlagen, durch das Verhältnis der Konzentrationen der gelösten Stoffe aus:

$$K'_{\mathrm{D}} = \frac{c_{2,1}}{c_{2,3}} \,. \tag{10.11}$$

Die beiden Konstanten K_D und K'_D stehen über

$$K_\mathrm{D} = K'_\mathrm{D} \left(\overline{V}_1^*/\overline{V}_3^*\right) \tag{10.12}$$

in Beziehung. Der NERNSTsche Verteilungssatz bildet die theoretische Grundlage zur Beschreibung von Extraktionsverfahren.

10.2 Osmotische Gleichgewichte

Bisher wurden nur Gleichgewichte mit freiem Stoffaustausch zwischen den Phasen betrachtet. Wir wollen nun den in Abb. 10.10 skizzierten Fall behandeln, daß der Stoffaustausch zwischen zwei Lösungen durch eine semipermeable Membran behindert wird, die nur für Moleküle des Lösungsmittels, nicht aber für gelöste Moleküle durchlässig ist. Das resultierende Phänomen wird als *Osmose* bezeichnet. Osmose spielt in der Natur beim Durchtritt von Biofluiden durch Zellmembranen eine wichtige Rolle. Der erzwungene Umkehrprozeß (*Umkehrosmose*) dient z. B. großtechnisch zur Meerwasserentsalzung.

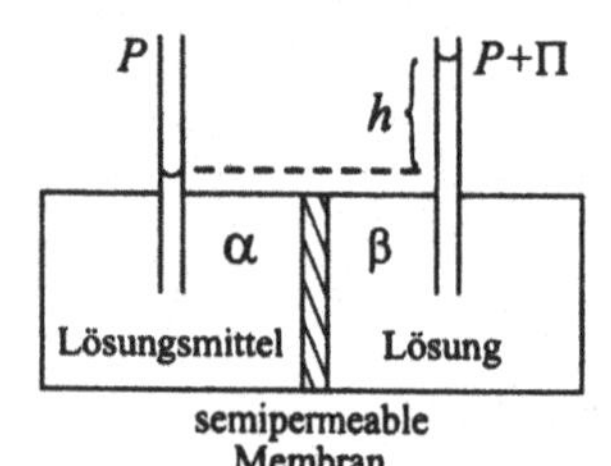

Abb. 10.10
Zur Definition des osmotischen Drucks.

Im folgenden sei Phase α das reine Lösungsmittel und Phase β die Lösung. Die Verhinderung des Konzentrationsausgleichs durch die Membran führt zu einem Zusatzdruck in Phase β. Die Druckdifferenz Π, die über den hydrostatischen Druck $\rho g h$ einer Flüssigkeitssäule meßbar ist, wird *osmotischer Druck* genannt.

Da durch die Membran kein freier Austausch des gelösten Stoffs 2 zwischen den Phasen möglich ist, gelten die Gleichgewichtsbedingungen nicht in der bisher betrachteten Form. Die stofflichen Gleichgewichtsbedingungen fordern nun zwar die Gleichheit der chemischen Potentiale des frei austauschenden Lösungsmittels 1 in den beiden Phasen, nicht jedoch die Gleichheit des chemischen Potentials des Gelösten 2. Zugleich sind die Drücke der beiden Phasen unterschiedlich. Wir erhalten für das chemische Potential des Lösungsmittels

$$\mu_1^*(P) = \mu_1^*(P+\Pi) + RT \ln a_1 \,. \tag{10.13}$$

Verknüpfen wir das chemische Potential des reinen Lösungsmittels beim Druck P mit seinem Wert beim Druck $P+\Pi$ unter der Annahme, daß $\overline{V}_1$ druckunabhängig ist, folgt

$$\mu_1^*(P+\Pi) = \mu_1^*(P) + \overline{V}_1^* \int\limits_P^{P+\Pi} \mathrm{d}P = \mu_1^*(P) + \Pi \overline{V}_1^* \,. \tag{10.14}$$

Wir finden dann aus Gl. (10.13)

$$RT \ln a_1 = -\Pi \overline{V}_1^* . \tag{10.15}$$

Durch Messungen des osmotischen Drucks können Aktivitätskoeffizienten bestimmt werden. Im Bereich der ideal verdünnten Lösung folgt mit $a_1 = x_1 = 1 - x_2$ und $\ln(1 - x_2) \cong -x_2$

$$RTx_2 = \Pi \overline{V}_1^* . \tag{10.16}$$

Führen wir anstelle des Molenbruchs die Stoffmenge des Gelösten ein, erhalten wir die VAN'T HOFF*sche Gleichung*

$$\Pi V = n_2 RT , \tag{10.17}$$

die formal der Zustandsgleichung idealer Gase entspricht. Der osmotische Druck hängt im Bereich der ideal verdünnten Lösung wiederum nur von der Stoffmenge des Gelösten und nicht von dessen Art ab, ist also ein kolligatives Phänomen.

Osmometrie wird heute vor allem noch zur Bestimmung der mittleren Molmasse von Polymeren eingesetzt.[4] Allerdings weisen Polymerlösungen auch bei hoher Verdünnung in der Regel kein exakt ideales Verhalten auf. Anstelle einer Beschreibung der Nichtidealität durch Aktivitätskoeffizienten, liegt es nahe, wie im Fall der Zustandsgleichung von Gasen Gl. (10.17) als erstes Glied einer Virialentwicklung

$$\frac{\Pi V}{n_2 RT} = 1 + \frac{B}{V} + \dots \tag{10.18}$$

anzusehen. Der sog. *zweite osmotische Virialkoeffizient* B ist eine Funktion der Temperatur und beinhaltet wichtige Informationen über zwischenmolekulare Wechselwirkungen in Polymerlösungen. B kann positiv oder negativ sein. Bei der bereits in Kap. 8.4.3 im Zusammenhang mit der FLORY-HUGGINS-Theorie erwähnten Θ-Temperatur ist $B(T) = 0$ und das VAN'T HOFFsche Gesetz (10.17) gilt über einen vergleichsweise weiten Konzentrationsbereich. Oft kann bei einer vorgegebenen Temperatur durch geschickte Wahl der Zusammensetzung eines Lösungsmittelgemischs die Bedingung $B = 0$ erreicht werden.

Beispiel 10.3. Die Molmasse eines Biopolymers wurde bei 298.15 K aus Messungen des osmotischen Drucks der folgenden Lösungen bestimmt, wobei $\rho_2 = c_2 M_2$ die auf die Einheit der Masse bezogene Konzentration des Gelösten sei:

ρ_2 / (g dm^{-3})	2	4	6	8	10
Π / Pa	152	305	460	615	775

Zur Auswertung formen wir Gl. (10.18) um und bilden den Grenzwert für $\rho_2 \to 0$:

$$\lim_{\rho_2 \to 0} \frac{\Pi}{\rho_2} = \frac{RT}{M_2} .$$

Eine Extrapolation der Daten liefert $M_2 = 32700 \text{ g mol}^{-1} = 32.7 \text{ kg mol}^{-1}$.

---

[4]Polymere weisen eine Molmassenverteilung auf. Der osmotische Druck ergibt die mittlere Molmasse, die als sog. *Zahlenmittel* bezeichnet wird und sich von Mittelwerten aus anderen Experimenten unterscheiden kann. Für Einzelheiten sei auf Lehrbücher der makromolekularen Chemie oder Polymerphysik verwiesen.

11 Gleichgewichte unter Beteiligung fester Phasen

Bei Schmelzgleichgewichten in Gemischen findet man vielfältige Erscheinungsformen. Man unterscheidet grundsätzlich zwischen Systemen mit vollständiger Mischbarkeit in der festen Phase und solchen, die im festen Zustand unmischbar sind oder eine beschränkte Mischbarkeit aufweisen. Allerdings kann die Kristallisation kinetisch gehindert sein, so daß Flüssigkeiten oft zu hochviskosen, glasartigen Systemen unterkühlen, die eine amorphe Struktur aufweisen. Wir wollen im folgenden nur Gleichgewichtsphänomene behandeln.

11.1 Vollständige Mischbarkeit in der festen Phase

Bei vollständiger Mischbarkeit verteilen sich die Teilchen der beiden Komponenten auf die Gitterplätze. Ein solcher *Substitutionsmischkristall* kann nur gebildet werden, wenn die Form und Größe der Teilchen den Einbau in ein gemeinsames Gitter erlaubt. In der Natur tritt oft Mischbarkeit bei Randkonzentrationen, selten jedoch vollständige Mischbarkeit mit einer lückenlosen Reihe von Mischkristallen auf.

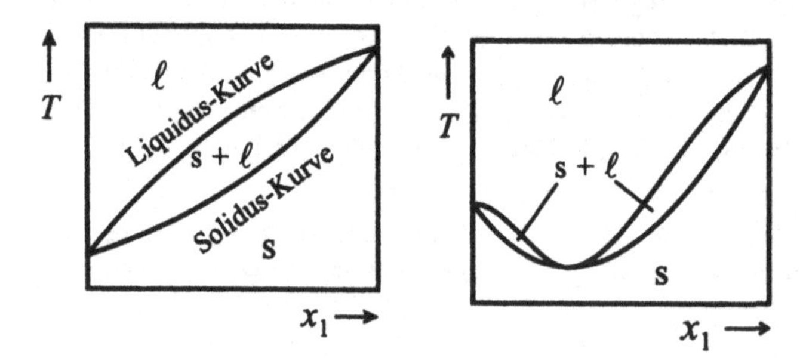

Abb. 11.1 T, x-Schmelzdiagramme von Zweistoffsystemen bei lückenloser Mischkristallbildung mit idealem (links) und stark realem Verhalten (rechts) der beiden Phasen.

Abb. 11.1 zeigt das Verhalten von Schmelzdiagrammen bei vollständiger Mischbarkeit in der festen und flüssigen Phase. Verhält sich das System in den beiden Phasen nahezu ideal, erhält man ein spindelförmiges Zweiphasengebiet, wie es auch bei Siedediagrammen idealer flüssiger Gemische gefunden wird. Kühlen wir ein System vom homogenen flüssigen Bereich aus ab, beginnt an der *Liquiduskurve* die Kristallisation. Unterhalb der *Soliduskurve* liegt nur noch der Mischkristall vor. Dazwischen existieren Mischkristall und flüssige Phase im Gleichgewicht. Mischkristalle werden z. B. von einigen Metallen mit ähnlichen Atomradien, wie z. B. Silber + Gold, gebildet. Bei Molekülkristallen ist Mischbarkeit im festen Zustand selten. Ein Beispiel ist das System Anthracen + Phenanthren. Bei stark realem Verhalten, z. B. in den Systemen Gold + Kupfer und Brombenzol + Iodbenzol, können die Schmelzdiagramme azeotropen Siedediagrammen ähneln.

Für das Phasengleichgewicht zwischen Mischkristallen und der flüssigen Mischung folgt bei konstantem Druck für die beiden Komponenten $k = 1, 2$

$$\mu_k^{\circ,s} + RT \ln a_k^s = \mu_k^{\circ,\ell} + RT \ln a_k^\ell . \tag{11.1}$$

Mit dem Reinstoff als Standardzustand der flüssigen und festen Phase ist $\mu_k^\circ = \mu_k^* = \overline{H}^* - T\overline{S}^*$. Umformung von 11.1 führt dann zu

$$\ln \frac{a_k^\ell}{a_k^s} = -\frac{\Delta_{\text{fus}}\overline{H}_k^*}{R}\frac{1}{T} + \frac{\Delta_{\text{fus}}\overline{S}_k^*}{R}, \tag{11.2}$$

wobei $\Delta_{\text{fus}}\overline{H}_k^*$ die Schmelzenthalpie und $\Delta_{\text{fus}}\overline{S}_k^*$ die Schmelzentropie des Reinstoffs ist. Vernachlässigt man die Temperaturabhängigkeit Der Schmelzenthalpie und beachtet man, daß im Gleichgewicht $\Delta_{\text{fus}}\overline{S}_k^* = \Delta_{\text{fus}}\overline{H}_k^*/T$ ist, vereinfacht sich diese Beziehung zu

$$\ln \frac{a_k^\ell}{a_k^s} = \Delta_{\text{fus}}\overline{H}_k^* \left(\frac{1}{T_k^*} - \frac{1}{T}\right) \qquad k = 1, 2 . \tag{11.3}$$

T_k^* ist die Schmelztemperatur der reinen Komponente k bei vorgegebenem Druck. Gl. (11.3) liefert zwei Gleichungen für die Komponenten 1 und 2, aus denen bei vorgegebener Zusammensetzung der Flüssigkeit die Zusammensetzung der festen Phase und die Schmelztemperatur berechnet werden können. Im einfachsten Fall bilden die beiden Komponenten sowohl in der flüssigen als auch festen Phase eine ideale Mischung, so daß $a_k^s = x_k^s$ und $a_k^\ell = x_k^\ell$ ist. Ansonsten müssen zur Berechnung der Phasengleichgewichte die Aktivitätskoeffizienten im festen und flüssigen Zustand bekannt sein.

11.2 Unmischbarkeit in der festen Phase

In den meisten Fällen sind die Komponenten im festen Zustand unmischbar. Abb. 11.2 zeigt das Verhalten des isobaren Schmelzdiagramms bei völliger Unmischbarkeit in der festen Phase. Ein Beispiel dieses Typs ist NaCl + Wasser. Die beiden Liquiduskurven für die Gleichgewichte $(\ell - s_2)$ und $(\ell - s_1)$ schneiden sich im sog. *eutektischen Punkt* E. In diesem Punkt steht die Schmelze mit beiden reinen festen Phasen im Gleichgewicht. Nach dem GIBBSschen Phasengesetz ist dann $f = 4 - p = 1$, so daß das System nur einen Freiheitsgrad besitzt. Bei vorgegebenem Druck ist damit die eutektische Zusammensetzung festgelegt. Unterhalb der *eutektischen Temperatur* liegt ein Gemisch der kristallinen, reinen Komponenten vor.

Neben vollständiger Unmischbarkeit tritt oft eine partielle Mischbarkeit in Randbereichen auf. Diese ist auf unterschiedliche Gitterabstände in den Kristallen gleichen Gittertyps der reinen Komponenten zurückzuführen. Gelegentlich können auch Einlagerungsmischkristalle

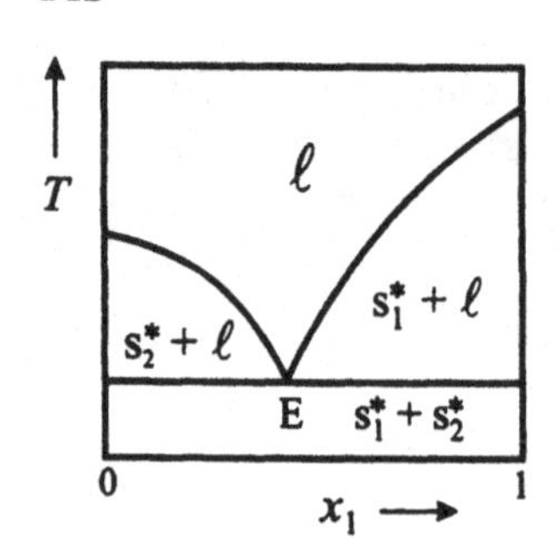

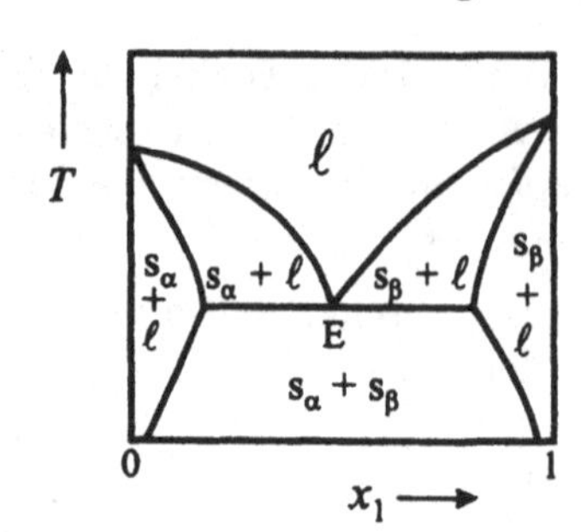

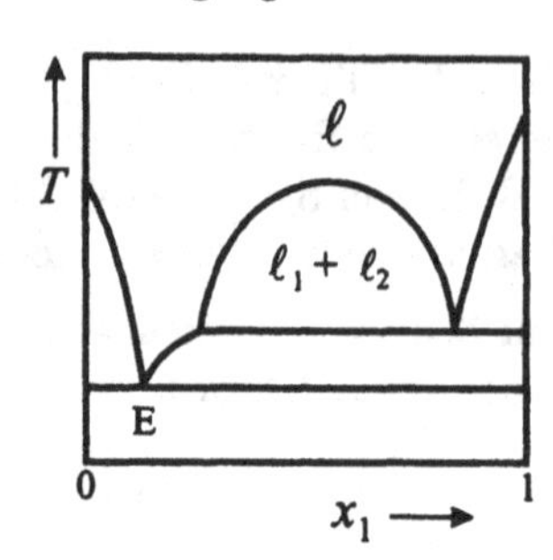

Abb. 11.2 T, x-Schmelzdiagramme mit vollständiger Unmischbarkeit in der festen Phase (links), partieller Mischbarkeit in den Randbereichen (Mitte) und überlagerter Flüssig-flüssig-Entmischung.

gebildet werden, bei denen kleine Teilchen in Zwischengitterplätze des Gitters der großen Teilchen eingebaut werden. Abb. 11.2 (Mitte) zeigt die einfachste Form eines solchen Phasendiagramms. Es fallen nun nicht reine feste Phasen aus, sondern Mischkristalle, die reich an Komponente 2 (Index α) bzw. Komponente 1 (Index β) sind. Ein technisch wichtiges Beispiel für Mischbarkeit in Randbereichen (in komplizierterer Form) ist Kohlenstoff in γ-Eisen.

Tritt bei großen Abweichungen vom RAOULTschen Gesetz eine Flüssig-flüssig-Entmischung auf, ist das Zweiphasengebiet auf die Kristallisationskurve des eutektischen Gemischs aufgesetzt (Abb. 11.2, rechts). Viele Zweiphasengebiete ($\ell_1 + \ell_2$) sind zu tiefen Temperaturen hin durch die Kristallisationskurve abgeschnitten. Dies gilt natürlich für alle Systeme mit oberem Entmischungspunkt, jedoch werden oft auch untere kritische Entmischungspunkte durch Kristallisation unterdrückt.

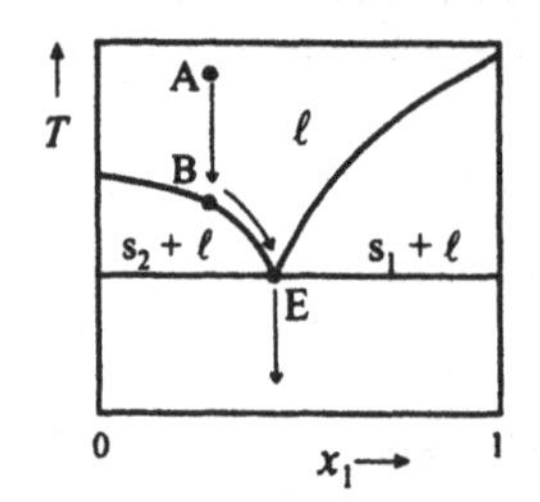

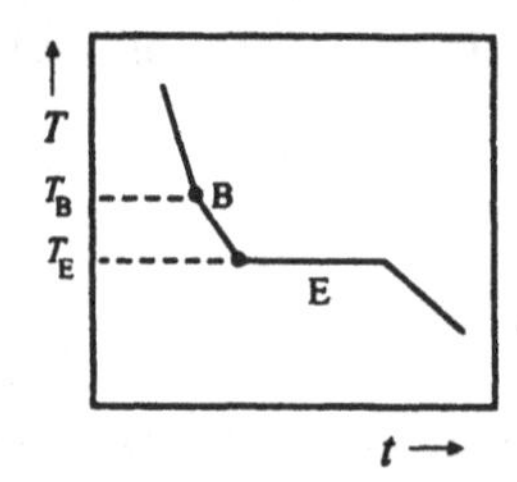

Abb. 11.3
Bestimmung von Schmelzgleichgewichten durch Messung von Abkühlkurven.

Schmelzdiagramme können durch Aufnahme von *Abkühlkurven* bestimmt werden. Dabei kühlt man eine Schmelze vorgegebener Zusammensetzung ab und verfolgt die Temperatur als Funktion der Zeit. Erreicht man ausgehend von Punkt A bei Punkt B die Liquiduskurve, kristallisiert Stoff 2 aus und das System bewegt sich entlang der Liquiduskurve. Durch die freiwerdende Kristallisationsenthalpie des Stoffs 2 verläuft die Abkühlung langsamer, so daß ein *Knickpunkt* in der Abkühlkurve auftritt. Wird die eutektische Zusammensetzung in Punkt E erreicht, sinkt die Temperatur zunächst nicht weiter, bis die Phasenumwandlung vollständig abgeschlossen ist. Man erhält einen sog. *Haltepunkt* in der Abkühlkurve, der die eutektische Temperatur anzeigt. Durch Aufnahme von Abkühlkurven bei verschiedenen Zusammensetzungen des flüssigen Gemischs kann das Phasendiagramm bestimmt werden.

Für den Verlauf der Liquiduskurve im eutektischen Diagramm bleibt die Gleichgewichtsbedingung (11.1) erhalten, jedoch ist nun für den Festkörper im Gleichgewicht $\gamma_k^s = 1$ und $x_k^s = 1$ zu setzen. Wir erhalten dann die Beziehung

$$\ln x_k^\ell \gamma_k^\ell = \frac{\Delta_{\text{fus}}\overline{H}}{R}\left(\frac{1}{T_k^*} - \frac{1}{T}\right). \tag{11.4}$$

Bilden die Komponenten in der flüssigen Phase eine ideale Mischung, folgt

$$\ln x_k^\ell = \frac{\Delta_{\text{fus}}\overline{H}}{R}\left(\frac{1}{T_k^*} - \frac{1}{T}\right). \tag{11.5}$$

Gl. (11.4) beinhaltet zwei Gleichungen für die beiden Äste der Liquiduskurve. Ihr Schnittpunkt liefert den eutektischen Punkt. Für ein ideales flüssiges Gemisch läßt sich das Schmelzdiagramm vollständig aus den Eigenschaften der reinen Stoffe berechnen. Bei positiven Abweichungen vom RAOULTschen Gesetz ist $\gamma_k^\ell > 1$. Die Liquiduskurve folgt im RAOULTschen Grenzgebiet zunächst der Liquiduskurve des idealen Systems und verläuft dann oberhalb derjenigen der idealen Mischung (siehe Abb. 11.4). Bei negativen Abweichungen verläuft sie unterhalb derjenigen des idealen Systems. Aus dem Verlauf der Liquiduskurven realer Systeme lassen sich die Aktivitätskoeffizienten der flüssigen Phase bestimmen.

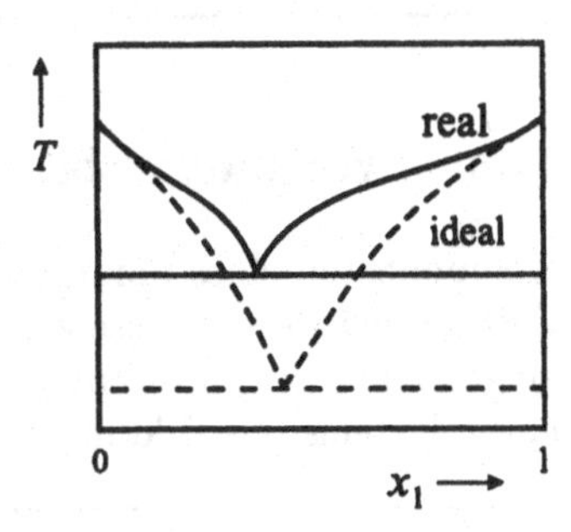

Abb. 11.4
Zur Berechnung der Liquiduskurve eines Systems mit RAOULTschem Verhalten in der flüssigen Phase (gestrichelte Linie) und positiven Abweichungen vom RAOULTschen Gesetz (durchgezogene Linie).

Beispiel 11.1. Benzol ($T_m^* = 278.6$ K, $\Delta_{\text{fus}}\overline{H} = 9.92$ K mol^{-1}) und Anthracen ($T_m^* = 343.6$ K, $\Delta_{\text{fus}}\overline{H} = 16.8$ K mol^{-1}) verhalten sich in der Flüssigkeit annähernd ideal und sind im festen Zustand unmischbar. Wir wollen den eutektischen Punkt bestimmen. Wir berechnen die beiden Äste der Liquiduskurve nach Gl. (11.5) und bestimmen den Schnittpunkt der Kurven. Für den Molenbruch des Benzols am Eutektikum folgt $x_1 = 0.825$, für die eutektische Temperatur $T = 266$ K.

Im Grenzfall $x_k^\ell \to 1$ gilt Gl. (11.5) auch bei realen flüssigen Gemischen. Bezeichnen wir das Lösungsmittel mit Index 1 und das Gelöste mit 2, folgt mit $T \cong T_1^*$ und $\ln x_1^\ell = \ln(1 - x_2^\ell) \cong x_2^\ell$ eine Beziehung für die *Gefrierpunktserniedrigung* durch eine gelöste Substanz in einer ideal verdünnten Lösung

$$\Delta T = T_1^* - T = \frac{R(T_1^*)^2}{\Delta_{\text{fus}}\overline{H}_1^*}\, x_2^\ell = \frac{R(T_1^*)^2 M_1}{\Delta_{\text{fus}}\overline{H}_1^*}\, m_2 = K_f\, m_2\,. \tag{11.6}$$

Die *kryoskopische Konstante*

$$K_\mathrm{f} \stackrel{def}{=} \frac{R(T_1^*)^2 M_1}{\Delta_\mathrm{fus}\overline{H}_1^*} \tag{11.7}$$

hängt nur von Eigenschaften des Lösungsmittels 1 ab und entspricht der Grenzsteigung der Liquiduskurve. Die Gefrierpunktserniedrigung ist also eine kolligative Eigenschaft. Für Wasser ist $K_\mathrm{f} = 1.86$ K kg mol^{-1}. Eine Lösung der Zusammensetzung $m_2 = 1$ mol kg^{-1} weist im Idealfall einen um 1.86 K niedrigeren Schmelzpunkt als reines Wasser auf.

Beispiel 11.2. Meerwasser gefriert bei 271.24 K. Wir wollen daraus den osmotischen Druck berechnen. Meerwasser ist ein Vielkomponentengemisch, jedoch können wir die Molalität m_2 als Summe der Molalitäten der gelösten Komponenten ausdrücken. In die beiden Ausdrücke für die Gefrierpunktserniedrigung und den osmotischen Druck muß dann der gleiche Wert der Molalität eingehen, und wir finden

$$\Pi\overline{V}^* = \Delta_\mathrm{fus}\overline{H}^* \, (T^* - T)/T \, ,$$

wobei sich die molare Schmelzenthalpie $\Delta_\mathrm{fus}\overline{H}^* = 6.00$ kJ mol^{-1}, das Molvolumen $\overline{V}^* = 18.01$ cm^3 mol^{-1} und die Schmelztemperatur $T^* = 273.15$ K auf reines Wasser beziehen. Wir finden einen osmotischen Druck von $\Pi = 2.35$ MPa.

11.3 Verbindungsbildung in der festen Phase

Komponenten eines binären Gemischs bilden gelegentlich Verbindungen, die nur im festen Zustand existieren. Diese können üblicherweise nicht in das Gitter der reinen Komponenten eingebaut werden. Der linke Teil von Abb. 11.5 zeigt schematisch das resultierende Verhalten eines Systems mit Bildung eines Komplexes A + B → AB.

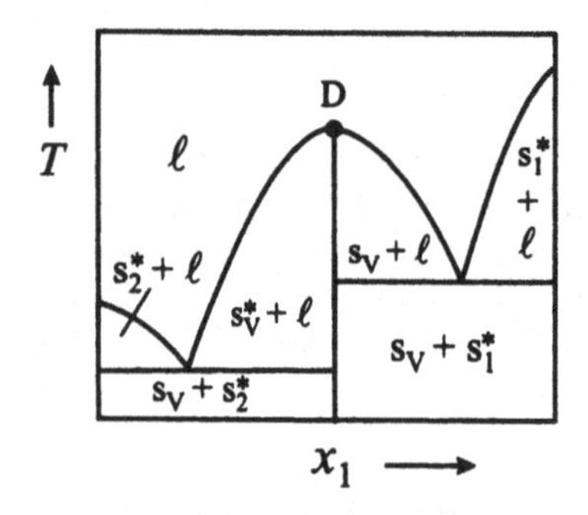

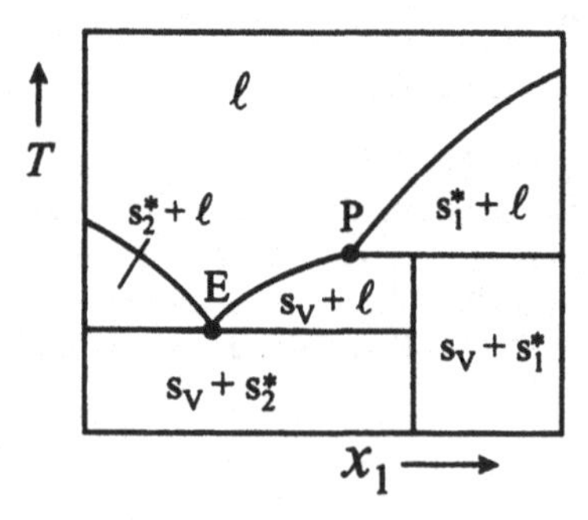

Abb. 11.5 Schmelzdiagramme für Systeme der Komponenten 1 und 2, die in der festen Phase eine Verbindung V bilden: kongruentes Schmelzen (links) und inkongruentes Schmelzen (rechts). D kennzeichnet einen dystektischen Punkt, P einen peritektischen Punkt.

Man kann sich das in Abb. 11.5 gezeigte Diagramm anschaulich durch zwei aneinandergefügte Diagramme der Subsysteme A + AB und AB + B vorstellen. Man spricht in diesem

Fall von *kongruentem Schmelzen*. Das als *dystektischer Punkt* bezeichnete Schmelzpunktmaximum D liegt bei $x_A = x_B = 0.5$ und gibt den Schmelzpunkt der Verbindung AB wieder. Wenn der Komplex AB in der flüssigen Phase instabil ist, ist die Kurve in diesem Punkt abgerundet. Aus der Lage des Maximums folgt sofort die Stöchiometrie der Verbindung. Beispielsweise bildet das System Magnesium + Zinn einen Komplex der Form $MgZn_2$, so daß ein dystektischer Punkt bei einem Molenbruch $x_{Mg} = 0.33$ auftritt. Verbindungsbildung im festen Zustand tritt häufig bei Metallegierungen auf. Weitere Beispiele sind Salze, die im festen Zustand Hydrate bilden. Oft liegen mehrere feste Verbindungen unterschiedlicher Stöchiometrie vor.

Der rechte Teil der Abb. 11.5 zeigt ein Phasendiagramm, in dem eine feste Verbindung auftritt, die jedoch bei einer bestimmten Temperatur zerfällt. Ein Beispiel ist das System Na + K, das eine Verbindung NaK_2 bildet. Ähnliche Phänomene treten in Salzlösungen auf. Beispielsweise bildet sich bei tiefen Temperaturen im System Natriumsulfat + Wasser das Hydrat $Na_2SO_4 \cdot 10\,H_2O$, das bei 305.6 K zu wasserfreiem Na_2SO_4 zerfällt. Die Reaktion ist mit einer Diskontinuität in der Schmelzlinie im sog. *peritektischen Punkt* P verbunden. Man spricht von *inkongruentem Schmelzen*.

Kühlt man eine an Komponente 1 reiche Lösung ab, deren Molenbruch x_1 in Abb. 11.5 oberhalb der peritektischen Zusammensetzung x_P von Punkt P liegt, scheidet sich zunächst der reine Stoff 1 ab ($\ell + s_1^*$). x_1 wird dadurch erniedrigt. Wird die peritektische Zusammensetzung erreicht, tritt die peritektische Reaktion $\ell + s_1^* \rightarrow$ V auf, und die Verbindung V fällt aus. Liegt die Zusammensetzung der flüssigen Phase jedoch unterhalb der Zusammensetzung des peritektischen Punktes im Bereich zwischen den Punkten E und P, fällt bei Abkühlung die Verbindung sofort aus (ℓ + V). x_1 wird dann erniedrigt, bis der eutektische Punkt E erreicht wird, in dem in der festen Phase die Verbindung V zusammen mit dem Reinstoff 2 ($s_2^* + V$) ausfällt.

12 Thermodynamische Reaktionsgrößen

Eine der wichtigsten Anwendungen der Thermodynamik umfaßt die Beschreibung chemischer Reaktionen. Wir wollen zunächst die Energetik chemischer Reaktionen betrachten.

12.1 Thermochemie

12.1.1 Reaktionsgrößen

Im folgenden betrachten wir eine allgemeine chemische Reaktion der Form

$$|\nu_\mathrm{A}|\,\mathrm{A} + |\nu_\mathrm{B}|\,\mathrm{B} \rightarrow \nu_\mathrm{C}\,\mathrm{C} + \nu_\mathrm{D}\,\mathrm{D}\,. \tag{12.1}$$

ν_k ist der stöchiometrische Koeffizient des Stoffs k. Wir vereinbaren

$$\begin{aligned} &\nu_k > 0 \qquad \text{für Produkte,} \\ &\nu_k < 0 \qquad \text{für Edukte.} \end{aligned} \tag{12.2}$$

Für die Reaktion $N_2(g) + 3\ H_2(g) \rightarrow 2\ NH_3(g)$ ist also $\nu(NH_3) = 2$, $\nu(N_2) = -1$ und $\nu(H_2) = -3$. Stehen die Substanzmengen der Edukte im Verhältnis ihrer stöchiometrischen Koeffizienten, sprechen wir von einem *stöchiometrischen Ausgangsgemisch.* Die Änderungen der Stoffmengen im Verlauf der Reaktion sind voneinander abhängig:

$$\frac{1}{\nu_\mathrm{A}}\frac{\mathrm{d}n_\mathrm{A}}{\mathrm{d}t} = \frac{1}{\nu_\mathrm{B}}\frac{\mathrm{d}n_\mathrm{B}}{\mathrm{d}t} = \frac{1}{\nu_\mathrm{C}}\frac{\mathrm{d}n_\mathrm{C}}{\mathrm{d}t} = \frac{1}{\nu_\mathrm{D}}\frac{\mathrm{d}n_\mathrm{D}}{\mathrm{d}t} \stackrel{def}{=} \frac{\mathrm{d}\xi}{\mathrm{d}t}\,. \tag{12.3}$$

Gl. (12.3) definiert die *Reaktionslaufzahl* als Maß für den Reaktionsfortschritt. Die negativen Vorzeichen der stöchiometrischen Koeffizienten der Edukte berücksichtigen, daß ihre Stoffmengen abnehmen. Kennt man ξ, z. B. durch Bestimmung des Umsatzes der Reaktion, können die Molenbrüche aller Reaktionspartner eindeutig berechnet werden. Für ein stöchiometrisches Ausgangsgemisch ist $0 \leq \xi \leq 1$. $\xi = 1$ entspricht dann dem als *Formelumsatz* bezeichneten vollständigen Umsatz nach der Reaktionsgleichung.

Die Reaktionslaufzahl beeinflußt alle thermodynamischen Zustandsgrößen, d. h. das totale Differential einer thermodynamischen Zustandsgröße $Y = Y(P, T, \xi)$ ist durch

$$\mathrm{d}Y = \left(\frac{\partial Y}{\partial P}\right)_{T,\xi} \mathrm{d}P + \left(\frac{\partial Y}{\partial T}\right)_{P,\xi} \mathrm{d}T + \left(\frac{\partial Y}{\partial \xi}\right)_{P,T} \mathrm{d}\xi \tag{12.4}$$

gegeben. Wir bezeichnen den Differentialquotienten

$$\left(\frac{\partial Y}{\partial \xi}\right)_{P,T} \stackrel{def}{=} \Delta_\mathrm{r} Y \tag{12.5}$$

als *partielle molare Reaktionsgröße*. Der tiefgestellte Index „r" für eine Reaktionsgröße gibt an, daß die Größe auf den Formelumsatz bezogen ist.

12.1.2 Reaktionsenthalpie

Wir betrachten wiederum eine Reaktion der Form (12.1) und setzen isotherm-isobare Bedingungen voraus. Das totale Differential der Enthalpie ist dann durch die *partiellen molaren Enthalpien* $\overline{H}_k(P,T,\xi)$ der an der Reaktion beteiligten Stoffe gegeben:

$$(\mathrm{d}H)_{P,T} = \left(\frac{\partial H}{\partial n_\mathrm{A}}\right)_{P,T,n_J} \mathrm{d}n_\mathrm{A} + \quad \dots \quad + \left(\frac{\partial H}{\partial n_\mathrm{D}}\right)_{P,T,n_J} \mathrm{d}n_\mathrm{D} =$$

$$\overline{H}_\mathrm{A}\,\mathrm{d}n_\mathrm{A} + \quad \dots \quad + \overline{H}_\mathrm{D}\,\mathrm{d}n_\mathrm{D} = \sum_k \overline{H}_k\,\mathrm{d}n_k\,. \tag{12.6}$$

Diese hängen von der Reaktionslaufzahl ab, da neben der eigentlichen Reaktionsenthalpie eine von der Zusammensetzung abhängige Mischungsenthalpie der Reaktionspartner auftritt. Bei Reaktionen zwischen Gasen und heterogenen Reaktionen zwischen Gasen und Festkörpern ist dieser Beitrag vernachlässigbar. Die partiellen molaren Enthalpien sind dann gleich den molaren Enthalpien der an der Reaktion beteiligten Reinstoffe. Bei Reaktionen in Lösung sind Korrekturen auf Beiträge der Mischungsenthalpie nur bei sehr hohen Genauigkeitsansprüchen erforderlich.

Wir definieren nun nach Gl. (12.5) die *Reaktionsenthalpie* durch

$$\Delta_\mathrm{r} H \stackrel{def}{=} \left(\frac{\partial H}{\partial \xi}\right)_{P,T} = \sum_k \nu_k \overline{H}_k\,. \tag{12.7}$$

Der Wert der Reaktionsenthalpie ist offensichtlich an die Reaktionsgleichung gebunden. Man erhält z. B. für Reaktionen in der Schreibweise $1/2\ \mathrm{N_2(g)} + 3/2\ \mathrm{H_2(g)} \rightarrow \mathrm{NH_3(g)}$ und $\mathrm{N_2(g)} + 3\ \mathrm{H_2(g)} \rightarrow 2\ \mathrm{NH_3(g)}$ um den Faktor zwei unterschiedliche Werte.

Bei konstantem Druck ist die Enthalpieänderung gleich der ausgetauschten Wärme, d. h.

- bei einem isobaren Prozeß steht die gesamte Enthalpieänderung während der Reaktion als Reaktionswärme zur Verfügung.

Dies erlaubt die kalorimetrische Bestimmung der Reaktionsenthalpien. Um eindeutige Angaben zu erhalten, beziehen wir $\Delta_\mathrm{r}H$ auf die Reaktion von Edukten in ihrem Standardzustand zu Produkten in ihrem Standardzustand. *Standardreaktionsenthalpien* $\Delta_\mathrm{r}H^\circ$ sind mit dem Index „o" gekennzeichnet. Es sei daran erinnert, daß bei kondensierten Phasen der Zustand bei 1 bar, bei Gasen der Zustand des äquivalenten idealen Gases bei 1 bar als Standardzustand verwendet wird. Bei Reaktionen in Lösung ist wiederum je nach Zweckmäßigkeit der RAOULTsche oder HENRYsche Standardzustand zu verwenden. Da über eingeschränkte Druckbereiche die Druckabhängigkeit gering ist, wird üblicherweise nicht zwischen Standarddruck und Systemdruck unterschieden.

Reaktionen müssen schnell, quantitativ und ohne Nebenprodukte ablaufen, damit die Reaktionsenthalpie kalorimetrisch bestimmbar ist. Ist dies nicht der Fall, kann sie oft indirekt bestimmt werden, da die Reaktionsenthalpie unabhängig vom Weg sein muß, auf dem man von den Edukten zu den Produkten gelangt. Dies ist der Inhalt der *Satzes von* HESS:

- Die Reaktionsenthalpie einer Reaktion läßt sich aus den Reaktionsenthalpien von Teilreaktionen zusammensetzen, in die die Reaktion zerlegt werden kann.

Ist i der Laufindex der Teilreaktionen, gilt also

$$\Delta_r H = \sum_i \Delta_{r,i} H. \tag{12.8}$$

Beispiel 12.1. Wir wollen die Reaktionsenthalpie der Reaktion (1) bei 298.15 K und 1 bar

(1) $N_2(g) + 2\,H_2(g) \rightarrow N_2H_4(\ell)$

aus den Reaktionsenthalpien der Reaktionen (2)–(5) ermitteln.

	Reaktion	$\Delta_r H^\circ$ / J
(2)	$2\,NH_3(g) + 3\,N_2O(g) \rightarrow 4\,N_2(g) + 3\,H_2O(\ell)$	−1009.8
(3)	$N_2O(g) + 3\,H_2(g) \rightarrow N_2H_4(\ell) + H_2O(\ell)$	−317.0
(4)	$2\,NH_3(g) + 1/2\,O_2(g) \rightarrow N_2H_4(\ell) + H_2O(\ell)$	−143.0
(5)	$H_2(g) + 1/2\,O_2(g) \rightarrow H_2O(\ell)$	−285.9

Bilden wir $\Delta_{r,1}H^\circ = 1/4\,(3\Delta_{r,3}H^\circ + \Delta_{r,4}H^\circ - \Delta_{r,2}H^\circ - \Delta_{r,5}H^\circ)$, folgt $\Delta_{r,1}H^\circ = 50.4$ kJ.

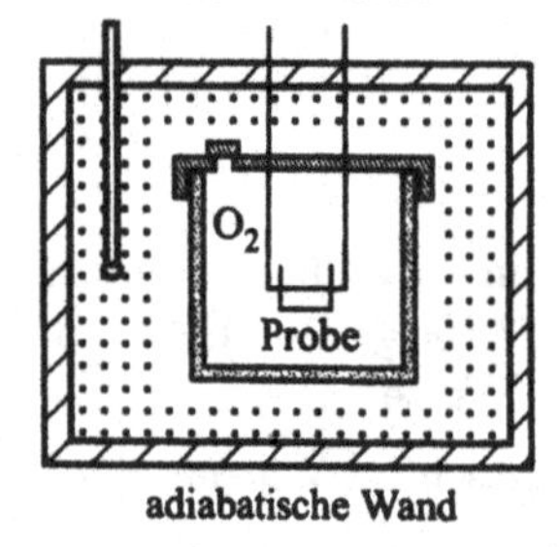

Abb. 12.1
Adiabatisches Bombenkalorimeter zur Messung von Verbrennungswärmen.

In der Praxis ist eine Zerlegung der Reaktionsenthalpie in Verbrennungsenthalpien $\Delta_c H$ wichtig (Index „c" steht für engl. *combustion*). Verbrennungsenthalpien sind mit dem in Abb. 12.1 gezeigten *adiabatischen Bombenkalorimeter* meßbar. Dabei wird in einem druckfesten Reaktionsgefäß, der sog. *Bombe*, eine kleine Stoffmenge in einem Überschuß an Sauerstoff verbrannt und der Temperaturanstieg des umgebenden Wasserbads gemessen. Mit $V = const$ erhält man die innere Reaktionsenergie. Um Standardgrößen zu erhalten, sind Korrekturen für die Temperaturabhängigkeit der Enthalpien im überstrichenen Temperaturbereich, ihre Druckabhängigkeit sowie für die Mischungswärmen erforderlich. Diese spielen nur bei sehr hohen Genauigkeitsanforderungen eine Rolle. Setzen wir die Idealität der Gasphase voraus und vernachlässigen wir die Volumina der flüssigen und festen Phasen, gilt

$$\Delta_r H = \Delta_r U + RT \sum \Delta_r \nu^g\,, \qquad \Delta_r n^g = \sum_k \nu_k n_k^g\,. \tag{12.9}$$

$\Delta_r n^g$ ist die Änderung der Gesamtstoffmenge der gasförmigen Komponenten.

Für fluide Stoffe kann anstelle des Bombenkalorimeters ein sog. *adiabatisches Flammenkalorimeter* benutzt werden, in dem der zu verbrennende Stoff über eine Düse einer Flamme als Brennstoff zugeführt wird und der Temperaturanstieg des umgebenden Bades gemessen wird. In diesem Fall kann der Druck vergleichsweise einfach konstant gehalten werden und man bestimmt direkt die Reaktionsenthalpie.

Beispiel 12.2. Es ist nicht möglich, die Enthalpie der Bildungsreaktion 2 C(Graphit) + 2 H_2(g) → C_2H_4(g) von Ethen direkt zu messen. Die Zerlegung in Verbrennungsreaktionen zeigt, daß sie aus folgenden Reaktionsenthalpien bestimmt werden kann:

(1) C(Graphit) + O_2(g)→ CO_2(g)

(2) 2 H_2(g) + O_2(g) → 2 H_2O(ℓ)

(3) C_2H_4(g) + 3 O_2(g) → 2 CO_2(g) + 2 H_2O(ℓ).

Die gesuchte Reaktionsenthalpie ergibt sich zu $\Delta_r H = 2\Delta_{r,1}H + \Delta_{r,2}H - \Delta_{r,3}H$.

12.1.3 Standardbildungsenthalpien

Da jede Verbindung formal aus ihren Elementen gebildet werden kann, definiert man die Standardbildungsenthalpie $\Delta_f H^\circ$ als Enthalpie der Bildung von 1 mol einer Verbindung K ($\nu_K = 1$) aus den Elementen A .... E entsprechend der Reaktion

$$\nu_A A + \nu_B B + \ldots + \nu_E E \rightarrow \nu_K K \qquad (\nu_K = 1), \tag{12.10}$$

wobei die Stoffe alle in ihrem Standardzustand bei der vorgegebenen Temperatur vorliegen. Index „f“ steht für Bildung (engl. *formation*). Standardbildungsenthalpien sind von großer Bedeutung, da nach dem HESSschen Satz jede Standardreaktionsenthalpie gemäß

$$\Delta_r H^\circ_{298} = \sum_k \Delta_{f,k} H^\circ_{298} \tag{12.11}$$

in Standardbildungsenthalpien der Reaktionspartner zerlegt werden kann. Es ist sehr viel weniger aufwendig, Bildungsenthalpien der Stoffe als Reaktionsenthalpien aller Reaktionen zwischen ihnen zu tabellieren.

Tab. 12.1 zeigt, daß Bildungsreaktionen sowohl exotherm als auch endotherm verlaufen können. Stehen keine Daten für die Standardbildungsenthalpie eines Stoffs zur Verfügung, können Abschätzungen z. B. anhand von Inkrementen für chemische Bindungen erfolgen. Eine bessere Näherung beruht auf Gruppenbeiträgen, die Inkremente für größere Molekülgruppen liefern. Zu derartigen Gruppenbeiträgen findet man in der Literatur umfangreiche Tabellen.

Beispiel 12.3. Aus den Daten in Tab. 12.1 soll die Standardverbrennungsenthalpie von Ammoniak (4 NH_3(g) + 3 O_2(g) → 2 N_2(g) + 6 H_2O(ℓ)) bei 298.15 K berechnet werden. Da die Standardbildungsenthalpien von N_2 und O_2 definitionsgemäß gleich null sind, ist

$$\Delta_c H^\circ_{298} = 6\Delta_f H^\circ_{298}(H_2O(\ell)) - 4\Delta_f H^\circ_{298}(NH_3(g)) = -1530.5 \text{ kJ}.$$

Tab. 12.1 Standardbildungsfunktionen einiger Substanzen bei 298.15 K. Quelle [NBS].

	$\Delta_f H^\circ_{298}$ / kJ mol^{-1}	$\Delta_f G^\circ_{298}$/ kJ mol^{-1}
C(Graphit)	0	0
C(Diamant)	1.90	2.90
C_2H_6(g)	−84.68	−32.82
C_2H_4(g)	52.26	68.15
C_6H_6(ℓ)	49.05	124.35
H_2O(g)	−241.82	−228.58
H_2O(ℓ)	−285.83	−237.14
NH_3(g)	−46.11	−16.45

12.1.4 Temperatur- und Druckabhängigkeit der Reaktionsenthalpie

Ausgehend von der Definition (2.10) der isobaren Wärmekapazität kann ein Ausdruck für die Temperaturabhängigkeit der Reaktionsenthalpie hergeleitet werden. Dazu beschreiben wir die Änderung der molaren Wärmekapazitäten während einer Reaktion durch die Größe

$$\Delta_r C^\circ_P(T) \stackrel{def}{=} \sum_k \nu_k C^\circ_{P,k}(T). \tag{12.12}$$

Verknüpft man diese Definition mit Gl. (2.11), erhält man den KIRCHHOFF*schen Satz*:

$$\Delta_r H^\circ(T_2) = \Delta_r H^\circ(T_1) + \int_{T_1}^{T_2} \Delta_r C^\circ_P(T)\,\mathrm{d}T\,. \tag{12.13}$$

Sind die Wärmekapazitäten der an der Reaktion beteiligten Stoffe bekannt, kann die Temperaturabhängigkeit der Reaktionsenthalpie ermittelt werden. In der Praxis werden oft Näherungen eingeführt. Über beschränkte Temperaturintervalle kann z. B. oft mit einem konstanten oder über das Temperaturintervall gemittelten Wert von $\Delta_r C_P$ gerechnet werden.

Die Druckabhängigkeit der Enthalpien kondensierter Phasen folgen aus den kalorischen Zustandsgleichungen der Stoffe und sind meist gering. Die Enthalpien idealer Gase sind unabhängig vom Druck. Für die meisten Anwendungen kann die Druckabhängigkeit der Reaktionsenthalpie vernachlässigt werden. Damit ist auch keine Unterscheidung zwischen Systemdruck und Standarddruck P° nötig.

Beispiel 12.4. Wir wollen die Standardbildungsenthalpie von Ammoniak bei 1000 K aus dem Wert bei 300 K $\Delta_f H^\circ_{300} = -46.11$ kJ berechnen. In Tabellenwerken findet man für die isobaren Wärmekapazitäten der beteiligten Stoffe zwischen 300 und 1500 K einen Ausdruck der Form $\overline{C}_P/(\mathrm{JK^{-1}mol^{-1}}) = a_0 + a_1 T + a_2 T^2$ mit den in der folgenden Tabelle gegebenen Koeffizienten a_i. Die Standardbildungsenthalpie bezieht sich nach Definition auf die Bildung von 1 mol NH_3, d. h.

$$\Delta_r C^\circ_P = \overline{C}^\circ_P(NH_3) - (1/2)\overline{C}^\circ_P(N_2) - (3/2)\overline{C}^\circ_P(H_2).$$

	a_0/ J K^{-1} mol^{-1}	a_1/ J K^{-2} mol^{-1}	a_2/ J K^{-3} mol^{-1}
N_2	24.98	$5.923 \cdot 10^{-3}$	$-0.336 \cdot 10^{-6}$
H_2	29.07	$-0.837 \cdot 10^{-3}$	$2.012 \cdot 10^{-6}$
NH_3	25.93	$3.258 \cdot 10^{-2}$	$-3.046 \cdot 10^{-6}$

Mit den in der Tabelle angegebenen Koeffizienten folgt

$$\Delta_r C_P/\mathrm{J\,K^{-1}\,mol^{-1}} = -30.16 + 3.088\,(T/K) - 5.896 \cdot 10^{-2}\,(T/K)^2 .$$

Das Integral (12.13) ergibt mit $\Delta_f H^\circ_{300} = -46.11$ kJ als Ausgangswert

$$\Delta_r H^\circ(1000\,\mathrm{K}) = \Delta_r H^\circ(300\,\mathrm{K}) + \int_{300}^{1000} \Delta_r C^\circ_P(T)\,\mathrm{d}T = -54.0\,\mathrm{kJ} .$$

12.2 Weitere thermodynamische Reaktionsgrößen

Die *Standardreaktionsentropie* beschreibt die Entropieänderung, wenn Edukte in ihren Standardzuständen zu Produkten in ihren Standardzuständen umgesetzt werden:

$$\Delta_r S^\circ = \sum_k \nu_k \overline{S}^\circ_k . \tag{12.14}$$

Anstelle der Reaktionsentropien werden meist Absolutentropien oder Standardbildungsentropien $\Delta_f S^\circ$ der Stoffe (siehe Kap. 2.3.2) tabelliert, aus denen Reaktionsentropien errechnet werden können. Diese müssen gegebenenfalls vom Standarddruck auf den Systemdruck umgerechnet werden. Die MAXWELL-Beziehung $(\partial S/\partial P)_V = -(\partial V/\partial T)_P$ zeigt, daß dazu die Kenntnis der thermischen Zustandsgleichung des Stoffs erforderlich ist. Im Gegensatz zur Enthalpie ist die Entropie eines idealen Gases druckabhängig (siehe Gl. (2.37)).

Sind Enthalpie- und Entropieänderungen bei der Reaktion bekannt, folgt die GIBBSsche Standardreaktionsenergie zu

$$\Delta_r G^\circ = \Delta_r H^\circ - T\,\Delta_r S^\circ . \tag{12.15}$$

$\Delta_r G^\circ$ ist für die Berechnung von Reaktionsgleichgewichten von zentraler Bedeutung (siehe Kap. 13.1). Anstelle der GIBBSschen Reaktionsenergie ist es wiederum effizienter, GIBBSsche Standardbildungsenergien $\Delta_f G^\circ$ der Stoffe zu tabellieren, aus denen sich die GIBBSschen Standardreaktionsenergien berechnen lassen:

$$\Delta_r G^\circ = \sum_k \Delta_{f,k} G^\circ . \tag{12.16}$$

Die Anwendung der GIBBS-HELMHOLTZ-Gleichung (3.23) liefert

$$\left(\frac{\partial(\Delta_r G^\circ/T)}{\partial T}\right)_P = -\frac{\Delta_r H^\circ}{T^2} , \tag{12.17}$$

so daß die Temperaturabhängigkeit von $\Delta_r G^\circ$ durch das Verhalten der Standardreaktionsenthalpie bestimmt wird. Je nach Vorzeichen kann diese zu einer Abnahme oder Zunahme von $\Delta_r G^\circ$ mit steigender Temperatur führen.

Liegen in der Literatur keine Daten für $\Delta_r S^\circ$ oder $\Delta_r G^\circ$ vor, kann man versuchen, ihre Werte über Gruppenbeitragsmethoden abzuschätzen. Im Gegensatz zur Enthalpie ergibt sich jedoch die Schwierigkeit, daß über die Symmetriezahl σ eine Eigenschaft des Gesamtmoleküls in den Rotationsbeitrag zur Entropie und GIBBS-Energie eingeht. Obwohl Gruppenbeitragsmethoden versuchen, die Symmetrie des Moleküls in geeigneter Weise zu berücksichtigen, ist ihr Nutzen in diesen Fällen eher begrenzt.

Vom thermodynamischen Standpunkt aus müssen GIBBSsche Standardbildungsenergien negativ sein. Im Falle eines positiven Werts würde bei Abwesenheit kinetischer Hemmungen die Substanz spontan in die Elemente zerfallen. Die in Tab. 12.1 angeführten Werte sind im Fall von Diamant, Ethen und Benzol positiv. Solche Verbindungen sind thermodynamisch nur metastabil, ihr Zerfall ist jedoch kinetisch gehemmt.

12.3 Thermochemie von Ionen in Lösung

Will man das Konzept der Standardbildungsfunktionen erweitern, um Ionenreaktionen in Lösung zu beschreiben, treten zwei grundsätzliche Probleme auf: Erstens beziehen sich die bisherigen Definitionen auf die Bildung der Reinstoffe, also z. B. von reinem NaCl oder HCl. Wir sind jedoch an Bildungsgrößen in Lösung interessiert. Zweitens erlaubt das Experiment keine Auftrennung der Eigenschaften des Elektrolyten in Einzelionenanteile.

Wir betrachten als Beispiel wäßrige Lösungen von HCl bei 298 K. Um aus der Standardbildungsenthalpie von reinem HCl(g) die Standardbildungsenthalpie in wäßriger Lösung zu erhalten, muß HCl(g) in die Lösung überführt werden. Dieser Prozeß wird durch die *Lösungsenthalpie* $\Delta_{sol} H^\circ_{298}$ beschrieben (Index „sol" steht für *solution*). Die Lösungsenthalpie ist kalorimetrisch meßbar. Dabei beobachtet man, daß die Lösungswärme von der Konzentration des Gelösten abhängt. Man mißt die Lösungswärme daher bei verschiedenen Konzentrationen und extrapoliert auf den Grenzfall der ideal verdünnten Lösung. Wir kennzeichnen diesen Grenzfall durch den Index „aq". Wir schreiben also für HCl

$$\Delta_f H^\circ(\mathrm{HCl;\ aq}) = \Delta_f H^\circ(\mathrm{HCl;\ g}) + \Delta_{sol} H^\circ(\mathrm{HCl;\ aq}). \qquad (12.18)$$

Wir wollen nun diese Größe in Beiträge der H^+- und Cl^--Ionen zerlegen. Da experimentell die Stoffmenge der Kationen nicht unabhängig von der Stoffmenge der Anionen geändert werden kann, nehmen wir eine willkürliche Auftrennung vor:

- Die Standardbildungsenthalpie des H^+-Ions in ideal verdünnter wäßriger Lösung besitzt bei allen Temperaturen den Wert null, d. h.

$$\Delta_f H^\circ(\mathrm{H^+;\ aq}) \stackrel{def}{=} 0 \qquad \text{für alle Temperaturen.} \qquad (12.19)$$

Damit ist im vorgegebenen Fall $\Delta_f H^\circ_T(\mathrm{HCl; aq}) = \Delta_f H^\circ_T(\mathrm{Cl^-;\ aq})$. Dieser Wert für das Chlorid-Ion kann dann zur Auswertung von Daten für weitere Elektrolyte (z. B. NaCl) verwendet werden, so daß letztendlich Standardbildungsenthalpien aller Ionen errechenbar sind. Tab. 12.2 stellt einige Werte von Standardbildungsenthalpien bei 298.15 K zusammen.

Tab. 12.2 Standardbildungsenthalpien, Standardbildungsentropien und GIBBSsche Standardbildungsenergien einiger Ionen in Wasser bei 298.15 K. Quelle: [NBS].

Ion	$\Delta_f G^\circ /$ kJ mol^{-1}	$\Delta_f H^\circ /$ kJ mol^{-1}	$\Delta_f S^\circ /$ J K^{-1} mol^{-1}
Li^+	−293.3	−278.5	+13.4
Na^+	−261.9	−240.1	+59.0
K^+	−283.3	−252.4	+103.0
F^-	−27.8	−332.6	−13.8
Cl^-	−131.2	−167.2	+55.2
I^-	−51.7	−56.5	+109.4
Mg^{2+}	−454.8	−466.8	−138.1

Analoge Überlegungen gelten für andere thermodynamische Bildungsfunktionen, wie die Standardbildungsentropie und die GIBBSsche Standardbildungsenergie. Wir setzen also z. B.

$$\Delta_f S(H^+;aq) = 0\,, \qquad \Delta_f G(H^+;aq) = 0 \qquad \text{für alle Temperaturen}\,. \tag{12.20}$$

Standardbildungsentropien und GIBBSsche Standardbildungsenergien von Ionen sind ebenfalls in Tab. 12.2 zusammengestellt. Solche Daten spielen bei thermodynamischen Berechnungen von Ionenreaktionen und elektrochemischen Prozessen eine wichtige Rolle. Darüber hinaus liefern sie Informationen über die Hydratation der Ionen. Ein Beispiel ist die relativ zum Wert für H^+ stark negative Standardbildungsentropie des Mg^{2+}-Ions, die auf die Bildung geordneter Hydratkomplexe kleiner hochgeladener Ionen zurückzuführen ist.

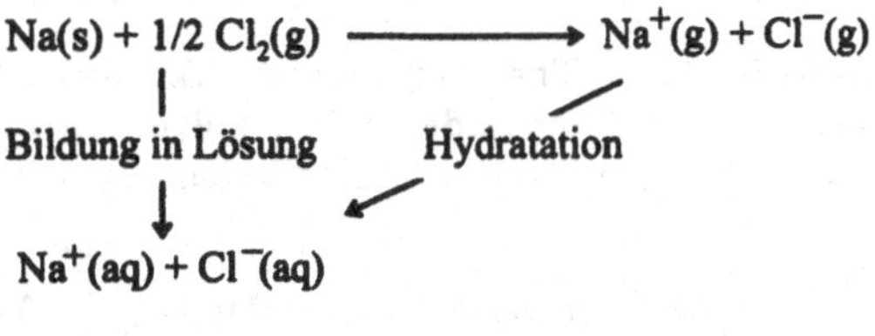

Na(s) + 1/2 Cl_2(g) ⟶ Na^+(g) + Cl^-(g)

Bildung in Lösung

Hydratation

Na^+(aq) + Cl^-(aq)

Abb. 12.2
Zur Zerlegung der Standardbildungsgrößen.

Allerdings tragen zu den Standardbildungsfunktionen der Ionen in Lösung verschiedene Prozesse bei. Wir bilden in Abb. 12.2 zunächst aus den Elementen die Ionen in der Gasphase. Im Falle des NaCl schließt dies mehrere Prozesse ein, nämlich auf der Seite des Kations die Sublimation von Na(s) zu Na(g) und die anschließende Ionisierung zu Na^+-Ionen, auf der Seite des Anions die Dissoziation des Cl_2 zu Chloratomen und anschließende Aufladung zu Cl^--Ionen. Alle diese Größen sind spektroskopisch oder kalorimetrisch bestimmbar, so daß aus den Standardbildungsgrößen über geeignete Kreisprozesse thermodynamische Funktionen gewonnen werden können, die die Hydratation der Ionen beschreiben.

12.4 Thermodynamische Tabellen

Thermodynamische Reaktionsgrößen sind Schlüsselgrößen bei der Berechnung chemischer Gleichgewichte. Thermochemische Tabellen und Datenbanken enthalten heute Stoffdaten Tausender von Stoffen. Als Beispiele seien die sog. JANAF-Tabellen erwähnt (Lit. [JAN]). Einige weitere Tabellenwerke sind am Ende dieses Buches zusammengestellt.

Die für Berechnungen wichtigsten Daten betreffen Standardbildungsenthalpien $\Delta_f H^\circ(T)$, Standardbildungsentropien $\Delta_f S^\circ(T)$, GIBBSsche Standardbildungsenergien $\Delta_f G^\circ(T)$ sowie die Wärmekapazitäten $C_P^\circ(T)$ der Stoffe, aus denen Reaktionsgrößen über weite Temperaturbereiche ermittelt werden können. Oft werden statt der Standardbildungsentropien die auf den dritten Hauptsatz bezogenen Absolutentropien $S^\circ(T)$ der Stoffe angegeben.

Schließlich ist es gelegentlich bequem, Absolutwerte der Enthalpie eines Stoffs festzulegen. Wir vereinbaren dazu folgende Konvention:

- Die Enthalpien der Elemente besitzen bei 298.15 K und 1 bar in ihrem unter diesen Bedingungen stabilen Zustand den Wert null.

Damit folgt für den Absolutwert der Enthalpie einer Verbindung bei 298.15 K

$$H^\circ_{298}(\text{Verbindung}) = \Delta_f H^\circ_{298}\,. \tag{12.21}$$

Oft definiert man in ähnlicher Weise Absolutwerte $G^\circ(T)$ der GIBBSschen Standardenergie, indem man die GIBBSsche Standardenergie der Elemente gleich null setzt.

Schließlich werden zur kompakten Wiedergabe von Daten gelegentlich die sog. GIAUQUE-Funktionen benutzt:

$$\Phi \stackrel{def}{=} \frac{G^\circ(T) - H^\circ(T_{\text{ref}})}{T}, \qquad \Phi^0 \stackrel{def}{=} \frac{G^\circ(T) - H^\circ(T=0)}{T}. \tag{12.22}$$

Hierbei ist T_{ref} eine Bezugstemperatur, z. B. 298.15 K. GIAUQUE-Funktionen ändern sich mit der Temperatur relativ wenig, so daß sie leicht interpoliert werden können.

Beispiel 12.5. Thermodynamische Tabellen benutzen oft den Druck 1 atm = 1.01325 bar anstelle von 1 bar als Standarddruck. Wir wollen den Korrekturfaktor für die GIBBSsche Reaktionsenergie bei Wechsel des Standarddrucks für eine Reaktion zwischen idealen Gasen berechnen. Wir finden

$$\Delta_r G^\circ(1\text{ bar}) - \Delta_r G^\circ(1\,\text{atm}) = \int_{1\,\text{atm}}^{1\,\text{bar}} \Delta_r V(P)\,\mathrm{d}P$$

$$= RT\Delta_r\nu \ln(1/1.01325) = -0.01316RT\Delta_r\nu.$$

---

13 Chemische Gleichgewichte

Bisher wurde angenommen, daß Reaktionen zu den Produkten hin vollständig ablaufen. Oft stellt sich jedoch ein chemisches Gleichgewicht ein, bei dem Edukte und Produkte nebeneinander vorliegen und die Stoffmengen sich nicht ändern. Die chemische Thermodynamik liefert Aussagen über die Lage dieser Gleichgewichte. Die Frage, wie schnell Reaktionen ablaufen und ob sich Gleichgewichte überhaupt einstellen, wird nicht beantwortet.

13.1 Gleichgewichtsbedingungen für chemische Reaktionen

Nach dem allgemeinen Gleichgewichtskriterium besitzt bei konstantem Druck und konstanter Temperatur die GIBBS-Energie ein Minimum. Für die Gleichgewichtsreaktion

$$|\nu_\mathrm{A}|\mathrm{A} + |\nu_\mathrm{B}|\mathrm{B} \rightleftharpoons \nu_\mathrm{C}\mathrm{C} + \nu_\mathrm{D}\mathrm{D}$$

ist die totale GIBBS-Energie aller Komponenten durch

$$G = \sum_k \nu_k \mu_k \tag{13.1}$$

gegeben. Unter Einführung der Reaktionslaufzahl ergibt sich das totale Differential der GIBBS-Energie bei einem isotherm-isobaren Prozeß zu

$$(\mathrm{d}G)_{P,T} = \sum_k \mu_k \,\mathrm{d}n_k = \sum_k \nu_k \mu_k \,\mathrm{d}\xi . \tag{13.2}$$

Für die Abhängigkeit der GIBBS-Energie von der Reaktionslaufzahl erhalten wir also

$$\left(\frac{\partial G}{\partial \xi}\right)_{P,T} = \sum_k \nu_k \mu_k \stackrel{def}{=} \Delta_\mathrm{r} G . \tag{13.3}$$

$\Delta_\mathrm{r} G$ ist die GIBBSsche Reaktionsenergie.

Abb. 13.1 zeigt den Verlauf von $G(\xi)$. Prozesse laufen spontan ab, wenn $(\partial G/\partial \xi)_{P,T} < 0$ ist. Im Gleichgewicht (Index „eq" für engl. *equilibrium*) ist

$$(\partial G/\partial \xi)^{\mathrm{eq}}_{P,T} = 0 , \tag{13.4}$$

so daß $G(\xi)$ ein Minimum besitzt. Aus Gl. (13.4) folgt dann als Gleichgewichtsbedingung

$$\Delta_\mathrm{r} G = \sum_k \nu_k \mu_k = 0 . \tag{13.5}$$

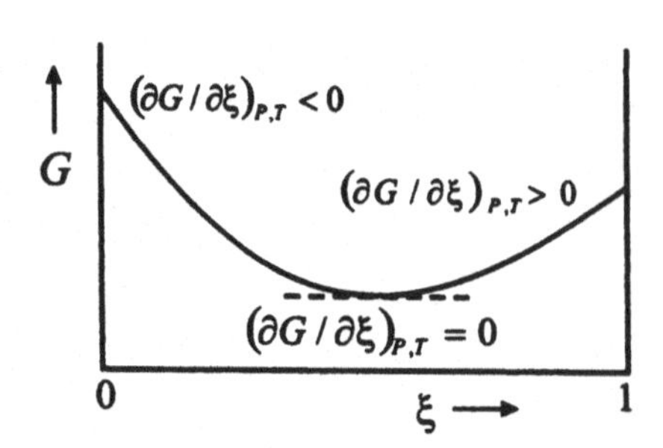

Abb. 13.1
Zur Gleichgewichtsbedingung für die Reaktionslaufzahl.

13.2 Chemische Gleichgewichte zwischen idealen Gasen

13.2.1 Gleichgewichtskonstante K_P

Am einfachsten läßt sich die Gleichgewichtsbedingung (13.5) für Reaktionen zwischen idealen Gasen auswerten. Wir zerlegen dazu nach Gl. (3.35) das chemische Potential der Komponenten in den Anteil des Standardzustands und den druckabhängigen Anteil:

$$\mu_k^{\mathrm{pg}}(P,T) = \mu_k^\circ(T) + RT \ln\left(\frac{P_k}{P^\circ}\right).$$

Für die GIBBSsche Reaktionsenergie folgt

$$\Delta_{\mathrm{r}}G = \sum_k \nu_k \mu_k^\circ(T) + RT \sum_k \nu_k \ln\left(\frac{P_k}{P^\circ}\right). \tag{13.6}$$

Wir fassen die Standardpotentiale zur GIBBSschen Standardreaktionsenergie

$$\Delta_{\mathrm{r}}G^\circ(T) \stackrel{def}{=} \sum_k \nu_k \mu_k^\circ(T) \tag{13.7}$$

zusammen und schreiben den zweiten Term in der Form

$$RT \sum_k \nu_k \ln\left(\frac{P_k}{P^\circ}\right) = RT\ \ln \prod_k \left(\frac{P_k}{P^\circ}\right)^{\nu_k}, \tag{13.8}$$

wobei Π das mathematische Symbol für die Produktbildung ist. Wir finden als Ergebnis

$$\Delta_{\mathrm{r}}G = \Delta_{\mathrm{r}}G^\circ(T) + RT\ \ln \prod_k \left(\frac{P_k}{P^\circ}\right)^{\nu_k}. \tag{13.9}$$

Das Produkt auf der rechten Seite ist dimensionslos und wird als *Reaktionsquotient* Q_P

$$Q_P \stackrel{def}{=} \prod_k \left(\frac{P_k}{P^\circ}\right)^{\nu_k} \tag{13.10}$$

bezeichnet. Damit folgt

$$\Delta_{\mathrm{r}}G = \Delta_{\mathrm{r}}G^\circ + RT \ln Q_P. \tag{13.11}$$

Im Gleichgewicht geht Q_P in die *Gleichgewichtskonstante* K_P der Reaktion über:

$$Q_P^{eq} \equiv K_P \stackrel{def}{=} \prod_k \left(\frac{P_k^{eq}}{P^\circ}\right)^{\nu_k} . \tag{13.12}$$

Gl. (13.12) wird als *Massenwirkungsgesetz* bezeichnet. K_P ist dimensionslos. Werten wir das Produkt der Partialdrücke z. B. für die Reaktion $|\nu_A|A + |\nu_B|B \rightleftharpoons \nu_C C + \nu_D D$ aus, erscheinen die Edukte im Nenner, da ihre stöchiometrischen Koeffizienten negativ sind:

$$K_P = \left(\frac{P_C^{\nu_C} P_D^{\nu_D}}{P_A^{|\nu_A|} P_B^{|\nu_B|}}\right)^{eq} . \tag{13.13}$$

Mit der Gleichgewichtsbedingung (13.5) erhalten wir sofort

$$\Delta_r G = \Delta_r G^\circ + RT \ln K_P = 0 \tag{13.14}$$

und damit

$$\Delta_r G^\circ = -RT \ln K_P. \tag{13.15}$$

Gl. (13.15) besagt:

- Die Lage von chemischen Gleichgewichten kann aus thermodynamischen Daten errechnet werden.

Da $\Delta_r G^\circ$ sich auf den Standarddruck P° bezieht, hängt die Gleichgewichtskonstante K_P nicht vom Druck ab. Jede experimentell beobachtete scheinbare Druckabhängigkeit besagt demnach, daß Abweichungen vom Idealgasverhalten auftreten.

Beispiel 13.1. Wir wollen uns die Zusammenhänge am Beispiel der Bildungsreaktion von Ammoniak verdeutlichen. Schreiben wir für das Gleichgewicht $N_2 + 3H_2 \rightleftharpoons 2NH_3$, ist

$$K_P = \frac{(P_{NH_3}/P^\circ)^2}{(P_{N_2}/P^\circ)(P_{H_2}/P^\circ)^3} .$$

(Auf den Index „eq“ wurde hier der Einfachheit halber verzichtet.) Standardbildungsgrößen beziehen sich auf die Bildung von 1 mol einer Verbindung aus den Elementen, d. h. im vorgegebenen Fall auf die Reaktion $1/2\,N_2 + 3/2\,H_2 \rightleftharpoons NH_3$. Dann ist

$$K_P = \frac{(P_{NH_3}/P^\circ)}{(P_{N_2}/P^\circ)^{1/2}(P_{H_2}/P^\circ)^{3/2}} .$$

Die JANAF-Tabellen [JAN] liefern $\Delta_f G_{298}^\circ = -16.45$ kJ. Bezogen auf die erste Schreibweise ist $\Delta_r G$ doppelt so groß, d. h. $\Delta_r G = -32.90$ kJ. Dies spiegelt wider, daß G eine extensive Größe ist. In der ersten Schreibweise ist $K_P = 5.81 \cdot 10^5$, in der zweiten ist $K_P = 7.62 \cdot 10^2$.

Ist das Gleichgewicht nicht eingestellt, ist $\Delta_r G \neq 0$. Unter Benutzung der Definitionen des Reaktionsquotienten Q_P und der Gleichgewichtskonstanten kann Gl. (13.14) zu

$$\Delta_r G = -RT \ln K_P + RT \ln Q_P = RT \ln (Q_P/K_P) \tag{13.16}$$

umgeschrieben werden. Das Verhältnis Q_P/K_P bestimmt die Richtung der Reaktion. Ist $\Delta_r G < 0$, ist $Q_P/K_P < 1$ und die Partialdrücke der Produkte nehmen zum Gleichgewicht hin zu, d. h. die Reaktion verläuft von links nach rechts. Für $\Delta_r G > 0$ verläuft die Reaktion von rechts nach links. Die Abweichung der GIBBSschen Reaktionsenergie $\Delta_r G$ vom Wert null ist also ein Maß für die Triebkraft, mit der die Reaktion ihrem Gleichgewichtswert zustrebt.[1] Allerdings ermöglicht $\Delta_r G$ keine Aussage über den zeitlichen Verlauf der Reaktion. Beispielsweise ist für die sog. „Knallgasreaktion" $2\ H_2(g) + O_2(g) \rightleftharpoons 2\ H_2O(\ell)$ bei 298 K $\Delta_r G^\circ = -237$ kJ. Die Reaktion ist jedoch kinetisch gehemmt, so daß ohne Katalysator oder Zündung ein Gasgemisch aus Wasserstoff und Sauerstoff nicht reagiert.

Beispiel 13.2. Wir betrachten das Gleichgewicht $1/2\ N_2 + 3/2\ H_2 \rightleftharpoons NH_3$ mit

$$K_P(298\ \mathrm{K}) = \frac{P_{NH_3}}{P_{N_2}^{1/2}\, P_{H_2}^{3/2}} = 7.62 \cdot 10^2 .$$

Wir wollen untersuchen, in welcher Richtung die Reaktion in einem Gemisch mit den Partialdrücken $P_{NH_3} = 0.5$ bar, $P_{N_2} = 0.1$ bar und $P_{H_2} = 0.2$ bar verläuft. Wir finden

$$Q_P = \frac{P_{NH_3}}{P_{N_2}^{1/2}\, P_{H_2}^{3/2}} = 17.67.$$

Damit folgt $\Delta_r G = -9.33$ kJ, so daß die Reaktion in Richtung des Produkts NH_3 verläuft.

13.2.2 Reaktion des Gleichgewichts auf Druckänderungen

Nach Gl. (13.15) bezieht sich K_P auf den durch $\Delta_r G^\circ$ vorgegebenen Standarddruck, d. h. K_P besitzt einen druckunabhängigen Wert. Um zu sehen, wie in diesem Fall das Gleichgewicht auf eine Änderung des Drucks reagiert, betrachten wir die einfache Reaktion

$$2\ A(g) \rightleftharpoons A_2(g)\,,$$

wie sie z. B. bei der Bildung von Essigsäuredimeren in der Gasphase auftritt. Wir nehmen an, daß zu Beginn der Reaktion nur Stoff A vorliegt und drücken die Partialdrücke als Funktion der Reaktionslaufzahl ξ aus. Bilden sich im Gleichgewicht ξ_{eq} Mole A_2, bleiben $2(1-\xi_{eq})$ Mole A zurück. Für die Partialdrücke folgen die Beziehungen

$$P_A = \frac{2(1-\xi_{eq})}{2-\xi_{eq}}\, P, \qquad P_{A_2} = \frac{\xi_{eq}}{2-\xi_{eq}}\, P. \tag{13.17}$$

Für die Gleichgewichtskonstante ergibt sich

$$K_P = \frac{\xi_{eq}\,(2-\xi_{eq})}{4\,(1-\xi_{eq})^2\, P}\,. \tag{13.18}$$

---

[1]Die Größe $A \equiv -\Delta_r G$ ist die von DE DONDER eingeführte *Affinität*, die historisch bei der Entwicklung einer Thermodynamik der irreversiblen Prozesse eine wesentliche Rolle gespielt hat.

Da K_P nicht vom Druck abhängt, muß sich bei einer Druckänderung die Gleichgewichtszusammensetzung ändern. Tatsächlich steigt nach Gl. (13.18) ξ_{eq} mit steigendem Druck an, so daß sich das Gleichgewicht der Reaktion in Richtung des undissozziierten Stoffs verschiebt. Wir werden in Abschnitt 13.2.4 auf diesen Punkt in allgemeinerer Form zurückkommen.

13.2.3 Temperaturabhängigkeit der Gleichgewichtskonstanten K_P

Die Temperaturabhängigkeit der Gleichgewichtskonstanten K_P folgt aus dem Ausdruck (12.17) für die Temperaturabhängigkeit der GIBBSschen Standardreaktionsenergie zu

$$\left(\frac{\partial \ln K}{\partial T}\right)_P = \frac{\Delta_r H^\circ}{RT^2}, \tag{13.19}$$

$$\left(\frac{\partial \ln K}{\partial (1/T)}\right)_P = -\frac{\Delta_r H^\circ}{R}. \tag{13.20}$$

Gl. (13.19) heißt VAN'T HOFFsche Reaktionsisobare. Ist die Standardreaktionsenthalpie im vorgegebenen Temperaturintervall bekannt, kann ausgehend von einem bekannten Wert die Gleichgewichtskonstante bei anderen Temperaturen ermittelt werden. Insbesondere folgt:

- Bei einer endothermen Reaktion nimmt K_P mit steigender Temperatur zu, bei einer exothermen Reaktion nimmt K_P mit steigender Temperatur ab.

Messungen der Gleichgewichtskonstanten bei verschiedenen Temperaturen ermöglichen damit eine Bestimmung der Standardreaktionsenthalpie auf nichtkalorimetrischem Weg. Über kleine Temperaturbereiche genügt es meist, die Temperaturabhängigkeit der Standardreaktionsenthalpie zu vernachlässigen oder einen mittleren Wert im Temperaturintervall anzunehmen. In diesem Fall liefert eine Auftragung von $\ln K_P$ gegen $1/T$ eine Gerade. Ist diese Näherung zu grob, müssen zur Berechnung der Temperaturabhängigkeit von K_P die Wärmekapazitäten der an der Reaktion beteiligten Stoffe bekannt sein, die selbst eine Funktion der Temperatur sind. Abb. 13.2 zeigt eine derartige Auftragung für das sog. „Wassergasgleichgewicht" $H_2(g) + CO_2(g) \rightleftharpoons CO(g) + H_2O(g)$.

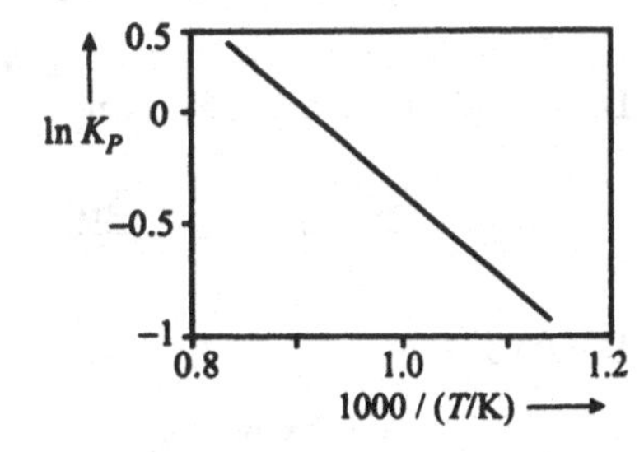

Abb. 13.2
Temperaturabhängigkeit der Gleichgewichtskonstanten K_P des Wassergasgleichgewichts zwischen 900 und 1200 K. Quelle: Daten nach [JAN].

Beispiel 13.3. In Beispiel 12.4 wurde ein Ausdruck für die Temperaturabhängigkeit der Standardbildungsenthalpie des Ammoniaks hergeleitet. Bei 700 K ist $K_P = 7.45 \cdot 10^{-3}$. Wir wollen daraus den Wert bei 1000 K berechnen. Wir setzen dazu den aus Gl. (12.4) folgenden Ausdruck der Form $\Delta_f H^\circ = a_0 + a_1 T + a_2 T^2 + a_3 T^3$ in das Integral

$$\ln K_P(T_2) = \ln K_P(T_1) + \int_{T_1}^{T_2} \frac{\Delta_r H^\circ(T)}{RT^2}\,\mathrm{d}T$$

ein und integrieren zwischen $T_1 = 700$ K und $T_2 = 1000$ K. Für $T = 1000$ K folgt $K_P = 5.45 \cdot 10^{-4}$.

13.2.4 Andere Formen der Gleichgewichtskonstanten

Zur Darstellung der Gleichgewichtsverhältnisse in Mischungen idealer Gase ist die auf Partialdrücke bezogene Gleichgewichtskonstante K_P am besten geeignet. Gelegentlich werden jedoch auf andere Zusammensetzungsmaße bezogene Gleichgewichtskonstanten definiert. Insbesondere definieren wir eine auf Molenbrüche bezogene Gleichgewichtskonstante durch

$$K_x \stackrel{def}{=} \prod_k (x_k)^{\nu_k} . \qquad (13.21)$$

Ersetzen wir die Molenbrüche $x_k = P_k/P$ durch Partialdrücke, folgt

$$K_P = K_x \prod_k \left(\frac{P}{P^\circ}\right)^{\nu_k} . \qquad (13.22)$$

Ändert sich bei einer Reaktion die Gesamtstoffmenge nicht, ist $K_P = K_x$.

Um die Temperaturabhängigkeit von K_x zu untersuchen, logarithmieren wir Gl. (13.22):

$$\ln K_P = \ln K_x + \sum_k \ln (P_k/P^\circ)^{\nu_k} . \qquad (13.23)$$

Bei Ableitung nach der Temperatur verschwindet der Beitrag der Partialdrücke, so daß K_P und K_x die gleiche Temperaturabhängigkeit aufweisen.

Im Gegensatz zu K_P hängt K_x vom Druck ab. Die Ableitung von Gl. (13.23) nach dem Druck liefert nach Umformung

$$\left(\frac{\partial \ln K_x}{\partial P}\right)_T = -\frac{\Delta_r \nu}{P} = -\Delta_r \nu \,\frac{\overline{V}}{RT} = -\frac{\Delta_r \overline{V}}{RT} . \qquad (13.24)$$

Die Größe

$$\Delta_r \overline{V} \stackrel{def}{=} \sum_k \nu_k \overline{V}_k \qquad (13.25)$$

ist das sog. *Reaktionsvolumen*, das die Volumenänderung bei vollständigem Ablauf der Reaktion von links nach rechts angibt. $\Delta_r \overline{V}$ kann positiv oder negativ sein. Wir finden also:

- Erhöht sich während einer Reaktion die Gesamtstoffmenge, verursacht eine Druckerhöhung eine Erniedrigung der Gleichgewichtskonstanten K_x, so daß sich die Molenbrüche der Produkte im Gleichgewicht vermindern.
- Eine Erniedrigung der Gesamtstoffmenge führt bei Druckerhöhung zu einer Erhöhung der Molenbrüche der Produkte im Gleichgewicht.
- Bei Erhalt der Gesamtstoffmenge wird K_x durch den Druck nicht beeinflußt.

Die Änderung der Stoffmenge als Reaktion auf eine Druckänderung ist ein Beispiel für das „Prinzip vom kleinsten Zwang“ von LE CHATELIER:

- Wird ein System durch Änderung der Zustandsbedingungen aus dem Gleichgewicht ausgelenkt, verschiebt sich das Gleichgewicht in diejenige Richtung, in der die Störung abgebaut wird.

Gelegentlich wird bei der Behandlung von Gasreaktionen auch die Konzentration $c_k = n_k/V$ benutzt. Wir finden für den Partialdruck einer Komponente eines idealen Gases

$$P_k^{\text{pg}} = \frac{n_k RT}{V} = c_k RT\,. \tag{13.26}$$

Die Gleichgewichtskonstante ist dann durch

$$K_c \stackrel{def}{=} \prod_k \left(\frac{c_k}{c^\circ}\right)^{\nu_k} \tag{13.27}$$

definiert. $c^\circ = 1$ mol m^{-3} ist die Standardkonzentration, so daß der Logarithmus einer dimensionslosen Größe gebildet wird. Zwischen K_P und K_c besteht die Beziehung

$$K_P = K_c \prod_k \left(\frac{c^\circ RT}{P^\circ}\right)^{\nu_k}. \tag{13.28}$$

13.2.5 Statistisch-thermodynamische Theorie der Gleichgewichtskonstanten

Da die thermodynamischen Funktionen idealer Gase mit Methoden der statistischen Thermodynamik aus den Eigenschaften der Moleküle berechnet werden können, lassen sich die in Kap. 5 hergeleiteten Beziehungen zur Berechnung der Gleichgewichtskonstanten von Gasreaktionen ausnutzen. Wir betrachten wiederum die Reaktion

$$|\nu_\mathrm{A}|\mathrm{A} + |\nu_\mathrm{B}|\mathrm{B} \rightleftharpoons \nu_\mathrm{C}\mathrm{C} + \nu_\mathrm{D}\mathrm{D}.$$

Da das Gleichgewicht nach Gl. (13.5) aus der Kenntnis der chemischen Potentiale berechnet werden kann, macht man sich zweckmäßigerweise den Zusammenhang zwischen dem chemischem Potential und der Zustandssumme zunutze. Wir gehen von Gl. (5.13) aus, die wir um die inneren Freiheitsgrade erweitern. Wir finden für das teilchenzahlbezogene chemische Potential der Komponente k

$$\mu_k' = -k_B T \ln \frac{z_k}{N_k}\,. \tag{13.29}$$

Bisher haben wir zur Berechnung der Zustandssumme eines Teilchens implizit den niedrigsten Energiezustand eines Moleküls als Energienullpunkt verwendet. Wenn wir eine chemische Reaktion betrachten, müssen wir jedoch alle Zustandssummen auf einen gemeinsamen Energienullpunkt beziehen. Dazu betrachten wir die Energie des niedrigsten Zustand im Molekül relativ zur Energie der einzelnen Atome, wenn sich diese in unendlicher Entfernung voneinander befinden. Der resultierende Energieunterschied ε_0 besitzt für die verschiedenen Reaktionspartner unterschiedliche Werte. Nun schreiben wir für die Energie eines Teilchens $\varepsilon_k = (\varepsilon_k - \varepsilon_0) + \varepsilon_0$ und bilden den BOLTZMANN-Faktor

$$\exp\left(-\frac{\varepsilon_k}{k_B T}\right) = \exp\left(-\frac{\varepsilon_k - \varepsilon_0}{k_B T}\right) \exp\left(-\frac{\varepsilon_0}{k_B T}\right) . \tag{13.30}$$

Da ε_0 relativ zum dissoziierten Zustand gemessen wird, können die Zustandssummen aller Teilchen auf einen gemeinsamen Nullpunkt normiert werden, wenn man sie auf den niedrigsten Energiezustand bezieht und mit dem Faktor $\exp(-\varepsilon_0/k_B T)$ multipliziert. Wir finden dann für das chemische Potential

$$\mu_k' - \varepsilon_{0,k} = -k_B T \ln \frac{z_k}{N_k} . \tag{13.31}$$

Für die Reaktion $|\nu_\mathrm{A}|\mathrm{A} + |\nu_\mathrm{B}|\mathrm{B} \rightleftharpoons \nu_\mathrm{C}\mathrm{C} + \nu_\mathrm{D}\mathrm{D}$ folgt aus der Gleichgewichtsbedingung nach Umformung

$$\frac{N_\mathrm{C}^{\nu_\mathrm{C}} N_\mathrm{D}^{\nu_\mathrm{D}}}{N_\mathrm{A}^{|\nu_\mathrm{A}|} N_\mathrm{B}^{|\nu_\mathrm{B}|}} = \frac{z_\mathrm{C}^{\nu_\mathrm{C}} z_\mathrm{D}^{\nu_\mathrm{D}}}{z_\mathrm{A}^{|\nu_\mathrm{A}|} z_\mathrm{B}^{|\nu_\mathrm{B}|}} \exp\left(-\frac{\Delta E_0}{k_B T}\right) . \tag{13.32}$$

Die in diesem Ausdruck auftretende Größe ΔE_0 kann durch spektroskopisch bestimmbare Dissoziationsenergien D_0 der an der Reaktion beteiligten Moleküle ausgedrückt werden:

$$\Delta E_0 = \sum_k \nu_k \varepsilon_{0,k} = -\sum_k \nu_k D_{0,k} . \tag{13.33}$$

Wir führen nun in Gl. (13.32) wieder volumenbezogene Zustandssummen $\zeta_k = z_k/V$ ein. Ziehen wir das Volumen auf die linke Seite der Gleichung, können wir Terme der Form $LN_k/V = c_k$ bilden, die den Konzentrationen der Stoffe entsprechen. Damit folgt

$$K_c(T) = \frac{c_\mathrm{C}^{\nu_\mathrm{C}} c_\mathrm{D}^{\nu_\mathrm{D}}}{c_\mathrm{A}^{|\nu_\mathrm{A}|} c_\mathrm{B}^{|\nu_\mathrm{B}|}} = \frac{\zeta_\mathrm{C}^{\nu_\mathrm{C}} \zeta_\mathrm{D}^{\nu_\mathrm{D}}}{\zeta_\mathrm{A}^{|\nu_\mathrm{A}|} \zeta_\mathrm{B}^{|\nu_\mathrm{B}|}} \exp\left(-\frac{\Delta E_0}{k_B T}\right) . \tag{13.34}$$

Beispiel 13.4. Wir wollen die in die Gleichgewichtskonstante K_c des Gleichgewichts $H_2(g) + I_2(g) \rightleftharpoons 2\,HI(g)$ eingehenden Größen betrachten. Die in Kap. 5 hergeleiteten Beziehungen liefern

$$K_c(T) = \left(\frac{m(\mathrm{HI})^2}{m(\mathrm{H_2})m(\mathrm{I_2})}\right)^{3/2} \left(\frac{4\Theta_\mathrm{rot}(\mathrm{H_2})\Theta_\mathrm{rot}(\mathrm{I_2})}{(\Theta_\mathrm{rot}(\mathrm{HI}))^2}\right)$$
$$\frac{(1-\exp(-\Theta_\mathrm{vib}(\mathrm{H_2})/T))\,(1-\exp(-\Theta_\mathrm{vib}(\mathrm{I_2})/T))}{(1-\exp(-\Theta_\mathrm{vib}(\mathrm{HI})/T))^2}$$
$$\left\{\exp\frac{2D_0(\mathrm{HI}) - D_0(\mathrm{H_2}) - D_0(\mathrm{I_2})}{RT}\right\} . \tag{13.35}$$

Alle zur Auswertung von K_c benötigten mikroskopischen Größen sind spektroskopisch bestimmbar.

Genauere Berechnungen erfordern vor allem bei größeren Molekülen detailliertere spektroskopische Modelle, als sie in Kap. 5 eingeführt wurden, die z. B. Zentrifugaldehnungen berücksichtigen. Auch müssen gegebenenfalls Bewegungen größerer Molekülgruppen in die Zustandssumme einbezogen werden. Tab. 13.1 zeigt die Berechnung der Gleichgewichtskonstanten K_P für die Bildungsreaktion $H_2(g) + 1/2\ O_2(g) \rightleftharpoons H_2O(g)$ des Wassers bei 1500 K und vergleicht die Daten mit dem experimentellen Wert.

Tab. 13.1 Berechnung der Gleichgewichtskonstanten der Bildungsreaktion des Wassers bei 1500 K. Quelle: [JAN].

	H_2	O_2	H_2O
ζ/m^{-3}	$2.80 \cdot 10^{32}$	$2.79 \cdot 10^{36}$	$5.33 \cdot 10^{35}$
$D_0/\mathrm{kJ\ mol}^{-1}$	432.1	493.6	917.6
$K_c = 2.34 \cdot 10^{-7}$	$K_P = 5.14 \cdot 10^5$		
$\ln K_P = 13.15$	$\ln K_P(\text{experimentell}) = 13.2$		

13.3 Chemische Gleichgewichte zwischen realen Gasen

Zur Berechnung von Gleichgewichten zwischen realen Gasen müssen anstelle der Partialdrücke die Fugazitäten herangezogen werden. Ausgangspunkt ist das chemische Potential der Komponente k in der Form (6.24)

$$\mu_k(P,T) = \mu_k^\circ(P) + RT \ln\left(\frac{f_k}{f^\circ}\right)$$

mit $f^\circ = 1$ bar. Definieren wir die Gleichgewichtskonstante K_f durch

$$K_f \stackrel{def}{=} \prod_k \left(\frac{f_k^{eq}}{f^\circ}\right)^{\nu_k}, \qquad (13.36)$$

ergibt sich

$$\Delta_r G^\circ = -RT \ln K_f. \qquad (13.37)$$

Unter Einführung der Fugazitätskoeffizienten φ_k der Komponenten folgt:

$$K_f = K_P \prod_k (\varphi_k^{eq})^{\nu_k} = K_P K_\varphi. \qquad (13.38)$$

K_f kann also in einen Anteil aufgrund des Idealverhaltens und einen Realanteil zerlegt werden. Allerdings ist K_φ meist nicht exakt auswertbar, da Fugazitätskoeffizienten in Mehrkomponentensystemen nur für sehr wenige technisch wichtige Reaktionen bekannt sind. Man behilft sich daher mit Fugazitätsregeln, wie z. B. der LEWIS-RANDALL-Regel (8.50).

Tab. 13.2 zeigt die Fugazitätsbeiträge K_φ zur Gleichgewichtskonstanten K_f des Ammoniakgleichgewichts bei 723 K. K_φ ist der experimentell ermittelte Wert, K_φ^{LR} der nach der

LEWIS-RANDALL-Regel abgeschätzte Wert. Bei Normaldruck ist $K_P = K_f$. Bei höheren Drücken sind die Fugazitätskorrekturen nicht vernachlässigbar. Benutzt man bei 1 kbar nur den aus den Partialdrücken bestimmten Wert K_P, weicht die Gleichgewichtskonstante um einen Faktor 10 vom richtigen Wert ab. Bis zu Drücken von ca. 100 bar ergibt die Anwendung der LEWIS-RANDALL-Regel ein gutes Ergebnis.

Tab. 13.2 Fugazitätsbeiträge K_φ zur Gleichgewichtskonstanten K_f des Ammoniakgleichgewichts bei 723 K. Daten nach [LAN].

P / atm	K_φ	K_φ^{LR}
1	1.000	1.000
10	0.997	0.990
30	0.927	0.951
100	0.806	0.774
300	0.543	0.473
1000	0.078	0.188

Beispiel 13.5. Gl. (13.38) kann als Ausgangspunkt einer Theorie der Fugazität von reinen Gasen dienen, wenn man annimmt, daß Abweichungen vom Idealverhalten eines Gases durch Bildung von Assoziaten hervorgerufen werden, die als diskrete Spezies behandelt werden können. Wir betrachten dazu als Beispiel Essigsäure, die im Gas Dimere bildet, so daß ein Gleichgewicht 2M $\rightleftharpoons$ D zwischen Monomeren M und Dimeren D vorliegt. Wir nehmen nun an, daß sich das Gemisch aus Monomeren und Dimeren ideal verhält und alle Abweichungen vom Idealverhalten des Reinstoffs auf die Dimerenbildung rückführbar sind. In diesem Fall muß der Fugazitätskoeffizient durch den Molenbruch x_M des Monomeren im Monomer-Dimer-Gemisch gegeben sein, d. h.

$$\varphi = f/P = x_M \, . \tag{13.39}$$

Ist x_D der Molenbruch des Dimeren, kann bei Kenntnis der Gleichgewichtskonstanten

$$K = \frac{x_\mathrm{D}}{x_M^2} \tag{13.40}$$

der Molenbruch des Monomeren und damit der Fugazitätskoeffizient des Reinstoffs zu

$$\varphi = \frac{\sqrt{1+4K}-1}{2K} \tag{13.41}$$

bestimmt werden. In einigen Fällen kann die Gleichgewichtskonstante der Assoziationsreaktion in der Gasphase aus spektroskopischen Daten bestimmt werden.

13.4 Heterogene Gasgleichgewichte

Chemische Reaktionen können jedoch auch in heterogenen Systemen auftreten. Als Beispiel sei das Kalkbrennen betrachtet, bei dem die Reaktion

$$CaCO_3(s) \rightleftharpoons CaO(s) + CO_2(g)$$

abläuft. Eine einfache Behandlung derartiger Gleichgewichte setzt voraus, daß die festen Stoffe als Reinstoffe vorliegen und ihre Aktivitäten den Wert 1 annehmen, d. h.

$$\mu_k^{\mathrm{s}}(P,T) = \mu_k^{*,\mathrm{s}}(P,T) \cong \mu_k^{\circ}(T)\,. \tag{13.42}$$

Setzt man wiederum für das chemische Potential des realen Gases

$$\mu_k^{\mathrm{g}}(P,T) = \mu_k^{\circ,\mathrm{g}}(T) + RT\ln\left(\frac{f_k}{f_k^{\circ}}\right)\,,$$

erhält man für $\Delta_{\mathrm{r}}G$ den Ausdruck

$$\Delta_{\mathrm{r}}G = \sum_k \mu_k^{\circ,\mathrm{g}} + \sum_k RT\nu_k \ln\left(\frac{f_k}{f^{\circ}}\right)\,. \tag{13.43}$$

Wir fassen die chemischen Potentiale im Standardzustand wiederum zur GIBBSschen Standardreaktionsenergie $\Delta_{\mathrm{r}}G^{\circ}$ zusammen und definieren eine Gleichgewichtskonstante K durch

$$K = \prod_k \left(\frac{f_k}{f^{\circ}}\right)^{\nu_k}\,. \tag{13.44}$$

In diesen Ausdruck gehen also keine Terme für die reinen festen Phasen ein, jedoch müssen die festen Phasen natürlich bei der Berechnung der GIBBSschen Standardreaktionsenergie berücksichtigt werden. Im Gleichgewicht ist $\Delta_{\mathrm{r}}G = 0$ und damit

$$\Delta_{\mathrm{r}}G^{\circ} = -RT\ln K\,. \tag{13.45}$$

Im speziellen Beispiel erhalten wir im Gleichgewicht

$$\Delta_{\mathrm{r}}G^{\circ} = -RT\ln K = -RT\ln\left(\frac{f_{\mathrm{CO_2}}^{\mathrm{eq}}}{f^{\circ}}\right) \tag{13.46}$$

oder bei Annahme von Idealgasverhalten

$$\Delta_{\mathrm{r}}G^{\circ} = -RT\ln K = -RT\ln\left(\frac{P_{\mathrm{O_2}}^{\mathrm{eq}}}{P^{\circ}}\right)\,. \tag{13.47}$$

Die Temperaturabhängigkeit der Gleichgewichtskonstanten ist nur durch die Temperaturabhängigkeit des Partialdrucks des Kohlendioxids im Gleichgewicht gegeben. Damit liegen bei einer vorgegebenen Temperatur $CaCO_3$(s), CaO(s) und CO_2(g) nur beim Gleichgewichtsdruck gemeinsam vor. Ist der Partialdruck des Kohlendioxids kleiner als der Gleichgewichtsdruck, dissoziiert $CaCO_3$ vollständig zu CaO(s) und CO_2(g). Ist der Druck des Kohlendioxids höher als der Gleichgewichtsdruck, reagiert CaO(s) vollständig zu $CaCO_3$(s), so daß nur $CaCO_3$(s) und CO_2(g) vorliegen.

13.5 Gleichgewichte in flüssiger Phase

13.5.1 Gleichgewichtskonstanten für Gleichgewichte in flüssigen Phasen

Zur Beschreibung des chemischen Potentials in der flüssigen Phase werden Aktivitätskoeffizienten benutzt, die entweder im RAOULTschen oder im HENRYschen Bezugssystem definiert sind. Wir betrachten den RAOULTschen Standardzustand, der sich auf die reine Flüssigkeit bei der betrachteten Temperatur und dem Systemdruck bezieht, und setzen den Ausdruck

$$\mu_k = \mu_k^\circ + RT \ln a_k$$

in die allgemeine Gleichgewichtsbedingung ein. Wir erhalten

$$\Delta_r G^\circ = -RT \ln K_a \tag{13.48}$$

mit der Gleichgewichtskonstanten

$$K_a \stackrel{def}{=} \prod_k (a_k)^{\nu_k} \; . \tag{13.49}$$

K_a kann in einen Idealanteil und Realanteil zerlegt werden

$$K_a = K_x K_\gamma \, , \tag{13.50}$$

wobei der Realanteil von den Aktivitätskoeffizienten γ_k der Komponenten abhängt:

$$K_\gamma \stackrel{def}{=} \prod_k (\gamma_k)^{\nu_k} \; . \tag{13.51}$$

Für ideale Gemische ist $K_a = K_x$.

In elementaren Behandlungen, beispielsweise von Ionengleichgewichten in Lösung, wird anstelle von K_x meist die Konstante

$$K_c \stackrel{def}{=} \prod_k \left(\frac{c_k}{c^\circ}\right)^{\nu_k} \tag{13.52}$$

verwendet. Dies beinhaltet eine Behandlung des chemischen Potentials im HENRYschen Standardzustands mit der Konzentration $c_k = n_k/V$ als Zusammensetzungsmaß:

$$\mu_k = \mu_k^\infty + RT \ln a_k = \mu_k^\infty + RT \ln \left(\frac{c_k}{c^\circ}\right) + RT \ln \gamma_k^{(c)} \tag{13.53}$$

mit $c^\circ = 1 \text{ mol m}^{-3}$. Wir finden dann

$$K_a = K_c \prod\nolimits_k \left(\gamma_k^{(c)}\right)^{\nu_k} = K_c K_\gamma \, . \tag{13.54}$$

In ideal verdünnter Lösung ist $K_\gamma = 1$ und $K_c = K_a$.

13.5.2 Säure-Base-Gleichgewichte

Eine wichtige Anwendung chemischer Gleichgewichte in Lösung betrifft Säure-Base-Gleichgewichte. Ein Beispiel ist die Dissoziationsreaktion

$$HX(aq) + H_2O(\ell) \rightleftharpoons H_3O^+(aq) + X^-(aq)$$

einer schwachen Säure HX, wie z. B. Essigsäure. Das Proton kann an Wassermoleküle anbinden und als H_3O^+ oder größerer Hydratkomplex vorliegen. Daher wird das Gleichgewicht meist mit dem Hydronium-Ion H_3O^+ formuliert, jedoch ist diese Formulierung nicht zwingend. Die Gleichgewichtskonstante ist

$$K_a = \frac{a_{H_3O^+}\, a_{X^-}}{a_{HX}\, a_{H_2O}} . \tag{13.55}$$

Wir nennen X^- die *konjugierte Base* der Säure HX. In verdünnten Lösungen ist $a_{H_2O} \cong 1$ und wir erhalten die *Säurekonstante*

$$K_S \stackrel{def}{=} \frac{a_{H_3O^+}\, a_{X^-}}{a_{HX}} . \tag{13.56}$$

Da sich die Werte von Säurekonstanten über viele Größenordnungen erstrecken, werden Sie oft in logarithmischer Skala als „pK_S-Werte" angegeben:

$$\mathrm{p}K_S \stackrel{def}{=} -\log K_S . \tag{13.57}$$

Für schwache Basen lautet das analoge Gleichgewicht

$$B(aq) + H_2O(\ell) \rightleftharpoons BH^+(aq) + OH^-(aq).$$

Ein Beispiel ist die Reaktion $NH_3(aq) + H_2O(\ell) \rightleftharpoons NH_4^+(aq) + OH^-(aq)$. Wir nennen BH^+ die *konjugierte Säure* der Base B. Die Basekonstante ist

$$K_B \stackrel{def}{=} \frac{a_{BH^+}\, a_{OH^-}}{a_B} . \tag{13.58}$$

BRØNSTED hat gezeigt, daß Basen und Säuren in äquivalenter Form behandelt werden können, wenn wir für ein konjugiertes Säure-Base-Paar das allgemeine Gleichgewicht

$$\text{Säure(aq)} + H_2O(\ell) \rightleftharpoons H_3O^+(aq) + \text{Base(aq)}$$

formulieren, wobei die Begriffe „Säure" und „Base" allgemein für die konjugierte Säure und konjugierte Base eines Paars stehen.

Unter Hinzunahme von Stoffmengenbilanzen, können wir aus Säurekonstanten die Protonenaktivität $a_{H_3O^+}$ bestimmen. Der negative dekadische Logarithmus der Protonenaktivität wird als „pH-Wert" der Lösung bezeichnet:

$$\mathrm{pH} \stackrel{def}{=} -\log a_{H_3O^+} . \tag{13.59}$$

Beispiel 13.6. Für Essigsäure bei 298.15 K ist $K_S = (a_{H_3O^+}\, a_{Ac^-})/a_{HAc} = 1.75\cdot 10^{-5}$. Wir wollen die Konzentration der H_3O^+-Ionen in einer Lösung der Molarität $c_S = 0.1$ M berechnen. Bei dieser Konzentration kann der Aktivitätskoeffizient der ungeladenen Säure zu $\gamma_{HX} = 1$ gesetzt werden:

$$K_S = \frac{c_{H_3O^+}\, c_{Ac^-}}{c_{HAc}\, c^\circ} \frac{\gamma_+\gamma_-}{\gamma_{HAc}} \cong \frac{c_{H_3O^+}\, c_{Ac^-}}{c_{HAc}\, c^\circ}\, \gamma_+\gamma_- = \frac{c_{H_3O^+}\, c_{Ac^-}}{c_{HAc}\, c^\circ}\, \gamma_\pm^2 .$$

Wir werden im nächsten Kapitel sehen, daß für die Ionen nur ein mittlerer Aktivitätskoeffizient angegeben werden kann. Für einwertige Ionen ist $\gamma_\pm^2 = \gamma_+\gamma_-$. Setzen wir in erster Näherung auch $\gamma_\pm = 1$, ist

$$K_S \cong \frac{c_{H_3O^+}\, c_{Ac^-}}{c_{HAc}} .$$

Mit der Stoffmengenbilanz im Gleichgewicht $c_{H_3O^+} = c_{Ac^-}$ und $c_{HAc} = c_S - c_{H_3O^+}$ erhalten wir eine quadratische Gleichung mit der Lösung $c_{H_3O^+} = 1.31 \cdot 10^{-3}$ M. Dies ist der übliche Weg der Behandlung von Gleichgewichten schwach dissoziierter Säuren und Basen.

Zur Abschätzung des Einflusses des mittleren ionischen Aktivitätskoeffizienten können wir eines der im nächsten Kapitel besprochenen Aktivitätskoeffizientenmodelle verwenden. Allerdings müssen wir zur Berechnung von $\gamma_\pm$ die Konzentration der freien Ionen $c_{H_3O^+}$ kennen, die selbst von $\gamma_\pm$ abhängt. Die Berechnung ist daher nur iterativ durchführbar. Im vorgegebenen Fall unterscheidet sich die auf diese Weise erhaltene Gleichgewichtskonstante nur wenig von der ohne Aktivitätskorrektur ermittelten Konstanten. Wir finden mit den besten verfügbaren Aktivitätskoeffizientenmodellen $c_{H_3O^+} = 1.37 \cdot 10^{-3}$ M.

Säure- und Basekonstanten sind mit der GIBBSschen Standardreaktionsenergie $\Delta_r G^\circ$ des Dissoziationsgleichgewichts verknüpft. Aus ihrer Temperaturabhängigkeit können die Standardreaktionsenthalpie $\Delta_r H^\circ$ und Standardreaktionsentropie $\Delta_r S^\circ$ gewonnen werden. Tab. 13.3 stellt diese Größen für die Dissoziation einiger Säuren bei 298.15 K zusammen.

Tab. 13.3 Thermodynamische Daten für die Dissoziation schwacher Säuren in wäßriger Lösung bei 298.15 K. Quelle: [JAN].

	pK	$\Delta_r G^\circ$/ kJ mol^{-1}	$\Delta_r H^\circ$/ kJ mol^{-1}	$\Delta_r S^\circ$/ J K^{-1} mol^{-1}
Wasser	13.997	79.87	56.563	−78.2
Essigsäure	4.756	27.14	−0.385	−92.5
Chloressigsäure	2.861	16.32	−4.845	−71.1
Buttersäure	4.82	27.51	−2.900	−102.1
Kohlensäure, pK_1	6.352	36.26	9.372	−90.4
Kohlensäure, pK_2	10.329	58.96	15.08	−147.3

Der Dissoziationsprozeß verläuft meist exotherm. Unsere Vorstellungen über den Zusammenhang von Entropie und molekularen Freiheitsgraden lassen für das Dissoziationsgleichgewicht eine positive Reaktionsentropie erwarten, da bei Dissoziation die Zahl der Translationsfreiheitsgrade zunimmt. Die negative Reaktionsentropie folgt aus der mit der Dissoziation einhergehenden Änderung der Lösungsmittelstruktur. Eine negative Reaktionsentropie begünstigt eine geringe Dissoziation.

Für mehrprotonige Säuren, wie z. B. H_2CO_3, H_2SO_4 oder H_3PO_4, ist es nötig, zwischen ersten und zweiten (usw.) Dissoziationskonstanten zu unterscheiden:

$$H_2X + H_2O \rightleftharpoons H_3O^+ + HX^- , \qquad HX^- + H_2O \rightleftharpoons H_3O^+ + X^- .$$

Generell ist $K_{S,1} > K_{S,2}$, da aufgrund der negativen Ladung von HX^- das zweite Proton schwieriger abzulösen ist.

Wasser zerfällt gemäß $2\,H_2O(\ell) = H_3O^+(aq) + OH^-(aq)$ ebenfalls in geringem Maß in Ionen. Dies macht sich z. B. in einer geringen elektrischen Leitfähigkeit von Reinstwasser bemerkbar. Unter der Näherung, daß die Aktivität des Wassers den Wert 1 annimmt, folgt für das sog. *Ionenprodukt*

$$K_W = a_{H_3O^+}\, a_{OH^-} \cong c_{H_3O^+}\, c_{OH^-}\,. \tag{13.60}$$

Bei Normalbedingungen ist $K_W = 1.006 \cdot 10^{-14}$, so daß es gerechtfertigt ist, Aktivitäten mit Konzentrationen gleichzusetzen. Damit folgt bei 298.15 K und 1 bar $c_{H_3O^+} = 1.003 \cdot 10^{-7}$ M. Der pH-Wert des reinen Wassers ist daher 7. Werden Säure- oder Basekonstanten in wäßriger Lösung sehr klein, muß dieses Autoprotolysegleichgewicht des Wassers berücksichtigt werden. Man erhält dann gekoppelte Gleichgewichte, für deren Behandlung auf Lehrbücher der allgemeinen Chemie verwiesen sei.

Die Standarddissoziationsenthalpie des Wassers kann u. a. über eine kalorimetrische Messung der Neutralisationsenthalpie von Säuren und Basen bestimmt werden. Im Grenzfall unendlicher Verdünnung ist die Dissoziationsenthalpie gerade gleich dem Negativen der Neutralisationsenthalpie. Die stark positive Standarddissoziationsenthalpie (Tab. 13.3) begünstigt nach der GIBBS-HELMHOLTZ-Gleichung die Dissoziation bei hohen Temperaturen, so daß das Ionenprodukt mit steigender Temperatur stark zunimmt. Dies hat für die Eigenschaften wäßriger Lösungen bei hohen Temperaturen wichtige Folgen. Beispielsweise spielen in Geothermalsystemen Hydrolyseprozesse von Elektrolyten eine sehr viel wichtigere Rolle als bei Raumtemperatur.

13.5.3 Quasichemische Theorien von flüssigen Nichtelektrolytgemischen

Die thermodynamischen Eigenschaften von realen flüssigen Gemischen beruhen auf zwischenmolekularen Wechselwirkungen. In manchen Fällen sind diese so stark, daß man die Bildung diskreter Assoziate annimmt, die thermodynamisch als eigenständige Spezies behandelt werden. Wir sprechen dann von „*chemischen Theorien*“ der thermodynamischen Eigenschaften von Lösungen. In chemischen Theorien unterscheiden sich die „wahren“ Molenbrüche der Komponenten von den vorgegebenen stöchiometrischen Molenbrüchen, da ein Teil der Moleküle zu Assoziaten gebunden werden. Wir können zwischen zwei Typen von Gleichgewichten unterscheiden:

- *Selbstassoziation* einer Komponente A zu Dimeren A_2 und höheren Aggregaten A_n führt zu positiven Abweichungen vom RAOULTschen Gesetz;
- *Heteroassoziation* zweier Komponenten A und B zu Komplexen AB bzw. A_mB_n führt zu negativen Abweichungen vom RAOULTschen Gesetz.

Die Abweichungen vom RAOULTschen Gesetz sind dann durch die Gleichgewichtskonstanten ausdrückbar. Die Tatsache, daß thermodynamische Daten durch eine chemische Theorie beschrieben werden können, beweist natürlich nicht, daß die angenommenen Aggregate tatsächlich vorliegen. Chemische Theorien sind vor allem dann von Bedeutung, wenn aus unabhängigen (meist spektroskopischen) Experimenten die Assoziationskonstante eines Gleichgewichts bestimmt werden kann.

Beispiel 13.7. Wir betrachten die Mischung zweier Stoffe A und B, die einen Komplex AB bilden. Beziehen wir uns auf das reale binäre System, benennen wir die Molenbrüche mit x_1, x_2, die zugehörigen Aktivitätskoeffizienten mit γ_1, γ_2. Im ternären Modellsystem liegen die Stoffe A, B und AB vor. Die Molenbrüche seien x_A, x_B und x_{AB}. Wir nehmen nun an, daß A, B und AB ein ideales Gemisch bilden, so daß die Nichtidealität des realen binären Gemischs durch die Komplexbildung zum ternären idealen Gemisch beschrieben werden kann. Das Gleichgewicht ist dann durch die Gleichgewichtskonstante

$$K = \frac{a_{AB}}{a_A\, a_B} = \frac{x_{AB}}{x_A\, x_B}$$

beschreibbar. Die eingewogenen Stoffmengen sind $n_1 = n_A + n_{AB}$ und $n_2 = n_B + n_{AB}$. Für die sog. „wahren" Molenbrüche von A, B und AB folgt

$$x_A = \frac{n_1 - n_{AB}}{n_1 + n_2 - n_{AB}}, \quad x_B = \frac{n_2 - n_{AB}}{n_1 + n_2 - n_{AB}}, \quad x_{AB} = \frac{n_{AB}}{n_1 + n_2 - n_{AB}}.$$

Der Aktivitätskoeffizient des Stoffs 1 im realen binären System muß geradegleich dem wahren Molenbruch x_A im idealen ternären System sein. Wir eliminieren aus diesen Gleichungen n_{AB} und erhalten nach Umformung

$$\gamma_1 = \frac{a_A}{x_1} = \frac{kx_1 - 2 + 2(1 - kx_Ax_B)^{1/2}}{kx_1^2}$$

mit $k = 4K/(K+1)$. Aufgrund der Symmetrie bezüglich A und B ergibt sich der entsprechende Ausdruck für γ_2 durch Vertauschung von Indices. Damit kann die Gleichgewichtskonstante K aus den experimentellen Daten ermittelt werden. Die Ausdrücke sagen negative Abweichungen vom RAOULTschen Gesetz voraus. Da ein ideales ternäres Gemisch voraussgesetzt wurde, spiegelt dieses Modell nur ein grobes Bild des wirklichen Verhaltens wider.

13.6 Gekoppelte Gleichgewichte bei Simultanreaktionen

In vielen Fällen liegen komplexe Reaktionsschemata vor, bei denen viele Gleichgewichte simultan eingestellt sind. Beispiele sind in der technischen Chemie bei Verbrennungsvorgängen, in der Umweltchemie bei Reaktionszyklen in der Atmosphäre oder in der Wasserchemie bei Ionen- und Hydrolysegleichgewichten zu finden.

Im ersten Schritt der Analyse sind dann die thermodynamisch wahrscheinlichen Reaktionen zusammenzustellen. Wir betrachten als einfaches Beispiel die Methanspaltung bei 900 K. Dabei kommen drei Reaktionen in Frage:

(1): $CH_4 + H_2O \rightleftharpoons CO + 3\,H_2$;
(2): $CO + H_2O \rightleftharpoons CO_2 + H_2$;
(3): $CH_4 + 2\,H_2O \rightleftharpoons CO_2 + 4\,H_2$.

Als nächstes muß die Zahl der voneinander unabhängigen Reaktionen ermittelt werden. Reaktionen eines vorgegebenen Satzes sind voneinander unabhängig, wenn keine Reaktion als Linearkombination der anderen Reaktionen dargestellt werden kann. In einfachen Fällen ist die Anzahl unabhängiger Reaktionen direkt aus dem Reaktionsschema ersichtlich. Im obengenannten Beispiel ist offensichtlich die Reaktionsgleichung der Reaktion (3) gerade die Summe der Reaktionsgleichungen (1) und (2), d. h. es existieren zwei voneinander unabhängige Reaktionen, wobei die Auswahl beliebig ist. Für komplexere Reaktionssysteme stehen Algorithmen zur Verfügung, die auf der Darstellung von Reaktionen als Gleichungssysteme beruhen und die Zahl der linear unabhängigen Gleichungen des Systems ermitteln.

Sind r voneinander unabhängige Gleichgewichte vorhanden, gilt die Bedingung (13.5)

$$\sum_k \nu_k \mu_k = 0$$

für jedes Gleichgewicht, d. h. es existieren r Gleichgewichtsbedingungen dieser Form. Nur in wenigen Fällen sind solche Simultangleichgewichte analytisch behandelbar. Zu ihrer numerischen Behandlung stehen Algorithmen zur Verfügung, in denen meist nach dem Minimum der GIBBSschen Energie des Reaktionsgemischs gesucht wird.

Wir wollen das allgemeine Verfahren kurz erläutern: Wir bezeichnen die an der Reaktion beteiligten Stoffe mit dem Index $i = 1 \ldots N$. Die zugehörigen Stoffmengen n_i ändern sich im Verlauf der Reaktion. Andererseits bleiben die mit $n_j = 1 \ldots M$ bezeichneten Stoffmengen der Atomsorten konstant, da die Atome in der Reaktion nur umverknüpft werden. Zur Bestimmung des Gleichgewichts ist das Minimum der GIBBS-Energie

$$G = \sum_{i=1}^{N} \nu_i \mu_i \tag{13.61}$$

unter der Nebenbedingung aufzusuchen, daß die Stoffmengen der Atome konstant sind. Bezeichnen wir mit z_{ji} die Zahl der Atome der Sorte j in der chemischen Spezies i, lauten die Nebenbedingungen

$$n_j = \sum_{j=1}^{M} z_{ji} n_i = const. \tag{13.62}$$

Die Bestimmung der Extremwerte von G unter diesen Nebenbedingungen kann dann über mathematische Verfahren, wie z. B. die Methode der LAGRANGE*schen Multiplikatoren*, durchgeführt werden. Man erhält letztendlich ein System aus $N + M$ Gleichungen, aus denen die Gleichgewichtszusammensetzung ermittelt werden kann.

14 Thermodynamische Eigenschaften von Elektrolytlösungen

Lösungen von Elektrolyten zeichnen sich durch eine elektrische Leitfähigkeit aus, die aus der Dissoziation der Salze in geladene Ionen folgt. Aufgrund dieser Ionendissoziation unterscheiden sich die thermodynamischen Eigenschaften von Elektrolytlösungen wesentlich von den Eigenschaften von Nichtelektrolytgemischen.

14.1 Coulomb-Wechselwirkung und Ionendissoziation

Die zentrale Gleichung der Elektrostatik ist das COULOMBsche Gesetz für die Wechselwirkungsenergie zweier Ladungen q und q' im Abstand r in einem Medium der dielektrischen Permittivität ε:

$$u_{Cb}(r) = \frac{1}{4\pi\varepsilon}\frac{q\,q'}{r}\,. \tag{14.1}$$

Für gleichnamige Ladungen ist $u_{Cb}(r)$ repulsiv, für ungleichnamige Ladungen attraktiv. ε kann durch Einführung der *Dielektrizitätszahl* (relativen Permittivität) des Mediums

$$\varepsilon_r \stackrel{def}{=} \varepsilon/\varepsilon_0 \tag{14.2}$$

auf die *Permittivität des Vakuums* ε_0 bezogen werden:

$$\varepsilon_0 = 8.85419 \cdot 10^{-12}\mathrm{J}^{-1}\ \mathrm{C}^2\,\mathrm{m}^{-1}\,. \tag{14.3}$$

Meist drücken wir die Ladungen $q = z_\pm e$ als Vielfache der Elementarladung

$$e = 1.602177\,10^{-19}\,\mathrm{C} \tag{14.4}$$

aus, wobei $z_\pm$ eine vorzeichenbehaftete Ladungszahl ist. Die r^{-1}-Abhängigkeit dieses Potentials ist wesentlich langreichweitiger als die r^{-6}-Abhängigkeit der attraktiven Wechselwirkungen in Systemen mit ungeladenen Teilchen. Tatsächlich sind in Elektrolytsystemen auch die für Nichtelektrolyte besprochenen Potentialanteile vorhanden; jedoch dominiert aufgrund der Reichweite die COULOMB-Wechselwirkung das thermodynamische Verhalten.

Das von einer Ladung hervorgerufene elektrische Feld kann durch das *elektrische Potential* Φ beschrieben werden. Die Differenz des elektrischen Potentials an zwei Punkten ist gleich der Arbeit pro Ladungseinheit, die nötig ist, um eine Testladung zwischen den beiden Punkten zu verschieben. Die Einheit des elektrischen Potentials ist damit 1 J C^{-1} = 1 V (Volt). Der Nullpunkt des elektrischen Potentials kann willkürlich gewählt werden, wir setzen im folgenden das Potential zu null, wenn sich die beiden Punkte in einem unendlichen Abstand voneinander befinden. Damit ist das elektrische Potential in einem Punkt gleich der Arbeit

$$\Phi = -\int_{\infty}^{r} \frac{q'}{4\pi\varepsilon_0\varepsilon\, r^2}\,\mathrm{d}r = \frac{q'}{4\pi\varepsilon_0\varepsilon\, r}\,, \tag{14.5}$$

die nötig ist, um eine Ladung von unendlichem Abstand an diesen Punkt zu bringen. Das durch mehrere Ladungen q_i' verursachte elektrische Potential genügt dabei dem *Superpositionsprinzip* $\Phi = \Phi_1 + \Phi_2 + \ldots$.

Elektrolyte, wie z. B. NaCl oder $CaCl_2$, dissoziieren in Lösung zumindest teilweise in Ionen. Besteht der Elektrolyt aus ν_+ Kationen und ν_- Anionen, lautet das Gleichgewicht

$$\mathrm{M}_{\nu_+}^{z_+}\mathrm{X}_{\nu_-}^{z_-} \rightleftharpoons \nu_+\,\mathrm{M}^{z_+} + \nu_-\,\mathrm{X}^{z_-}\,.$$

Da die Lösung insgesamt elektrisch neutral sein muß, gilt für die Stoffmengen der Ionen i

$$\sum_i z_i\,\nu_i = 0\,. \tag{14.6}$$

Insbesondere interessieren wir uns für Systeme, bei denen das Gleichgewicht vollständig auf der Seite der freien Ionen liegt. Solche Elektrolyte werden als *starke Elektrolyte* bezeichnet.[1]

Tab. 14.1 Dielektrizitätszahlen einiger wichtiger Lösungsmittel bei 298.15 K. Quelle: [HCP].

	ε_r		ε_r
Cyclohexan	2.02	Methanol	32.7
Benzol	2.27	Ethanol	24.3
Aceton	20.7	Wasser	78.4
Acetonitril	36.0	Formamid	109.0

Um diese Dissoziation zu verstehen, betrachten wir ein Kation-Anion-Paar im Kontaktabstand a und bestimmen die zur vollständigen Trennung des Paars aufzuwendende Arbeit

$$W_{\mathrm{el}} = \frac{z_+ z_- e^2}{4\pi\varepsilon_0\varepsilon_r\, a}\,. \tag{14.7}$$

Offensichtlich wird das Verhalten wesentlich von der Dielektrizitätszahl ε_r des Lösungsmittels bestimmt. Tab. 14.1 stellt Dielektrizitätszahlen einiger wichtiger Lösungsmittel bei 298.15 K zusammen.

Die hohen Dielektrizitätszahlen von Wasser und vielen anderen wasserstoffbrückengebundenen Lösungsmitteln setzen die Stärke der Wechselwirkung im Vergleich zum Vakuum um bis zu zwei Größenordnungen herab. Für NaCl ($a \cong 2.7 \cdot 10^{-10}$ m) in Wasser ist $W_{\mathrm{el}} \cong 6.5$ kJ mol^{-1}. Dies entspricht bei 298.15 K nur dem Zweieinhalbfachen der mittleren thermischen

[1] Die Ionenhypothese geht auf Arbeiten von ARRHENIUS und VAN'T HOFF Ende des 19. Jahrhunderts zurück, in denen u. a. versucht wurde, die Tatsache zu erklären, daß Gefrierpunktserniedrigung und osmotischer Druck der Elektrolyte höhere Stoffmengen ergaben, als aus der Einwaage des Salzes berechnet wurde.

Energie, so daß undissoziierte Ionenpaare thermisch instabil sind. Stabilere Ionenpaare treten in Lösungen mehrwertiger Ionen, Lösungsmitteln niedriger Dielektrizitätszahl und bei Anwesenheit spezifischer chemischer Wechselwirkungen auf. Ausgeprägte Komplexbildung aufgrund spezifischer Wechselwirkungen findet man u. a. bei vielen Übergangsmetallsalzen.

14.2 Thermodynamik starker Elektrolyte in Lösung

14.2.1 Chemisches Potential und Aktivitätskoeffizienten in Elektrolytlösungen

Wir betrachten die chemischen Potentiale der Komponenten der Lösung, wobei Komponente 1 das Lösungsmittel, etwa Wasser, und Komponente 2 der Elektrolyt sei. Messen wir den Dampfdruck des Wassers, erhalten wir Information über das chemische Potential

$$\mu_1 = \mu_1^* + RT \ln a_1 = \mu_1^* + RT \ln x_1 + RT \ln \gamma_1 \tag{14.8}$$

im RAOULTschen Bezugssystem. Zur Beschreibung des chemischen Potentials des Elektrolyten 2 ist der RAOULTsche Bezugszustand wenig geeignet, da der reine Elektrolyt bei der Meßtemperatur üblicherweise nicht flüssig vorliegt. Benutzen wir den HENRYschen Bezugszustand der ideal verdünnten Lösung und die Molalität als Zusammensetzungsmaß,[2] ist nach Gl. (9.44)

$$\mu_2 = \mu_2^{\infty,m} + RT \ln \left(\frac{m_2}{m^\circ}\right) + RT \ln \gamma_2^{(m)} \tag{14.9}$$

mit $m^\circ = 1$ mol kg^{-1} und der Grenzbedingung $\gamma_2^{(m)} \to 1$ für $m_2 \to 0$.

Zur Zerlegung des chemischen Potentials in Beiträge der Ionen müssen wir uns einer Konvention bedienen, da sich das chemische Potential eines Ions nicht bei konstant gehaltener Stoffmenge des Gegenions verändern läßt. Wir schreiben

$$\mu_2 = \nu_+\mu_+ + \nu_-\mu_- \,. \tag{14.10}$$

Verzichten wir der Einfachheit halber auf den Index (m), folgt für die Einzelionenpotentiale

$$\begin{aligned} \mu_+ &= \mu_+^\circ + RT \ln\,(m_+/m^\circ) + RT \ln \gamma_+ \,, \\ \mu_- &= \mu_-^\circ + RT \ln\,(m_-/m^\circ) + RT \ln \gamma_- \,. \end{aligned} \tag{14.11}$$

Die Kombination dieser Gleichungen liefert

$$\mu_2 = \left(\nu_+\mu_+^\circ + \nu_-\mu_-^\circ\right) + RT \ln\,(m_+/m^\circ)^{\nu_+}\,(m_-/m^\circ)^{\nu_-} + RT \ln \gamma_+^{\nu_+}\gamma_-^{\nu_-} \,. \tag{14.12}$$

Da Einzelionenbeiträge nicht meßbar sind, definieren wir die mittleren Größen

$$m_\pm \stackrel{def}{=} \left(m_+^{\nu_+} m_-^{\nu_-}\right)^{1/\nu} \,, \tag{14.13}$$

[2] Früher wurde oft die Molarität $c_2 = n_2/V$ als Konzentrationsmaß benutzt. Die folgenden Ausführungen gelten sinngemäß auch für die Molarität.

$$\gamma_\pm \overset{def}{=} \left(\gamma_+^{\nu_+}\gamma_-^{\nu_-}\right)^{1/\nu} \tag{14.14}$$

mit $\nu = \nu_+ + \nu_-$. Für das chemische Potential des Elektrolyten folgt

$$\mu_2 = \mu_2^\circ + \nu RT \ln \gamma_\pm (m_\pm/m_\circ) \,, \qquad \lim_{m_\pm \to 0} \gamma_\pm = 1 \tag{14.15}$$

mit dem Standardpotential

$$\mu_2^\circ = \nu_+\mu_+^\circ + \nu_-\mu_-^\circ \tag{14.16}$$

und der Aktivität

$$a_2 = \left(\gamma_\pm \frac{m_\pm}{m^\circ}\right)^\nu \,. \tag{14.17}$$

Beispiel 14.1. Für Salze aus einwertigen Ionen wie z. B. NaCl ist

$$a_2 = a_+a_- = a_\pm^2 = m_+m_-\gamma_p m^2 = m^2\gamma_\pm^2 \,,$$

$$\mu_2 = \mu_2^\circ + 2RT \ln \gamma_\pm + 2RT \ln (m/m^\circ) \,.$$

Für $Fe(ClO_4)_3$ ist

$$a_2 = a_+a_-^3 = a_\pm^4 = m_+m_-^3\gamma_\pm^4 = m(3m)^3\gamma_\pm^4 = 27m^4\gamma_\pm^4 \,,$$

$$\mu_2 = \mu_2^\circ + 4RT \ln \left(27(m/m^\circ)^4\right) + 4RT \ln \left(27\gamma_\pm^4\right) \,.$$

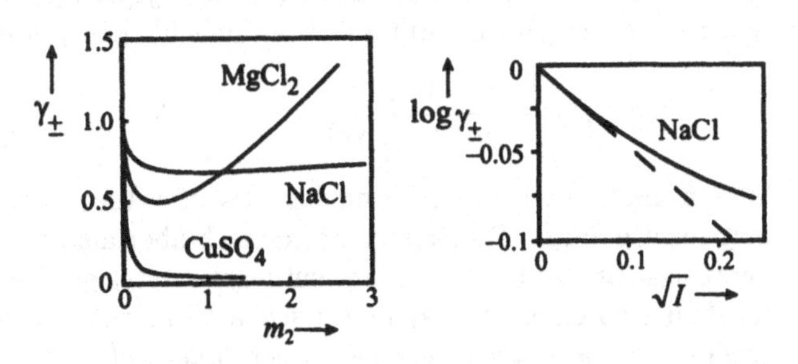

Abb. 14.1 Konzentrationsabhängigkeit der Aktivitätskoeffizienten starker Elektrolyte über große Konzentrationsbereiche (links) und DEBYE-HÜCKELsches Grenzverhalten (rechts). Quelle: [PIT].

Abb. 14.1 zeigt Beispiele für die Abhängigkeit der mittleren ionischen Aktivitätskoeffizienten von der Molalität des Gelösten. Wir beobachten ausgehend von unendlicher Verdünnung zunächst einen starken Abfall. Danach wird je nach Elektrolyttyp ein unterschiedliches Verhalten mit oder ohne Durchlaufen eines Minimums gefunden. Bei hoher Verdünnung streben die Aktivtätskoeffizienten einem Grenzgesetz der Form

$$\log \gamma_\pm = -|z_+z_-| A_{\mathrm{DH}}\, I^{1/2} \tag{14.18}$$

zu, das als DEBYE-HÜCKELsches Grenzgesetz bezeichnet wird. Die Größe

$$I \stackrel{def}{=} \frac{1}{2} \sum_i z_i^2 m_i \tag{14.19}$$

ist die sog. *Ionenstärke* der Lösung. I besitzt die gleiche Einheit wie die Molalität m_2 des Elektrolyten (1 mol kg^{-1}),[3] für einwertige Ionen ist $I = m_2$. Die DEBYE-HÜCKEL-Konstante A_{DH} hängt nur von der Temperatur und von Eigenschaften des Lösungsmittels ab. Die in Abb. 14.1 für NaCl gezeigte logarithmische Auftragung des Aktivitätskoeffizienten gegen die Wurzel aus der Ionenstärke ergibt daher für $I \to 0$ eine Gerade.

Die $I^{1/2}$-Abhängigkeit in verdünnten Lösungen ist für starke Elektrolyte typisch und tritt auch bei einer Reihe von anderen thermodynamischen Funktionen und bei Transporteigenschaften, wie z. B. der elektrischen Leitfähigkeit, auf. Der Gültigkeitsbereich ist allerdings auf sehr kleine Konzentrationen beschränkt. Typischerweise ist das Grenzgesetz für einwertige Ionen bis zu ca. 10^{-2} mol kg^{-1} anwendbar. Mit zunehmender Ladung der Ionen nimmt der Gültigkeitsbereich ab.

14.2.2 Debye-Hückel-Theorie

Das experimentell beobachtete Grenzgesetz (14.18) läßt sich aus einer 1923 von DEBYE und HÜCKEL aufgestellten Theorie herleiten. Das zugrunde liegende physikalische Bild basiert auf der Annahme, daß die Abweichung des chemischen Potentials von demjenigen der ideal verdünnten Lösung nur durch COULOMB-Wechselwirkungen zwischen den Ionenladungen bestimmt wird. Damit ergibt sich der mittlere ionische Aktivitätskoeffizient aus der elektrischen Arbeit bei einem *Aufladungsprozeß*, bei dem Ionen aus einem hypothetischen ungeladenen Zustand auf ihre tatsächlichen Ladungen aufgeladen werden:

$$\ln \gamma_{\pm} = -\frac{W_{\mathrm{el}}}{(\nu_+ + \nu_-)RT}\,. \tag{14.20}$$

Wären die Ionen in der Lösung statistisch verteilt, wäre die Berechnung der Aufladungsarbeit recht einfach. Tatsächlich halten sich aber als Folge der COULOMBschen Kräfte um ein herausgegriffenes Ion bevorzugt entgegengesetzt geladene Teilchen auf. Im zeitlichen Mittel führt dies zu einer kugelsymmetrischen Hülle entgegengesetzt geladener Ionen um ein Zentralion, die als *Ionenatmosphäre* oder *Ionenwolke* bezeichnet wird. Die Ionenwolke schirmt die Wechselwirkung des Zentralions mit weiter entfernten Ionen ab. Diese Abschirmung kann durch eine Abschirmlänge r_{D} charakterisiert werden, die als DEBYE-Länge oder *Radius der Ionenwolke* bezeichnet wird. Ionen im Abstand $r \gg \kappa_{\mathrm{D}}$ tragen nicht mehr zur Energie des Zentralions bei. Als Folge wird das chemische Potential des Zentralions herabgesetzt.

Der zentrale Schritt zur Bestimmung der Aufladearbeit ist die Berechnung des elektrischen Potentials Φ_i, das an einem willkürlich herausgegriffenen Zentralion durch die Ladungen der umgebenden Ionen hervorgerufen wird. Dieses Potential steht nach dem POISSONschen

[3] Ursprünglich wurde die Ionenstärke über die Molarität c_2 definiert (Einheit 1 M). Bei praktischen Berechnungen für konzentrierte Lösungen macht sich der Vorteil der temperatur- und druckunabhängigen Molalität als Konzentrationsmaß bemerkbar. Allerdings ergeben Theorien in der Regel zunächst Ausdrücke, die sich auf die molare Ionenstärke beziehen.

Gesetz der Elektrostatik mit der elektrischen Ladungsdichte an diesem Punkt in Beziehung. Zur Bestimmung der Ladungsdichte ist die Kenntnis der Ionenverteilung in der Lösung erforderlich, die sich aus der COULOMBschen Wechselwirkung eines Ions mit den Nachbarionen unter Berücksichtigung der thermischen Bewegung der Ionen ergibt.

In verdünnten Lösungen sind die Ionen im Mittel weit voneinander entfernt und ihre Wechselwirkungsenergie wird klein gegenüber der thermischen Energie k_BT. Unter diesen Voraussetzungen ist die Berechnung der Aufladearbeit analytisch durchführbar. Man erhält

$$W_{\text{el}} = L\frac{z_i^2 e^2}{8\pi\varepsilon_0\varepsilon_r r_{\text{D}}}\,. \tag{14.21}$$

Die als DEBYE-Länge oder „Radius der Ionenwolke" bezeichnete Größe

$$r_{\text{D}} = \sqrt{\frac{\varepsilon_0\varepsilon_r k_B T}{2\rho e^2 L I}} \tag{14.22}$$

charakterisiert die Abschirmung des COULOMB-Potentials am Ort eines Zentralions durch die umgebenden Ionen. ρ ist die Massendichte der Lösung, die in verdünnter Lösung gleich derjenigen des Lösungsmittels ist. r_{D} nimmt mit steigender Elektrolytkonzentration proportional zu $I^{1/2}$ ab. Für eine wäßrige Lösung der Molalität $m_2 = 10^{-2}$ mol kg^{-1} bei 298 K ist z. B. $r_{\text{D}} \cong 3$ nm, was für NaCl dem Zehnfachen der Ionendurchmesser entspricht.

Aus der Aufladearbeit ergibt sich mit Hilfe von Gl. (14.20) das DEBYE-HÜCKELsche Grenzgesetz für den mittleren ionischen Aktivitätskoeffizienten. Nach Konversion des natürlichen in den dekadischen Logarithmus folgt das Grenzgesetz Gl. (14.18) mit der DEBYE-HÜCKEL-Konstanten

$$A_{\text{DH}} = \frac{1}{\ln 10}\,(2\pi L\rho)^{1/2}\left(\frac{e^2}{4\pi\,\varepsilon_0\varepsilon\,k_B T}\right)^{3/2}. \tag{14.23}$$

Für wäßrige Lösungen bei 298.15 K und 1 bar ist $A_{DH} = 0.509$ (kg mol^{-1})$^{1/2}$. Die experimentell beobachteten Grenzsteigungen stimmen damit überein. Die $I^{1/2}$-Abhängigkeit des mittleren ionischen Aktivitätskoeffizienten überträgt sich auf die partiellen molaren Größen des Elektrolyten, wie z. B. die partiellen molaren Volumina. Die DEBYE-HÜCKEL-Theorie ist für das Verständnis von Elektrolyteigenschaften von grundlegender Bedeutung. Allerdings liefert sie nur ein Grenzgesetz für verdünnte Lösungen, im gleichen Sinn wie die Zustandsgleichung idealer Gase ein Grenzgesetz für niedrige Drücke darstellt.

Gl. (14.21) setzt voraus, daß die Abschirmlänge groß gegen den dichtesten Annäherungsabstand der Ionen, d. h. den mittleren Ionendurchmesser, ist. Berücksichtigen wir den endlichen Ionendurchmesser a, folgt als einfache Erweiterung des Grenzgesetzes

$$\log\gamma_\pm = -|z_+z_-|A_{\text{DH}}\cdot\frac{\sqrt{I}}{1+b\sqrt{I}}\,, \tag{14.24}$$

b ist eine Konstante, die den mittleren Ionendurchmesser enthält und von der Größenordnung $b \cong 1$ (mol kg)$^{-1/2}$ ist. Gl. (14.24) erweitert den Gültigkeitsbereich der Theorie für einwertige Ionen in Wasser bis zu ca. 0.1 mol kg^{-1}.

14.2.3 Theorien für Aktivitätskoeffizienten bei höheren Salzkonzentrationen

Für höhere Elektrolytkonzentrationen wurden viele empirische oder halbempirische Erweiterungen des Grenzgesetzes vorgeschlagen. Wesentliche Gründe für das Versagen der Theorie bei höheren Salzkonzentrationen sind einerseits die Näherungen in der analytischen Behandlung, andererseits werden bei kleineren Abständen zwischen den Ionen die kurzreichweitigen Beiträge zum Wechselwirkungspotential wichtig. Grundsätzliche Erweiterungen erfordern daher theoretische Ansätze, die sowohl realistischere Potentialmodelle unter Einschluß kurzreichweitiger Wechselwirkungen als auch geeignetere Näherungen benutzen. Solche Ansätze erfordern umfangreiche numerische Berechnungen und spielen für praktische Zwecke heute noch eine untergeordnete Rolle.

Ein oft beschrittener Weg zur Verbesserung der theoretischen Ansätze besteht in der Berücksichtigung von Ionenpaaren. Besitzen Kationen und Anionen den gleichen Betrag der Ladung, sind Ionenpaare MX elektrisch neutral und tragen nicht zur Ionenwolke und zum mittleren elektrostatischen Potential in der Lösung bei. Die Konzentration der Ionenpaare ergibt sich dann aus dem Massenwirkungsgesetz

$$K_a = \frac{a_{\mathrm{MX}}}{a_{\mathrm{M}^+} a_{\mathrm{X}^-}} = \frac{m_{\mathrm{MX}}\, m^\circ}{m_{\mathrm{M}^+} m_{\mathrm{X}^-}} \frac{\gamma_{\mathrm{MX}}}{\gamma_\pm^2}, \tag{14.25}$$

wobei meist der Aktivitätskoeffizient γ_{MX} des Ionenpaars gleich 1 gesetzt wird.

Ist die Ionenpaarbildung durch elektrostatische Wechselwirkungen bedingt, ist die Gleichgewichtskonstante keine frei anpaßbare Größe, sondern muß mit Hilfe elektrostatischer Theorien errechenbar sein. Die Definition eines Ionenpaars ist jedoch immer willkürlich. Das einfachste geometrische Kriterium fordert einen direkten Kontakt der Ionen. Andere Theorien lassen auch durch Lösungsmittelmoleküle getrennte Paare (sog. „solvent-separated ion pairs") zu. Man kann Ionenpaare aber auch über energetische Kriterien definieren. In der oft benutzten Definition nach BJERRUM werden zwei Ionen als Paar gezählt, wenn ihre Wechselwirkungsenergie größer als das Zweifache der thermischen Energie ($> 2k_BT$) ist.

Vor allem für wäßrige Lösungen höherwertiger Elektrolyte, sowie für Lösungen in nichtwäßrigen Lösungsmitteln niedriger Dielektrizitätszahl bestätigen spektroskopische Experimente die Bildung von Ionenpaaren. Das gleiche gilt für wäßrige Lösungen bei hohen Temperaturen, bei denen ε_r klein ist. Die Berücksichtigung von Ionenpaaren gibt oft Aktivitätskoeffizienten und andere thermodynamische Größen über einen wesentlich größeren Konzentrationsbereich wieder als die einfache DEBYE-HÜCKEL-Theorie. Allerdings kann aufgrund der Verbesserung der Datenwiedergabe allein nicht auf die Existenz von Ionenpaaren geschlossen werden. In vielen Fällen verdeckt eine gute Datenwiedergabe durch Assoziationsmodelle nur die Unkenntnis über die tatsächlichen Wechselwirkungen. Auch kann die makroskopische Thermodynamik keine Aussagen über die Struktur der Ionenpaare liefern.

Theoretisch fundierter als Assoziationsmodelle sind oft Ansätze, die den kurzreichweitigen Wechselwirkungen Rechnung tragen. Dabei wird die GIBBS-Energie in einen Anteil langreichweitiger COULOMB-Kräfte und Anteil einen kurzreichweitiger Kräfte aufgetrennt. Letzterer berücksichtigt implizit die Ionenhydratation. Für die kurzreichweitigen Kräfte zwischen den Ionen wird nach MAYER eine Reihenentwicklung angesetzt, die der Virialentwicklung realer Gase entspricht.

Die MAYERsche Entwicklung ist mathematisch sehr aufwendig, jedoch wurde 1970 eine halbempirische Form von PITZER vorgeschlagen. Der mittlere ionische Aktivitätskoeffizient ist dabei von der allgemeinen Form

$$\ln \gamma_{\pm} = f(I^{1/2}) + mB + m^2 C\,, \tag{14.26}$$

wobei der erste Term $f(I^{1/2})$ den Beitrag der langreichweitigen Wechselwirkungen, etwa durch einen DEBYE-HÜCKEL-artigen Ansatz der Form (14.24), erfaßt. Die Virialkoeffizienten B und C besitzen eine theoretisch begründbare Form und werden an experimentelle Daten angepaßt. Diese semiempirische Theorie wurde in den letzten Jahren erfolgreich zur Datenwiedergabe und Vorhersage von Elektrolyteigenschaften bis zu hohen Salzkonzentrationen eingesetzt und ist auch auf Gemische erweiterbar, wie sie z. B. bei industriellen Abwässern oder bei geologischen Fluiden auftreten.

Beispiel 14.2. In Kapitel 9.4.3 wurde gezeigt, wie aus der Aktivität des Lösungsmittels die Aktivität des Gelösten berechnet werden kann. Die GIBBS-DUHEM-Gleichung lieferte die Beziehung

$$\mathrm{d}\ln a_2^{(m)} = \mathrm{d}\ln \gamma_2^{(m)} + \mathrm{d}\ln\left(\frac{m_2}{m^\circ}\right) = \left(\mathrm{d}\ln\gamma_1 + \mathrm{d}\ln x_1^\ell\right) = -\frac{n_1}{n_2}\,\mathrm{d}\ln a_1\,,$$

deren Auswertung durch Einführung des osmotischen Koeffizienten (9.54)

$$\Phi \overset{def}{=} -\frac{n_1}{n_2}\ln a_1$$

vereinfacht wird. Wir wollen dieses Verfahren auf eine wäßrige Elektrolytlösung anwenden und aus Daten für ionische Aktivitätskoeffizienten den RAOULTschen Aktivitätskoeffizienten des Wassers in einer Lösung der Molalität $m_2 = 0.1$ mol kg^{-1} ermitteln. Je nach Ansatz für $\gamma_{\pm}$ ist die Integration der GIBBS-DUHEM-Beziehung nur numerisch durchführbar. Als Beispiel für die analytische Integration betrachten wir einen Ansatz für einwertige Ionen der einfachen Form

$$\log \gamma_{\pm} = -A_{\mathrm{DH}} m_2^{1/2} + \beta\, m_2\,.$$

β ist eine stoffspezifische Konstante. Ein für Alkalihalogenide typischer Wert ist $\beta = 0.1$ kg mol^{-1}. Bei 298 K ist $A_{\mathrm{DH}} = 0.509$ (kg mol^{-1})$^{1/2}$). Wir beachten dabei, daß 1 kg Wasser einer Stoffmenge von 55.51 mol entspricht, so daß für Salze aus einwertigen Ionen mit $\nu = \nu_+ + \nu_- = 2$ der osmotische Koeffizient die Form

$$\Phi = -\frac{55.51}{2\,m_2}\ln a_1$$

annimmt. Mit dem angegebenen Ausdruck für $\gamma_{\pm}$ kann die GIBBS-DUHEM-Gleichung analytisch integriert werden und wir finden

$$\Phi = 1 - \frac{2.303}{3}\,A_{\mathrm{DH}}\,m^{1/2} + \frac{2.303}{2}\,\beta\, m\,.$$

Wir erhalten dann $\gamma_{\pm} = 0.706$, $\Phi = 0.887$ und $a_1 = 0.997$. Obwohl sich der Aktivitätskoeffizient des Gelösten bereits stark vom Wert 1 unterscheidet, ist der entsprechende Effekt in der Aktivität des Wassers kaum merklich. Dies spiegelt die Tatsache wider, daß für kleine Molalitäten des Gelösten das Lösungsmittel in sehr großem Überschuß vorliegt.

---

15 Elektrochemische Thermodynamik

Elektrochemische Reaktionen laufen in heterogenen Systemen ab. Die dabei vorhandenen elektrischen Felder führen an den Phasengrenzen zu elektrischen Potentialdifferenzen, die in die GIBBS-Energie einbezogen werden müssen. In diesem Kapitel werden die Grundlagen der Thermodynamik elektrochemischer Reaktionen behandelt.

15.1 Grundlagen der elektrochemischen Thermodynamik

15.1.1 Elektrochemische Zellen

Bei elektrochemischen Reaktionen findet ein Austausch elektrischer Ladungen statt, wobei die als *Reduktion* bezeichnete Aufnahme von Elektronen an einer Stelle immer mit einer als *Oxidation* bezeichneten Abgabe von Elektronen an anderer Stelle verbunden ist. Abb. 15.1 zeigt als Beispiel das DANIELL-Element, in dem ein Zink- und ein Kupferstab in Lösungen eintauchen, die Zn^{2+}- bzw. Cu^{2+}-Ionen enthalten. Die beiden Lösungen sind durch eine Membran voneinander getrennt. Zur Beschreibung dieser Zelle wird das Zellsymbol

$$\mathrm{Zn}(s)\,|\,\mathrm{Zn}^{2+}(\mathrm{aq})\,|\,\mathrm{Cu}^{2+}(\mathrm{aq})\,|\,\mathrm{Cu(s)}$$

verwendet, wobei die senkrechten Striche Phasengrenzen angeben. Die Zellreaktion ist

$$\mathrm{Zn(s)} + \mathrm{Cu}^{2+}(\mathrm{aq}) \rightarrow \mathrm{Zn}^{2+}(\mathrm{aq}) + \mathrm{Cu(s)}\,.$$

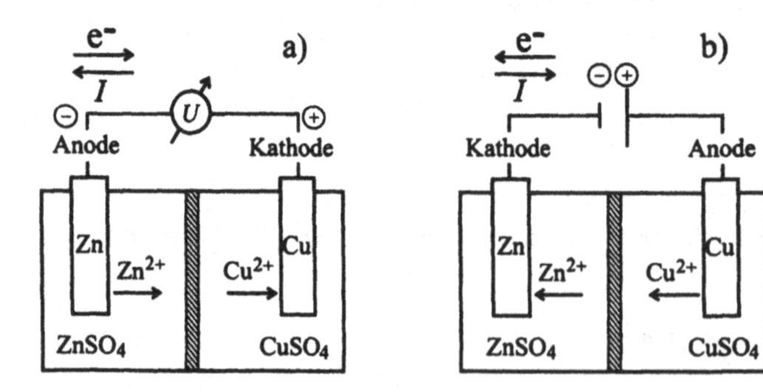

Abb. 15.1 Das DANIELL-Element als galvanische Zelle (links) und Elektrolysezelle (rechts).

Wir zerlegen nun die Zellreaktion in die beiden räumlich getrennt ablaufenden Reaktionen

$$\mathrm{Zn(s)} \rightarrow \mathrm{Zn}^{2+}(\mathrm{aq}) + 2\mathrm{e}^-, \qquad \mathrm{Cu}^{2+}(\mathrm{aq}) + 2\mathrm{e}^- \rightarrow \mathrm{Cu(s)}\,.$$

Wird der Stromkreis geschlossen (Abb. 15.1a), fließen Elektronen durch den äußeren Stromkreis von der Zinkelektrode zur Kupferelektrode, was nach Konvention einem elektrischen Strom in entgegengesetzter Richtung entspricht. In der Lösung wandern positive Ionen zur Kupferelektrode (*Kathode*), an der sie reduziert werden. Negative Ionen wandern zur Zinkelektrode (*Anode*) und werden oxidiert. Verläuft die Zellreaktion spontan, sprechen wir von einer *galvanischen Zelle*. Der resultierende elektrische Strom kann zur Arbeitsleistung genutzt werden, wobei chemische Energie in elektrische Energie umgewandelt wird.

Liegt von außen eine Gegenspannung an (Abb. 15.1b), die höher als die Zellspannung ist, kehrt sich die Zellreaktion um. Ein von außen aufgeprägter Strom treibt dann eine chemische Reaktion, und wir sprechen von einer *Elektrolysezelle*. Beispielsweise bildet die Blei-Schwefelsäure-Batterie bei Entladung eine galvanische Zelle, bei Aufladung eine Elektrolysezelle.

15.1.2 Elektromotorische Kraft und thermodynamische Reaktionsgrößen

Wird die Zellspannung durch eine gleich große Gegenspannung kompensiert, fließt kein elektrischer Strom und die Zellreaktion verläuft reversibel. Die meßbare Klemmspannung wird dann als *elektromotorische Kraft* E (EMK) bezeichnet:

$$E \stackrel{def}{=} \lim_{I \to 0} \Delta\Phi \stackrel{def}{=} \Phi_{\text{rechts}} - \Phi_{\text{links}} \,. \tag{15.1}$$

Die beiden Halbzellenpotentiale Φ_{rechts} und Φ_{links} können experimentell nicht getrennt bestimmt werden.

Früher wurde zur Bestimmung der EMK die sog. POGGENDORFsche Methode benutzt, die auf einer Kompensation der Zellspannung durch eine Gegenspannung basiert. Heute stehen Spannungsmeßgeräte mit genügend hohem Innenwiderstand zur Verfügung, um den Stromfluß zu unterbinden.

Die EMK stellt die zentrale Meßgröße der elektrochemischen Thermodynamik dar. Da sie sich auf einen reversiblen Prozeß bezieht, muß sie mit den thermodynamischen Reaktionsgrößen der Zellreaktion in Zusammenhang stehen. Wir betrachten dazu die reversible elektrische Arbeit bei Änderung der Ladung q im elektrischen Potential Φ

$$\mathrm{d}W_{\text{el}} = -\Phi\, \mathrm{d}q. \tag{15.2}$$

Werden pro Formelumsatz zL Ladungen umgesetzt, folgt

$$W_{\text{el}} = -zLeE = -zFE \,. \tag{15.3}$$

F ist die FARADAY-Konstante:

$$F = Le = 9.64853 \cdot 10^4 \text{ C}. \tag{15.4}$$

Nach den Überlegungen in Kap. 3.1.3 muß diese elektrische Arbeit bei einem reversiblen, isotherm-isobaren Prozeß gleich der GIBBSschen Reaktionsenergie sein:

$$\Delta_{\text{r}}G = -zFE \,. \tag{15.5}$$

Gl. (15.5) stellt somit die Brücke zwischen elektrochemischen Größen und thermodynamischen Reaktionsgrößen dar. Für die Temperatur- und Druckabhängigkeit der EMK folgt

$$\Delta_r S = -\left(\frac{\partial \Delta_r G}{\partial T}\right)_P = zF\left(\frac{\partial E}{\partial T}\right)_P , \tag{15.6}$$

$$\Delta_r H = \Delta_r G + T\Delta_r S = -zF\left\{E - T\left(\frac{\partial E}{\partial T}\right)_P\right\} , \tag{15.7}$$

$$\Delta_r V = \left(\frac{\partial \Delta_r G}{\partial P}\right)_T = -zF\left(\frac{\partial E}{\partial P}\right)_T . \tag{15.8}$$

Um den Zusammenhang zwischen dem Vorzeichen der EMK und der Richtung der spontanen Zellreaktion herzustellen, schreiben wir die Zellreaktionen der beiden Halbzellen als Reduktionsreaktionen $M^+_{\text{rechts}} + e^- \rightarrow M_{\text{rechts}}$ und $M^+_{\text{links}} + e^- \rightarrow M_{\text{links}}$. Die Gesamtreaktion folgt durch Subtraktion der linken von der rechten Teilreaktion zu $M^+_{\text{rechts}} + M_{\text{links}} \rightarrow M_{\text{rechts}} + M^+_{\text{links}}$. Da die Angabe der Reaktionsgleichung das Vorzeichen der thermodynamischen Reaktionsgrößen festlegt, folgt für die durch $\Phi_{\text{rechts}} - \Phi_{\text{links}}$ definierte EMK:

- Werden beide Halbzellen als Reduktionshalbzellen geschrieben, verläuft für $E < 0$ die Reaktion von links nach rechts, für $E > 0$ von rechts nach links.

Beispiel 15.1. Besitzen die Aktivitäten der Kupfer- und Zinkionen in Lösung den Wert 1, beträgt die EMK des bereits beschrieben DANIELL-Elements bei 288.15 K $E = +1.0934$ V (wobei ein später noch zu behandelnder Beitrag der Flüssig-flüssig Phasengrenze zum Potential vernachlässigt ist). Der Temperaturkoeffizient besitzt bei 288.15 K den Wert $\mathrm{d}E/\mathrm{dT} = +4.29 \cdot 10^{-4}$ V K^{-1}. Wir erhalten daraus für die GIBBSsche Reaktionsenergie der Zellreaktion $Zn + Cu^{2+} \rightarrow Zn^{2+} + Cu$ ($z = 2$) den Wert $\Delta_r G = -210.99$ kJ. Die Reaktionsentropie ergibt sich zu $\Delta_r S = 82.78$ J K^{-1} und die Reaktionsenthalpie zu $\Delta_r H = -187.1$ kJ. Die Zellreaktion verläuft spontan.

15.1.3 Elektrochemisches Gleichgewicht

Wir wollen uns jetzt der elektrochemischen Reaktion im Gleichgewicht zuwenden. Da wir die GIBBSsche Reaktionsenergie in einen Standardanteil und einen aktivitätsabhängigen Anteil zerlegen können, kann nach Gl. (15.5) die EMK in analoger Form zerlegt werden. Wir erhalten dann die sog. NERNST*sche Gleichung*

$$E = E^\circ - \frac{RT}{zF} \ln \prod_k (a_k)^{\nu_k} . \tag{15.9}$$

Im Gleichgewicht ist $\Delta_r G = 0$ und $\Delta_r G^\circ = -RT \ln K_a$, wobei K_a die Gleichgewichtskonstante der Zellreaktion ist. Damit folgt sofort

$$E^{\text{eq}} = 0 \tag{15.10}$$

und damit

$$E^\circ = -\frac{\Delta_r G\circ}{zF} = \frac{RT}{zF} \ln K_a . \tag{15.11}$$

Besitzen alle an der Reaktion beteiligten Stoffe die Aktivität 1, ist die EMK gleich ihrem Standardwert E°. Wir finden also:

- Die Gleichgewichtskonstante K_a einer Zellreaktion kann durch eine Messung der Standard-EMK der Zelle bestimmt werden (und umgekehrt).

Aus den Ableitungen nach Druck und Temperatur ergeben sich weitere Reaktionsgrößen:

$$\Delta_r S^\circ = zF \left(\frac{\partial E^\circ}{\partial T}\right)_P , \tag{15.12}$$

$$\Delta_r H^\circ = -zF \left\{ E^\circ - T \left(\frac{\partial E^\circ}{\partial T}\right)_P \right\} , \tag{15.13}$$

$$\Delta_r V^\circ = -zF \left(\frac{\partial E^\circ}{\partial P}\right)_T . \tag{15.14}$$

Beispiel 15.2. Eine der wichtigsten Elektroden ist die Silber-Silberchloridelektrode (siehe Abschnitt 15.2.1). Wegen ihrer großen Bedeutung wurde die EMK der Zelle

$$Pt(s)\,|\,H_2(g)\,|HCl(aq)\,|\,AgCl(s)\,|Ag(s)$$

sehr genau untersucht (R. G. Bates and V. E. Bower, J. Res. Nat. Bur. Stand. 53, 283 (1954)). Die Ergebnisse für das Standardpotential lassen sich zwischen 273 und 363 K durch die Beziehung

$$E^\circ = 0.23659 - 4.8564 \cdot 10^{-4}(T-273.15) - 3.4205 \cdot 10^{-6}(T-273.15)^2 + 5.869 \cdot 10^{-9}(T-273.15)^3$$

darstellen, wobei E° die EMK in der Einheit 1 V ist. Wir wollen daraus die thermodynamischen Reaktionsgrößen der Zellreaktion

$$1/2\ H_2(g) + AgCl(s) \rightleftharpoons HCl(aq) + Ag(s)$$

bei 298.15 K bestimmen. Wir finden bei 298.15 K $E^\circ = 0.22240$ V und daraus nach Gl. (15.11) $\Delta_r G^\circ = -21.458$ kJ mol^{-1}. Zur Bestimmung der Standardentropie ist nach Gl. (15.12) der Polynomansatz für E° nach der Temperatur abzuleiten. Bei 298.15 K folgt für die Standardentropie $\Delta_r S^\circ = -62.458$ J K^{-1} mol^{-1}. Die Enthalpie ergibt sich zu $\Delta_r H^\circ = \Delta_r G + T\Delta_r S = -40.032$ kJ mol^{-1}. Schließlich impliziert die Temperaturabhängigkeit, daß der Einfluß der Wärmekapizäten nicht vernachlässigt werden kann. Die Ableitung von Gl. (15.13) nach der Temperatur liefert

$$\Delta_r C_P^\circ = zFT \left(\frac{\partial^2 E^\circ}{\partial T^2}\right)_P .$$

Bei 298.15 K folgt $\Delta_r C_P^\circ = -171.4$ J K^{-1} mol^{-1}.

Wir wollen das elektrochemische Gleichgewicht noch unter einem etwas anderen Gesichtspunkt betrachten. Ausgangspunkt ist das Differential der GIBBS-Energie

$$dG = \sum_{k=1} \mu_k \, dn_k + \Phi dq \,. \tag{15.15}$$

Der erste Term berücksichtigt die chemische Arbeit, um eine Änderung dn_k der Stoffmengen vorzunehmen, der zweite Term entspricht der elektrischen Arbeit im Potential Φ. Summieren wir dq über alle Teilchen, folgt für einen isotherm-isobaren Prozeß

$$(dG)_{P,T} = \sum_{k=1}^{N} \mu_k \, dn_k + \Phi \sum_{k=1} z_k F dn_k = \sum_{k=1} (\mu_k + z_k F\Phi) \, dn_k \,. \tag{15.16}$$

Dies legt nahe, das sog. *elektrochemische Potential* durch

$$\widetilde{\mu}_k \stackrel{def}{=} \mu_k + z_k F\Phi \tag{15.17}$$

einzuführen.[1] Damit folgt im Gleichgewicht die Bedingung

$$(dG)_{P,T} = \sum_{k=1}^{N} \widetilde{\mu}_k \, dn_k = 0 \,. \tag{15.18}$$

Für elektrochemische Gleichgewichte ergibt sich damit die Gleichgewichtsbedingung

$$\sum_{k=1}^{K} \nu_k \widetilde{\mu}_k = 0 \,, \tag{15.19}$$

die formal der Gleichgewichtsbedingung für ladungsneutrale Systeme entspricht, wenn das elektrochemische Potential durch das chemische Potential ersetzt wird. Verschwindet das elektrische Potential, geht das elektrochemische Potential in das chemische Potential über.

15.2 Potentialdifferenzen an Phasengrenzen

15.2.1 Halbzellenpotentiale

Es ist naheliegend, das Zellpotential durch die Summe der Potentiale der beiden Halbzellen darzustellen. Allerdings sind die Eigenschaften von Halbzellen experimentell nicht bestimmbar, da nur eine Kombination zweier Halbzellen physikalisch realisierbar ist.

Metallion-Metall-Elektroden. – Taucht ein Metall M in eine Lösung ein, die Metallionen M^{z+} enthält, kann das Metall sich als positive Metallionen lösen, wobei negative Ladungen auf dem Metall zurückbleiben, oder es können sich positive Ionen auf dem Metall abscheiden, das sich damit positiv auflädt. In beiden Fällen stellt sich im Gleichgewicht eine elektrische Potentialdifferenz (sog. GALVANI-Spannung) zwischen Metall und Lösung ein.

[1] Diese Zusammenfassung der chemischen und elektrischen Beiträge ist bequem, aber nicht zwingend.

Wir schreiben die Reaktion als Reduktionsreaktion $M^{z+} + ze^- \rightarrow M$ und bezeichnen das elektrische Potential der Lösung mit Φ_{Lsg}, dasjenige des Metalls mit Φ_M. Damit folgt

$$\mu_{M^{z+}} + zF\Phi_{Lsg} = \mu_M + zF\Phi_M \,. \tag{15.20}$$

Für das chemische Potential der Metallionen in Lösung gilt $\mu_{M^{z+}} = \mu^\circ_{M^{z+}} + RT \ln a_{M^{z+}}$, für das reine Metall ist $\mu_M = \mu^*_M$. Damit entspricht das Halbzellenpotential Φ einer Potentialdifferenz, die durch die NERNSTsche Gleichung

$$\Phi \stackrel{def}{=} \Phi_M - \Phi_{Lsg} = \Phi^\circ + \frac{RT}{zF} \ln a_{M^{z+}} \tag{15.21}$$

gegeben ist. Das Standardpotential

$$\Phi^\circ = \left(\mu^\circ_{M^{z+}} - \mu^*_M\right) / zF \tag{15.22}$$

ist gleich der Potentialdifferenz zwischen Metall und Lösung in einer Lösung der Aktivität $a_{M^{z+}} = 1$. Gl. (15.21) besagt also:

- Die Metallion-Metall-Elektrode spricht auf die Aktivität der Ionen an, die an der Phasengrenze zwischen Metall und Lösung entladen oder geladen werden.

Neben den bereits erwähnten Kupfer- und Zinkelektroden existieren viele andere Metallelektroden, wie z. B. $Pb^{2+}|Pb$ oder $Cd^{2+}|Cd$.

Beispiel 15.3. Für Alkalimetalle (z. B. Natrium) stellt sich in wäßriger Lösung das entsprechende Gleichgewicht nicht ein, da sie mit Wasser unter Bildung von Wasserstoff chemisch reagieren. Jedoch können sog. „Amalgame" eingesetzt werden, bei denen das Metall in einer Legierung mit Quecksilber vorliegt. Amalgame werden auch verwendet, wenn sich an der reinen Metallelektrode das Gleichgewicht nur langsam einstellt. Das Standardpotential der Amalgamelektroden ist von der Zusammensetzung des Amalgams abhängig. Als Beispiel betrachten wir die Zelle

$$Cd(x_1^\alpha)Hg \,|\, CdSO_4(aq) \,|\, Cd(x_1^\beta)Hg \,.$$

x_1 ist der Molenbruch des Cadmiums im Amalgam. Sind die Zusammensetzungen der beiden Elektroden nicht identisch, entsteht eine elektromotorische Kraft, die durch

$$E = -\frac{RT}{2F} \ln \frac{a_1^\beta}{a_1^\alpha}$$

gegeben ist. Wir wollen die EMK für zwei Elektroden mit $x_1^\alpha = 0.01$ und $x_1^\beta = 0.001$ unter der Annahme eines idealen Mischungsverhaltens des Amalgams abschätzen. Wir finden $E = 0.0296$ V.

Redoxelektroden. – Ein Inertmetall kann in der Lösung eine Reaktion zwischen der oxidierten und reduzierten Form eines Stoffs vermitteln:

$$Ox^{z_{Ox}} + ze^- \rightleftharpoons Red^{z_{Red}} \,.$$

In diesem Falle werden nicht Ionen, sondern Elektronen ausgetauscht. Eine wichtige Redoxelektrode basiert z. B. auf dem Gleichgewicht $Fe^{3+} + e^- \rightleftharpoons Fe^{2+}$.

Werden pro Formelumsatz $z = z_{\mathrm{Ox}} - z_{\mathrm{Red}}$ Elektronen ausgetauscht, lautet die Gleichgewichtsbedingung

$$\mu_{e^-}(\mathrm{Lsg}) + zF\Phi(\mathrm{Lsg}) = \mu_{e^-}(\mathrm{M}) + zF\Phi(\mathrm{M})\,. \tag{15.23}$$

Behandeln wir die Elektronen im Metall als reine Phase mit $\mu_{e^-}(\mathrm{M}) = \mu^*_{e^-}(\mathrm{M})$, ist

$$\Phi = \Phi(\mathrm{M}) - \Phi(\mathrm{Lsg}) = \frac{\mu^*_{e^-}(M) - \mu^\circ_{e^-}(\mathrm{Lsg})}{F} - \frac{RT}{F}\ln a_{e^-}(\mathrm{Lsg})\,. \tag{15.24}$$

Wir ersetzen nun die Aktivität der Elektronen mit Hilfe des Massenwirkungsgesetzes

$$K_a = \frac{a_{\mathrm{Ox}}\,(a_{e^-})^z}{a_{\mathrm{Red}}} \tag{15.25}$$

durch die Aktivitäten der Ionen in der oxidierten und reduzierten Form. Wir finden

$$\begin{aligned}\Phi &= \Phi^\circ - \frac{RT}{zF}\ln K_a + \frac{RT}{zF}\ln\left(\frac{a_{\mathrm{Ox}}}{a_{\mathrm{Red}}}\right)\\ &= \Phi^\circ + \frac{RT}{zF}\ln\left(\frac{a_{\mathrm{Ox}}}{a_{\mathrm{Red}}}\right)\,.\end{aligned} \tag{15.26}$$

Hierbei ist die Gleichgewichtskonstante K_a für das Redox-Gleichgewicht in das Standardpotential Φ° einbezogen. Gl. (15.26) besagt:

- Bei Redoxreaktionen ist das Verhältnis der Aktivitäten des Stoffs in den beiden Oxidationsstufen potentialbestimmend.

Gas-Inertmetall-Elektroden. – Ist die mit den Ionen im Gleichgewicht stehende Phase ein Gas, kann eine Inertmetallelektrode ebenfalls eine Redoxreaktion vermitteln. In diesem Fall spricht man von *Gas-Inertmetall-Elektroden* oder kurz von *Gaselektroden*. Die wichtigste Elektrode dieses Typs ist die Wasserstoffelektrode $\mathrm{Pt}\,|\,H_2(\mathrm{g})\,|\,H^+(\mathrm{aq})$, deren Aufbau in Abb. 15.2 schematisch gezeigt ist. Dabei taucht ein von Wasserstoff umspültes Platinblech in eine Lösung ein, die H^+-Ionen enthält. Platin katalysiert die Zersetzung von H_2 zu H-Atomen, wobei sich das Gleichgewicht $H^+ + e^- \rightleftharpoons 1/2\; H_2(\mathrm{g})$ einstellt. Die Reaktion wird durch eine große Metalloberfläche begünstigt, so daß an der Platinoberfläche zusätzlich fein verteiltes Platin durch elektrolytische Abscheidung aufgetragen wird.

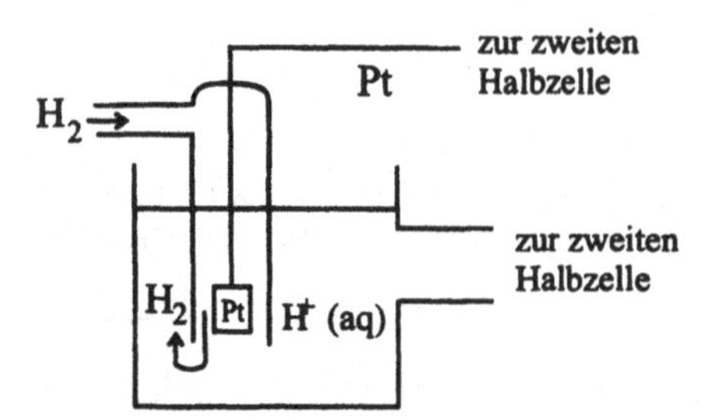

Abb. 15.2
Platin-Wasserstoff-Elektrode (schematisch).

Die NERNSTsche Gleichung für das Halbzellenpotential ist in Analogie zu Gl. (15.26) herleitbar. Jedoch drückt man das chemische Potential des Wasserstoffs zweckmäßigerweise durch die Fugazität aus:

$$\mu_{H_2}(\mathrm{g}) = \mu^\circ_{H_2}(\mathrm{g}) + RT\ln(f_{H_2}/f^\circ)\,.$$

Wir erhalten als Ergebnis

$$\Phi = \Phi^\circ + \frac{RT}{2F} \ln \frac{a_{H^+}}{\sqrt{f_{H_2}/f^\circ}} \,. \tag{15.27}$$

Bei Drücken in der Nähe von 1 bar kann die Fugazität durch den Druck ersetzt werden.

Andere Gaselektroden beruhen z. B. auf den Reaktionen $1/2\ Cl_2 + e^- \rightleftharpoons Cl^-$ und, experimentell schwer realisierbar, $1/2\ O_2 + 2e^- \rightleftharpoons O^{2-}$. Als Metalle werden z. B. Platin, Gold oder Iridium eingesetzt. Allgemein folgt:

- Gas-Inertmetall-Elektroden sprechen auf die Fugazität des Gases und die Aktivität der jeweiligen Kationen oder Anionen in Lösung an.

Beispiel 15.4. Wir wollen berechnen, wie genau der Wasserstoffdruck einer Standardwasserstoffelektrode ($P = 1$ bar) eingestellt werden muß, um bei 298.15 K eine Meßgenauigkeit der Potentials von 1 mV zu erhalten. Wir setzen die Fugazität gleich dem Druck. Für zwei Halbzellen mit den Wasserstoffdrücken P_I und P_{II} und der gleichen Wasserstoffionenaktivität ist

$$\Phi_{II} - \Phi_I = \frac{RT}{F} \ln \left(\frac{P_{II}}{P_I}\right)^{1/2} .$$

Wir finden $P_{II}/P_I = 1.081$.

Elektroden zweiter Art. – Elektroden zweiter Art enthalten zusätzlich zum Metall einen Bodenkörper oder einen Überzug aus einem schwerlöslichen Metallsalz. Bei Elektroden zweiter Art stehen die Ionen in Lösung also mit zwei Nachbarphasen im Gleichgewicht. Der grundsätzliche Aufbau einer solchen Elektrode ist in Abb. 15.3 am Beispiel einer Silber-Silberchlorid-Elektrode gezeigt. Derartige Elektroden werden als *Elektroden zweiter Art* bezeichnet.

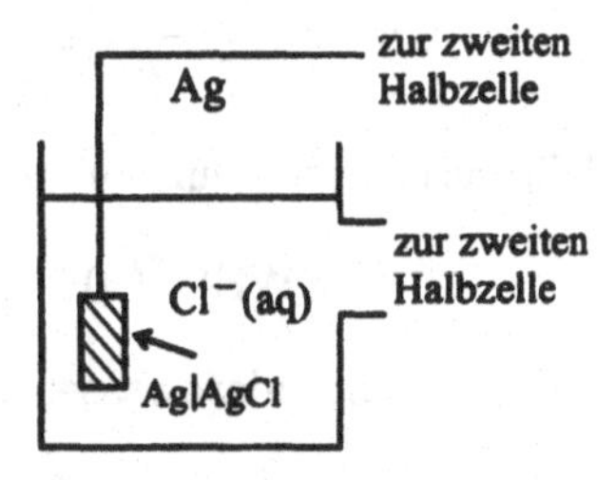

Abb. 15.3
Silber-Silberchlorid-Elektrode als Beispiel für eine Elektrode zweiter Art.

Bei der Silber-Silberchlorid-Elektrode steht schwerlösliches Silberchlorid mit den Ionen in Lösung über $AgCl \rightleftharpoons Ag^+ + Cl^-$ im Gleichgewicht. Gleichzeitig erfolgt ein Elektronenaustausch mit dem Metall gemäß $Ag^+ + e^- \rightleftharpoons Ag$. Damit folgt als Gesamtreaktion

$$AgCl + e^- \rightleftharpoons Ag + Cl^- .$$

Die Elektrode wird durch das Symbol $Ag \mid AgCl \mid Cl^-$ gekennzeichnet. Wir erhalten zunächst

$$\Phi = \Phi^\circ_{Ag/Ag^+} + \frac{RT}{F} \ln a_{Ag^+} \,. \tag{15.28}$$

Die Aktivität der Kationen ist an diejenige der Anionen durch das Löslichkeitsgleichgewicht des schwerlöslichen Salzes gekoppelt:

$$\frac{a_{\mathrm{Ag}^+}\, a_{\mathrm{Cl}^-}}{a_{\mathrm{AgCl}}} \cong a_{\mathrm{Ag}^+}\, a_{\mathrm{Cl}^-} = K_L \,. \tag{15.29}$$

Die Gleichgewichtskonstante K_L heißt *Löslichkeitsprodukt*. Damit folgt

$$\Phi = \Phi^\circ_{\mathrm{Ag/Ag}^+} + \frac{RT}{F}\ln K_L - \frac{RT}{F}\ln a_{\mathrm{Cl}^-} \,. \tag{15.30}$$

Wir beziehen nun das Löslichkeitsprodukt in das Standardpotential ein und erhalten:

$$\Phi = \Delta\Phi^\circ_{\mathrm{AgCl/Cl}^-} - \frac{RT}{F}\ln a_{\mathrm{Cl}^-} \,. \tag{15.31}$$

Eine andere oft verwendete Elektrode zweiter Art ist die Kalomel-Elektrode $Hg_2Cl_2|Hg$, die aus metallischem Quecksilber in Kontakt mit einer gesättigten Lösung des schwerlöslichen Quecksilbersalzes Hg_2Cl_2 (Kalomel) besteht. Die Kalomel- und Silber-Silberchlorid-Elektroden reagieren also auf die Aktivität der Chlorid-Anionen und ersetzen in der Praxis die unhandliche Chlor-Gaselektrode. Andere wichtige Elektroden zweiter Art, wie z. B. die Blei-Elektrode $Pb|PbSO_4$, basieren auf schwerlöslichen Sulfaten.

15.2.2 Bezugselektroden und Spannungsreihe

Da Halbzellenpotentiale nicht meßbar sind, ist nur eine willkürliche Zerlegung der Zellpotentiale möglich. Als Bezugselektrode dient die *Standardwasserstoffelektrode*. Dabei taucht eine Platinelektrode in eine wäßrige Lösung der Protonenaktivität $a_{\mathrm{H}^+} = 1$ ein.[2] Die Elektrode wird mit Wasserstoff bei einer Fugazität von 1 bar umspült (was praktisch einem Druck von 1 bar entspricht). Wir erhalten dann das Halbzellenpotential

$$\Phi = \Phi^\circ + \frac{RT}{F}\ln\frac{a_{\mathrm{H}^+}}{\sqrt{f_{\mathrm{H}_2}/f^\circ}} = \Phi^\circ \,. \tag{15.32}$$

Wir vereinbaren nun für die Standardwasserstoffelektrode

$$\Phi^\circ(\mathrm{SWE}) \stackrel{def}{=} 0 \qquad \text{für alle Temperaturen.} \tag{15.33}$$

Bildet die Standardwasserstoffelektrode die linke Elektrode einer Zelle, folgt also

$$E^\circ = \Phi^\circ_{\mathrm{rechts}} - \Phi^\circ(\mathrm{SWE}) = \Phi^\circ_{\mathrm{rechts}} \,, \tag{15.34}$$

d. h. Standardelektrodenpotentiale können durch Messung der EMK einer Zelle mit der Standardwasserstoffelektrode als linker Elektrode ermittelt werden.

Tab. 15.1 zeigt eine Auswahl von Standardelektrodenpotentialen bei 298.15 K. Die Zellreaktionen werden nach Konvention als Reduktionsreaktionen geschrieben. Die Zahlenwerte der Standardelektrodenpotentiale kennzeichnen den Verlauf der Zellreaktionen:

[2] Benutzt man z. B. eine HCl-Lösung, wird die Bedingung bei einer Molalität $m_2 = 1.19$ mol kg^{-1} erfüllt, bei der $\gamma_\pm = 0.84$ ist.

- Die Elektrode mit dem negativeren Standardpotential reduziert diejenige mit dem positiveren Potential.

Auf dieser Eigenschaft baut die sog. *elektrochemische Spannungsreihe*

Li, K, Ca, Na, Mg . . . . . Cu, Ag, Au

auf, in der die Metalle nach ihrem Reduktionsvermögen geordnet sind. Metalloberflächen können passiviert sein, so daß die elektrochemische Reaktion kinetisch gehemmt ist.

Tab. 15.1 Einige Standardelektrodenpotentiale bei 298.15 K. Quelle: M. S. Antelman, The Encyclopedia of Chemical Electrode Potentials, Plenum, New York, 1982.

Elektrode	Reaktion	E°/V
$Li^+ \vert Li$	$Li^+ + e^- \rightleftharpoons Li$	−3.045
$Na^+ \vert Na$	$Na^+ + e^- \rightleftharpoons Na$	−2.714
$OH^- \vert H_2 \vert Pt$	$H_2O + e^- \rightleftharpoons 1/2 H_2 + OH^-$	−0.828
$Zn^{2+} \vert Zn$	$1/2\ Zn^{2+} + e^- \rightleftharpoons 1/2\ Zn$	−0.763
$Cd^{2+} \vert Cd$	$1/2\ Cd^{2+} + e^- \rightleftharpoons 1/2\ Cd$	−0.403
$Pb^{2+} \vert Pb$	$1/2\ Pb^{2+} + e^- \rightleftharpoons 1/2\ Pb$	−0.126
$H^+ \vert H_2 \vert Pt$	$H^+ + e^- \rightleftharpoons 1/2\ H_2$	0
$Cl^- \vert AgCl \vert Ag$	$AgCl + e^- \rightleftharpoons 1/2\ Ag + Cl^-$	0.222
$Cu^{2+} \vert Cu$	$1/2\ Cu^{2+} + e^- \rightleftharpoons 1/2\ Cu$	0.337
$OH^- \vert O_2 \vert Pt$	$1/2 O_2 + H_2O + 2e^- \rightleftharpoons 2OH^-$	0.401
$Fe^{3+} \vert Fe^{2+} \vert Pt$	$Fe^{3+} + e^- \rightleftharpoons Fe^{2+}$	0.771
$Hg^{2+} \vert Hg$	$1/2\ Hg^{2+} + e^- \rightleftharpoons 1/2\ Hg$	0.789
$H^+ \vert O_2 \vert Pt$	$2H^+ + 1/2 O_2 + 2e^- \rightleftharpoons H_2O$	1.229
$Au^{3+} \vert Au$	$1/3\ Au^{3+} + e^- \rightleftharpoons 1/3\ Au$	1.500

Beispiel 15.5. Brennstoffzellen sind durch kontinuierliche Zuführung von Reaktionspartnern betriebene elektrochemische Zellen, die Umwandlungen chemischer Energie in elektrische Energie ohne Umweg über die durch den CARNOTschen Wirkungsgrad ungünstige Erzeugung von Wärme ermöglichen. Die „Knallgaszelle“ als konzeptionell einfachste Brennstoffzelle beruht auf der Bildung von Wasser aus Wasserstoff und Sauerstoff, ist jedoch für einen kontinuierlichen technischen Betrieb schwer realisierbar. Knallgaszellen können mit sauren oder basischen Elektrolyten arbeiten. Das Zellpotential bezieht sich auf die Bildungsreaktion des Wassers aus den Elementen. $E^\circ = 1.229$ V entspricht $\Delta_f G^\circ = -237.19$ kJ mol^{-1}. Mit den Angaben in Tab. 15.1 finden wir

in saurem Medium		E°/V
I:	$H_2(g) \rightleftharpoons 2\ H^+ + 2\ e^-$	0
II:	$(1/2)\ O_2(g) + 2\ H^+ + 2\ e^- \rightleftharpoons H_2O(\ell)$	1.229
	$H_2(g) + 1/2\ O_2(g) \rightleftharpoons H_2O(\ell)$	1.229

in basischem Medium		
I:	$H_2(g) + 2\ OH^- \rightleftharpoons 2\ H_2O(\ell) + 2\ e^-$	−0.828
II:	$(1/2)\ O_2(g) + H_2O(\ell) + 2\ e^- \rightleftharpoons 2\ OH^-$	0.401
	$H_2(g) + 1/2\ O_2(g) \rightleftharpoons H_2O(\ell)$	1.229

15.3 Potentialdifferenzen an Flüssig-flüssig-Phasengrenzen

15.3.1 Konzentrationszellen

Bisher wurden Fälle betrachtet, in denen die Triebkraft der Zellreaktion durch eine chemische Reaktion gegeben ist. Allgemein entsteht die Triebkraft durch Differenzen in chemischen Potentialen, die auch durch Konzentrationsunterschiede in den beiden Halbzellen zustande kommen können. Die Messung der EMK ermöglicht dann die Bestimmung von Aktivitäten der Lösungen. Wir sprechen in diesem Fall von *Konzentrationszellen.*[3]

Wir betrachten als Beispiel die Zelle

$$\mathrm{Pt}\,|\,\mathrm{H_2}\,|\,\mathrm{HCl}(\mathrm{aq}; m_2^\alpha)\,|\,\mathrm{HCl}(\mathrm{aq}; m_2^\beta)\,|\,\mathrm{H_2}\,|\,\mathrm{Pt}\,,$$

in der zwei HCl-Lösungen unterschiedlicher Zusammensetzungen aneinander grenzen. Stehen die beiden Lösungen über eine Flüssig-flüssig-Phasengrenze in Kontakt, tritt an der Phasengrenze eine Potentialdifferenz auf. Aufgrund der Differenz im chemischen Potential in beiden Phasen diffundieren H^+- und Cl^--Ionen von der Seite höherer zur Seite niedrigerer HCl-Konzentration, wobei die H^+-Ionen eine höhere Beweglichkeit als die Cl^--Ionen besitzen. Da die Elektroneutralitätsbedingung erfüllt sein muß, führen die unterschiedlichen Beweglichkeiten zu einer Potentialdifferenz, die die H^+-Ionen verlangsamt und die Cl^--Ionen beschleunigt, bis im stationären Zustand beide Ionen gleich schnell diffundieren. Die Potentialdifferenz wird als *Diffusionspotential* bezeichnet. Konzentrationszellen mit Diffusionspotential werden auch als *Zellen mit Überführung* bezeichnet.

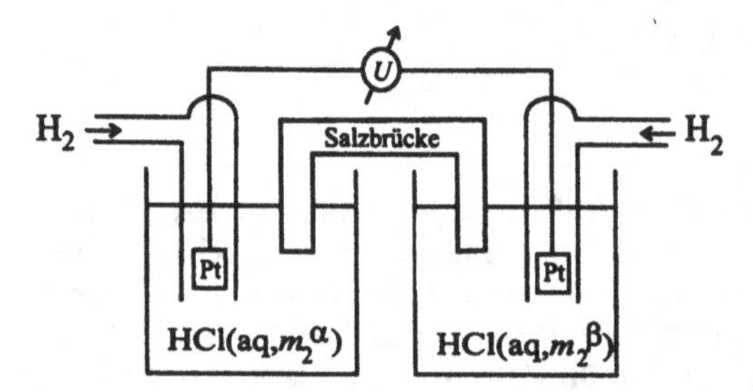

Abb. 15.4
Elektrochemische Zelle mit Salzbrücke.

Der Beitrag des Diffusionspotentials zum Zellpotential ist bei der Bestimmung thermodynamischer Größen unerwünscht. In einfachen Fällen kann das Diffusionspotential aus den meßbaren Beweglichkeiten der Ionen näherungsweise berechnet werden. Der gebräuchlichste Weg, das Diffusionspotential einer Konzentrationszelle auszuschalten, benutzt die in Abb. 15.4 gezeigte Anordnung, in der eine sog. *Salzbrücke* die beiden Halbzellen verbindet. Die Salzbrücke besteht aus einer konzentrierten Lösung eines Salzes, wie z. B. KCl, KNO_3 oder NH_4NO_3, mit ungefähr gleichen Beweglichkeiten der Kationen und Anionen. In diesem Fall ist das Diffusionspotential klein und an den Enden der Salzbrücke entgegengesetzt gerichtet. Damit wird sein Beitrag zum Zellpotential praktisch aufgehoben. Ist an einer Phasengrenze das Diffusionspotential unterdrückt, kennzeichnet man dies im Zellsymbol durch einen Doppelstrich ||. Das Zellsymbol der in Abb. 15.4 gezeigten Zelle ist also

[3] Ähnliche Effekte treten in Zellen auf, in denen Gaselektroden verschiedene Partialdrücke besitzen, sowie in Zellen mit Elektroden aus Metallegierungen verschiedener Zusammensetzung.

$$\mathrm{Pt}\,|\,\mathrm{H_2}\,|\,\mathrm{HCl(aq};m_2^\alpha)\,||\,\mathrm{HCl(aq};m_2^\beta)\,|\,\mathrm{H_2}\,|\,\mathrm{Pt}\,.$$

Allerdings kann das Diffusionspotential auf diese Art nicht vollständig ausgeschaltet werden. Ob bei der Bestimmung thermodynamischer Größen eine Korrektur nötig ist, hängt von den speziellen Bedingungen und der angestrebten Genauigkeit der Daten ab.

Für die beschriebene Zelle heben sich aufgrund der symmetrischen Elektrodenanordnung die Standardpotentiale der beiden Halbzellen weg, und wir erhalten unter Vernachlässigung des Diffusionspotentials den einfachen Ausdruck

$$E = -\frac{RT}{F}\ln\left(\frac{a_2^\beta}{a_2^\alpha}\right)\,. \qquad (15.35)$$

Beispiel 15.6. Wir betrachten die Zelle

$$\mathrm{Pt}\,|\,\mathrm{Cl_2}\,|\,\mathrm{HCl}(m_2 = 0.1\ \mathrm{mol\ kg^{-1}})\,||\,\mathrm{HCl}(m_2 = 0.001\ \mathrm{mol\ kg^{-1}})\,|\,\mathrm{Cl_2}\,|\,\mathrm{Pt}.$$

Die Aktivitätskoeffizienten des HCl sind bei 298.15 K $\gamma_\pm(0.1\ \mathrm{mol\ kg^{-1}}) = 0.943$ und $\gamma_\pm(0.001\ \mathrm{mol\ kg^{-1}}) = 0.965$. Wir erhalten nach Gl. (15.35) den Wert $E = 0.1177$ V.

15.3.2 Membranpotentiale

Sind zwei Halbzellen mit unterschiedlichen Elektrolytkonzentrationen durch eine ionenselektive Membran getrennt, entsteht ein sog. *Membranpotential*. Als Beispiel sei eine Membran betrachtet, die nur für einwertige Kationen, wie z. B. K^+, frei durchlässig ist. Um die Konzentrationsdifferenz auszugleichen, versucht das Ion M^+ von der Seite höherer Konzentration zur Seite geringerer Konzentration zu diffundieren. Da das Anion nicht folgen kann, entsteht eine Potentialdifferenz zwischen den Phasen, die eine weitere Ladungstrennung verhindert. Im Gleichgewicht zwischen den Phasen α und β ist

$$\mu^\circ_{\mathrm{M^+}}(\alpha) + RT\ln a_{\mathrm{M^+}}(\alpha) + F\Phi(\alpha) = \mu^\circ_{\mathrm{M^+}}(\beta) + RT\ln a_{\mathrm{M^+}}(\beta) + F\Phi(\beta)\,. \qquad (15.36)$$

Sind die Elektroden gleich, heben sich die beiden Standardpotentiale weg, und wir erhalten

$$\Delta\Phi = \frac{RT}{F}\ln\left\{\frac{a_{M^+}(\beta)}{a_{M^+}(\alpha)}\right\}\,. \qquad (15.37)$$

Für mehrwertige Ionen tritt der Faktor (RT/zF) auf. Das Membranpotential hängt nur von den Aktivitäten der Ionen auf den beiden Seiten der Membran ab.

Beispiel 15.7. Membranpotentiale spielen bei der Signalübertragung in Nervenzellen eine entscheidende Rolle. Membranen von Nervenzellen besitzen eine höhere Durchlässigkeit für K^+-Ionen als für Na^+ und Cl^--Ionen. Die intrazelluläre K^+-Konzentration ist ungefähr um den Faktor 20 höher als die extrazelluläre Konzentration. Für die Potentialdifferenz bei 37 °C (310 K) folgt nach

Gl. (15.37) unter der Annahme ideal verdünnter Lösungen $\Delta\Phi = -80$ mV. Dies entspricht ungefähr experimentell bestimmten Potentialdifferenz von -60 V an der Zellwand im Ruhezustand. Bei Reizung ändert sich die Struktur der Membran durch einen elektrischen Impuls, wobei Na^+-Ionen ins Innere gelangen. Die Potentialdifferenz steigt auf +30 mV. Nach der Reizung wird der Ruhezustand durch sog. Ionenpumpen (Kanalproteine) wiederhergestellt.

15.4 Thermodynamische Anwendungen elektrochemischer Zellen

15.4.1 Experimentelle Bestimmung von Standardpotentialen und mittleren ionischen Aktivitätskoeffizienten

Wir wollen die Bestimmung des Standardpotentials am Beispiel wäßriger Lösungen von HCl diskutieren und betrachten dazu die Zelle

$$\mathrm{Pt}\,|\,\mathrm{H_2}(\mathrm{g}; f = 1\ \mathrm{bar})\,|\,\mathrm{HCl}(\mathrm{aq}; m_2)\,|\,\mathrm{AgCl}\,|\,\mathrm{Ag}\,,$$

bei der die beiden Elektroden in die gleiche Lösung eintauchen, so daß kein Diffusionspotential auftritt. Die Elektrodenreaktionen

$$\mathrm{AgCl(s)} + \mathrm{e^-} \rightleftharpoons \mathrm{Ag(s)} + \mathrm{Cl^-}(\mathrm{aq};\ m_2), \qquad \mathrm{H^+}(\mathrm{aq};\ m_2) + \mathrm{e^-} \rightleftharpoons 1/2\,\mathrm{H_2(g)}$$

führen zur Bruttoreaktion

$$1/2\,\mathrm{H_2(g)} + \mathrm{AgCl(s)} \rightleftharpoons \mathrm{Ag(s)} + \mathrm{H^+}(\mathrm{aq};\ m_2) + \mathrm{Cl^-}(\mathrm{aq};\ m_2).$$

Mit den Potentialen

$$\Phi_{\mathrm{rechts}} = \Phi^{\circ}_{\mathrm{Ag,AgCl}} - \frac{RT}{F}\ln a_{\mathrm{Cl^-}}\,, \qquad \Phi_{\mathrm{links}} = \frac{RT}{F}\ln a_{\mathrm{H^+}}\,. \tag{15.38}$$

folgt für die EMK der Zelle

$$E = \Phi_{\mathrm{rechts}} - \Phi_{\mathrm{links}} = \Phi^{\circ}_{\mathrm{Ag,AgCl}} - \frac{RT}{F}\ln\left(a_{\mathrm{H^+}}a_{\mathrm{Cl^-}}\right)\,. \tag{15.39}$$

Führen wir den mittleren Aktivitätskoeffizienten ein, gilt

$$E = \Phi^{\circ}_{\mathrm{Ag,AgCl}} - \frac{RT}{F}\ln\left(m_2/m^{\circ}\right)^{1/2} - \frac{RT}{F}\ln\gamma_{\pm}^{1/2}\,. \tag{15.40}$$

Wir formen diese Gleichung um zu

$$E + \frac{2RT}{F}\ln\left(m_2/m^{\circ}\right) = \Phi^{\circ}_{\mathrm{Ag,AgCl}} - \frac{2RT}{F}\ln\gamma_{\pm}\,. \tag{15.41}$$

Für verdünnte Lösungen muß sich die Konzentrationsabhängigkeit des Aktivitätskoeffizienten dem DEBYE-HÜCKELschen Grenzverhalten annähern, nach dem $\ln\gamma_{\pm}$ proportional zur $I^{1/2}$ und damit zu $m_2^{1/2}$ ist:

$$E' = E + \frac{2RT}{F}\ln\left(m_2/m^{\circ}\right) = \Phi^{\circ}_{\mathrm{Ag,AgCl}} - k\frac{2RT}{F}\ln\left(m_2/m^{\circ}\right)^{1/2}\,. \tag{15.42}$$

k ist eine aus der DEBYE-HÜCKELschen Grenzsteigung für die jeweilige Temperatur hervorgehende Konstante. Damit ist folgendes Vorgehen zweckmäßig: Man mißt die EMK als Funktion der Elektrolytkonzentration bis zu möglichst kleinen Konzentrationen und trägt nach Gl. (15.42) die Größe E' gegen $(m_2/m^\circ)^{1/2}$ auf. Die resultierende Kurve wird unter Zuhilfenahme der theoretischen Grenzsteigung des DEBYE-HÜCKEL-Gesetzes auf $m^{1/2} \to 0$ extrapoliert. Der Ordinatenabschnitt liefert das gesuchte Standardpotential. Ist das Standardpotential ermittelt, können aus den zugrunde liegenden Daten mittlere ionische Aktivitätskoeffizienten bestimmt werden. Das Vorgehen ist in Abb. 15.5 schematisch skizziert. Es ist sinngemäß auf viele andere Elektrolyte übertragbar.

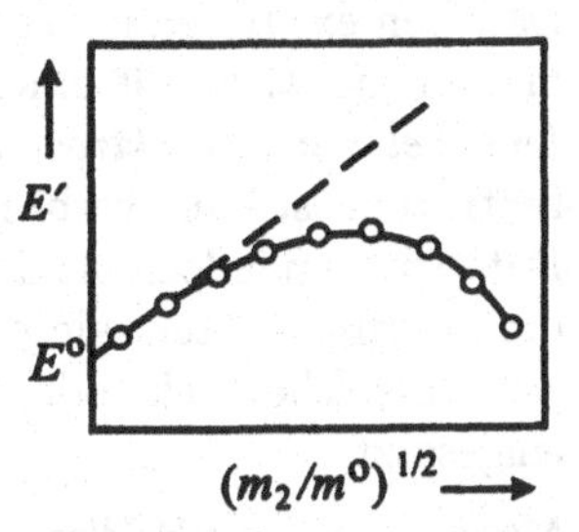

Abb. 15.5
Zur Bestimmung des Standardpotentials E°.

Oft bieten sich alternative Zellanordnungen an. Wenn das Diffusionspotential ausgeschaltet werden kann, können u. a. Konzentrationszellen zur Bestimmung der mittleren ionischen Aktivitätskoeffizienten eingesetzt werden. Beispielsweise ist für die Zellanordnung

$$\mathrm{Pt}\,|\,\mathrm{H_2}(g; f)\,|\,\mathrm{HCl}(m_2^\alpha)\,||\,\mathrm{HCl}(m_2^\beta)\,|\,\mathrm{AgCl}\,|\,\mathrm{Ag}$$

die Bestimmung des Aktivitätskoeffizienten von HCl bei der Molalität m_2^β mit Hilfe von Gl. (15.35) möglich, wenn der Aktivitätskoeffizient bei der Molalität m_2^α bekannt ist.

15.4.2 Säure-Base-Gleichgewichte

Hängt eine Zellreaktion von der Aktivität der Wasserstoffionen in Lösung ab, kann die EMK als Maß für den durch Gl. (13.59) definierten pH-Wert $\mathrm{pH} = -\log a_{\mathrm{H_3O^+}}$ der Lösung dienen. Dabei ist die Indikatorelektrode mit einer Bezugselektrode zu einer elektrochemischen Zelle zu kombinieren. Als Indikatorelektrode bietet sich natürlich zunächst die Platin-Wasserstoff-Elektrode an, die für die Fugazität $f = 1$ bar das Potential

$$E_{\mathrm{H_2/H^+}} = \frac{RT}{F} \ln a_{\mathrm{H^+}} = -\frac{RT \ln 10}{F}\,\mathrm{pH} \tag{15.43}$$

besitzt. Bei 298.15 K ist $E_{\mathrm{H_2/H^+}} = -0.05916$ V. Das Elektrodenpotential steigt also um 59 mV, wenn der pH-Wert um 1 absinkt. Die Messung kann z. B. mit einer Ag-AgCl-Elektrode als Gegenelektrode erfolgen.

Im täglichen Gebrauch werden Wasserstoffelektroden heute durch Glaselektroden ersetzt.[4] Das benutzte Glas ist eine erstarrte SiO_2+CaO+Na_2O-Schmelze. In Kontakt mit Wasser ist

[4]Andere Elektroden wie z. B. die Chinhydronelektrode werden heute praktisch nicht mehr benutzt.

es möglich, unter Quellung an der Oberfläche Kationen aus dem SiO_2-Netzwerk gegen H^+-Ionen (bzw. H_3O^+-Ionen) der Lösung auszutauschen. Taucht man dieses gequollene Glas in eine protonenhaltige Lösung, entsteht eine Potentialdifferenz, da die Protonen im Glas eine andere Aktivität als die Protonen in Lösung besitzen. Wird eine beidseitig gequollene Glasmembran als Trennwand zwischen Lösungen mit bekanntem und unbekanntem pH-Wert benutzt, stellt sich eine Potentialdifferenz ein, die z. B. mit zwei Ag|AgCl-Elektroden als Gegenelektroden gemessen werden kann. Die EMK ist proportional zum pH-Wert. Allerdings erhält man oft kein vollständig ideales Verhalten nach der NERNSTschen Gleichung (15.43). Man kalibriert daher Glaselektroden an Lösungen bekannten pH-Werts.

Daneben existieren heute Membranelektroden, z. B. mit Gläsern oder Polymermembranen, die auf die Aktivität einer Vielzahl von Ionen selektiv ansprechen. Die Anwendung dieser *ionenselektiven Elektroden* zum elektrochemischen Nachweis und zur Bestimmung der Konzentration ist weit verbreitet. Dem Einsatz zur Bestimmung genauer thermodynamischer Daten stehen jedoch oft durch Diffusionspotentiale und Nichtidealitäten der Membranen bedingte Zusatzpotentiale entgegen. Wegen des mit der Kalibrierung verbundenen Aufwands werden solche Elektroden für genaue thermodynamische Messungen vergleichsweise wenig eingesetzt.

Messungen des pH-Werts erlauben auch die Bestimmung von Säurekonstanten schwacher Säuren. Dazu bestimmt man meist den pH-Wert von Gemischen der Säuren HX mit einem ihrer Salze MX als Zusatzelektrolyt. Ist m_S die Molalität der Säure und m_{El} die Molalität des Zusatzelektrolyten, ist im Gleichgewicht die Molalität der undissoziierten Säure durch $m_{HX} = m_S - m_{H^+}$ und diejenige des Anions X^- durch $m_{X^-} = m_{H^+} m_{El}$ gegeben. Das Massenwirkungsgesetz nimmt dann die Form

$$K_a = \left(\frac{m_{H^+} (m_{H^+} + m_{El})}{(m_S - m_{H^+}) m^\circ} \right) \gamma_\pm^2 \tag{15.44}$$

an. Man bestimmt daher in verdünnten Lösungen den pH-Wert bei einer Reihe von Zusammensetzungen und berechnet den mittleren ionischen Aktivitätskoeffizienten $\gamma_\pm$ über das DEBYE-HÜCKEL-Grenzgesetz oder geeignete Erweiterungen.

Schließlich soll in diesem Zusammenhang noch die elektrochemische Bestimmung des Ionenprodukts des Wassers erwähnt werden. Eine Messung des Potentials der Zelle

$$\mathrm{Pt}|\mathrm{H_2}\,|\,\mathrm{NaOH(aq;} m_{\mathrm{NaOH}})\,||\,\mathrm{HCl(aq;} m_{\mathrm{HCl}})\,|\,\mathrm{H_2}|\mathrm{Pt}\,,$$

kann zur Bestimmung des Ionenprodukts (13.60)

$$K_W = a_{H^+} a_{OH^-}$$

des Wassers dienen. Oft wird $m_{NaOH} = m_{HCl}$, gewählt. Die Elektroden sind gleich, so daß sich das Standardpotential weghebt, und wir erhalten

$$E = \frac{RT}{F} \ln \left(\frac{a_{H^+}(\text{in HCl})}{a_{H^+}(\text{in NaOH})} \right) = \frac{RT}{F} \ln \left(\frac{a_{H^+}(\text{in HCl})\; a_{OH^-}(\text{in NaOH})}{K_W} \right) . \tag{15.45}$$

Für kleine Ionenkonzentrationen gehen die Aktivitätskoeffizienten gegen 1, so daß eine Extrapolation der EMK für $m_{HCl} = m_{NaOH} \to 0$ das Ionenprodukt ergibt.

16 Oberflächeneigenschaften

Bisher wurde unterstellt, daß die thermodynamischen Eigenschaften einer Phase unabhängig von ihrer geometrischen Gestalt sind. Wir wollen nun eine Reihe von Phänomenen besprechen, bei denen Grenzflächeneffekte wichtig werden.

16.1 Flüssig-Gas-Grenzfläche des Reinstoffs

16.1.1 Oberflächenspannung

Die Moleküle an der Oberfläche einer Flüssigkeit werden ins Innere gezogen, da dort die anziehenden Kräfte aufgrund der höheren Dichte der Nachbarteilchen größer sind als die Kräfte auf der gasförmigen Seite der Oberfläche. Um die Oberfläche einer kondensierten Phase zu vergrößern, ist unter isotherm-isobaren Bedingungen die Arbeit

$$dW_\sigma = \gamma \, d\sigma \tag{16.1}$$

zu leisten. γ ist eine stoffspezifische intensive Größe (Einheit $1 \text{ N m}^{-1} = 1 \text{ J m}^{-2}$), die als *Oberflächenspannung* bezeichnet wird.

Beispiel 16.1. In der sog. *Drahtbügelmethode* wird die Oberflächenspannung anhand der Kraft gemessen, die nötig ist, um eine Flüssigkeitslamelle zu vergrößern. Bei einer Breite y des Drahtbügels erfordert eine Streckung beider Seiten einer Lamelle um die Länge dx die Arbeit $dW_\sigma = \gamma \, d\sigma = 2\gamma y \, dx = F \, dx$. Damit folgt für die Kraft $F = 2\gamma \, y$.

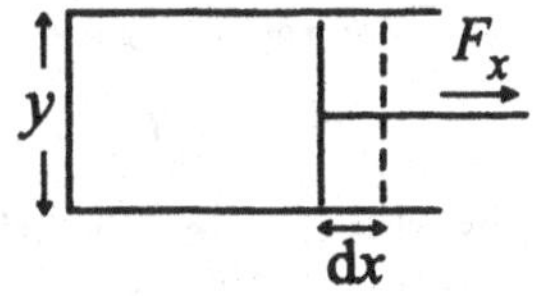

Abb. 16.1
Prinzip der Drahtbügelmethode.

Das in Beispiel 16.1 beschriebene Drahtbügelexperiment kann zur experimentellen Bestimmung der Oberflächenspannung herangezogen werden. In ähnlichen Methoden wird die Kraft bestimmt, um eine Platte oder Ring aus der Oberfläche einer Flüssigkeit herauszuziehen. Andere Methoden machen sich Phänomene zunutze, die auf der Existenz der Oberflächenspannung beruhen und in den folgenden Abschnitten behandelt werden. Obwohl

Oberflächenspannungen von Flüssigkeiten eigentlich nur bezüglich Flüssig-Gas-Koexistenz definiert sind, werden sie oft bei Atmosphärendruck gemessen. Der Unterschied kann merklich sein. Bei 298 K reduziert die Anwesenheit von Luft die Oberflächenspannung von Ethanol um 2 %.

Tab. 16.1 Oberflächenspannung einiger Flüssigkeiten. Quelle: [HCP].

	T/K	γ/N m^{-1}		T/K	γ/N m^{-1}
Quecksilber	293.15	0.472	Wasser	298.15	0.0720
Benzol	293.15	0.0288		373.15	0.0580
Aceton	293.15	0.0237			
Diethylether	293.15	0.0169			

In der Nähe der Raumtemperatur liegen die Werte für einfache Flüssigkeiten zwischen 0.01 und 0.03 N m^{-1} (Tab. 16.1). Substanzen mit starken zwischenmolekularen Wechselwirkungen, wie z. B. Wasser, weisen höhere Werte auf. Die außergewöhnlich hohe Oberflächenspannung von Quecksilber ist typisch für flüssige Metalle und Salzschmelzen.

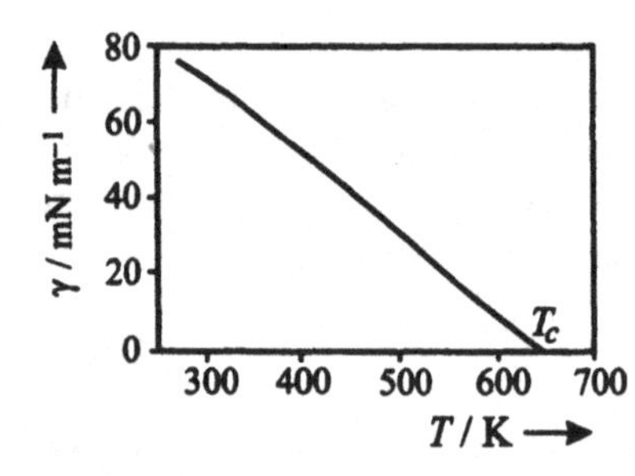

Abb. 16.2
Temperaturabhängigkeit der Oberflächenspannung des Wassers.

Abb. 16.2 zeigt die Temperaturabhängigkeit der Oberflächenspannung des Wassers zwischen Tripelpunkt und kritischem Punkt. Die Temperaturabhängigkeit der Oberflächenspannungen weist für alle Flüssigkeiten einen ähnlichen Verlauf auf, der der Regel von EÖTVÖS genügt. In der einfachsten Form besagt diese:

- Die Oberflächenspannung nimmt mit steigender Temperatur näherungsweise linear ab und verschwindet am kritischen Punkt.

Eine theoretisch besser begründete Beziehung geht von einem Skalengesetz der Form

$$\gamma = A(T - T_c)^{\mu} \tag{16.2}$$

aus, das aus der Theorie der kritischen Phänomene folgt. Die Theorie ergibt einen Exponenten $\mu \cong 1.26$. Aus der Extrapolation der Oberflächenspannung können kritische Temperaturen abgeschätzt werden.

Eine etwas andere Darstellung benutzt die sog. *molare Oberflächenspannung*

$$\gamma_m \stackrel{def}{=} \gamma \overline{V}^{2/3} , \tag{16.3}$$

die einer linearen Temperaturabhängigkeit

$$\gamma_m = k_\gamma (T_c - T) \tag{16.4}$$

besser folgt als γ selbst. Die Konstante k_γ besitzt für einfache Flüssigkeiten den Wert $k_\gamma \cong 2.1 \cdot 10^{-7}$ N m mol$^{-2/3}$ K^{-1}. Für wasserstoffbrückengebundene Flüssigkeiten werden niedrigere Werte gefunden.

16.1.2 Thermodynamik der Oberflächenerscheinungen von Reinstoffen

Beziehen wir die Oberflächenarbeit in die Fundamentalgleichung ein, ist

$$\mathrm{d}U = T\,\mathrm{d}S - P\,\mathrm{d}V + \gamma\,\mathrm{d}\sigma\,. \tag{16.5}$$

Für die Fundamentalgleichungen der HELMHOLTZ-Energie und der GIBBS-Energie folgt

$$\mathrm{d}A = -S\,\mathrm{d}T - P\,\mathrm{d}V + \gamma\,\mathrm{d}\sigma\,, \tag{16.6}$$

$$\mathrm{d}G = -S\,\mathrm{d}T + V\,\mathrm{d}P + \gamma\,\mathrm{d}\sigma\,. \tag{16.7}$$

Aus den Fundamentalgleichungen folgen die äquivalenten Beziehungen:

$$\gamma = \left(\frac{\partial U}{\partial \sigma}\right)_{S,V} = \left(\frac{\partial H}{\partial \sigma}\right)_{S,P} = \left(\frac{\partial A}{\partial \sigma}\right)_{T,V} = \left(\frac{\partial G}{\partial \sigma}\right)_{T,P}\,. \tag{16.8}$$

Wir wollen uns als Beispiel die HELMHOLTZ-Energie $A(V,T,\sigma)$ ansehen. Bei einem isochoren Prozeß ist $A(T,\sigma)$ eine Zustandsfunktion mit den ersten Ableitungen

$$\left(\frac{\partial A}{\partial T}\right)_{V,\sigma} = -S\,, \qquad \left(\frac{\partial A}{\partial \sigma}\right)_{V,T} = \gamma\,. \tag{16.9}$$

Der Satz von SCHWARZ liefert dann die MAXWELL-Beziehung

$$\left(\frac{\partial \gamma}{\partial T}\right)_{\sigma} = -\left(\frac{\partial S}{\partial \sigma}\right)_{T}\,. \tag{16.10}$$

Für die Abhängigkeit der Entropie von der Oberfläche ergibt sich die Differentialgleichung

$$\mathrm{d}S = -\left(\frac{\partial \gamma}{\partial T}\right)_{T} \mathrm{d}\sigma\,. \tag{16.11}$$

Integrieren wir diese Gleichung von einer verschwindend kleinen Grenzfläche mit der Entropie S_0 bis zur aktuellen Grenzfläche, folgt mit $T = const$

$$S^{\mathrm{S}} = \frac{S - S_0}{\sigma} = -\frac{\mathrm{d}\gamma}{\mathrm{d}T}\,. \tag{16.12}$$

Der hochgestellte Index „S“ kennzeichnet eine auf die Einheit der Oberfläche bezogene Größe. S^{S} heißt *spezifische Oberflächenentropie.* Für Wasser bei 298 K ist der Temperaturkoeffizient der Oberflächenspannung $\mathrm{d}\gamma/\mathrm{d}T = -0.15$ mN m^{-1} K^{-1}. S^{S} ist damit positiv, d. h. die Entropie an der Oberfläche ist größer als im Innern der Flüssigkeit.

Rücksubstitution in die Fundamentalgleichung der inneren Energie liefert:

$$\mathrm{d}U = \left(\gamma - T\frac{\mathrm{d}\gamma}{\mathrm{d}T}\right) \mathrm{d}\sigma\,. \tag{16.13}$$

Für die *spezifische Oberflächenenergie* folgt damit

$$U^{S} = \frac{U - U_0}{\sigma} = \gamma - T\frac{d\gamma}{dT}. \tag{16.14}$$

Die Oberflächenenergie ist positiv. Oberflächenentropie und Oberflächenenergie verschwinden am kritischen Punkt.

16.1.3 Gleichgewichtsbedingungen für gekrümmte Oberflächen

Ob Beiträge der Oberflächenenergie für die thermodynamischen Eigenschaften eine Rolle spielen, hängt vom Verhältnis der Zahl der Teilchen an der Oberfläche zur Zahl der Teilchen im Innern der Phase ab. Die Erfahrung zeigt, daß für Phasen wie z. B. Flüssigkeitströpfchen bei Dimensionen in der Größenordnung von 10^{-6} m der Einfluß der Oberfläche spürbar wird. Bei einem Tröpfchen der Größe 10^{-9} m befinden sich praktisch alle Teilchen an der Oberfläche. Der Begriff der „Phase“ ist dann allerdings nicht mehr anwendbar.

Da Moleküle an der Oberfläche eine höhere GIBBS-Energie besitzen als im Innern der Flüssigkeit, muß der Dampfdruck innerhalb und außerhalb gekrümmter Flächen unterschiedlich sein. Wir unterscheiden zwei Fälle:

- Bei einem Flüssigkeitstropfen ist die Flüssigkeitsoberfläche konvex gegen die äußere Phase gekrümmt, bei einer Gasblase ist die Oberfläche konkav gekrümmt.

Wir betrachten als Beispiel eine kugelförmige Gasblase in einer Flüssigkeit. Wird die Blase vom Radius r auf den Radius $r + dr$ aufgeweitet, vergrößert sich die Oberfläche um $d\sigma = 8\pi r\,dr$, wozu die Oberflächenarbeit

$$dW_\sigma = 8\pi\gamma r\,dr \tag{16.15}$$

erforderlich ist. Bezeichnen wir die Druckdifferenz an der Oberfläche mit $\Delta P = P(\text{innen}) - P(\text{außen})$, ist die Volumenarbeit durch $dW = \Delta P\, 4\pi r^2\, dr$ gegeben. Im Gleichgewicht ist

$$\Delta P\, 4\pi r^2\, dr = 8\pi\gamma r\,dr \tag{16.16}$$

und damit

$$\Delta P = 2\gamma/r. \tag{16.17}$$

Dies ist die YOUNG-LAPLACE-Gleichung. Sie besagt:

- Auf der Innenseite einer gekrümmten Fläche herrscht ein höherer Druck als auf der Außenseite.

Für eine ebene Oberfläche ($r \to \infty$) verschwindet die Druckdifferenz.

Die Druckdifferenz an gekrümmten Flächen kann zur Messung der Oberflächenspannung eingesetzt werden. Man mißt z. B. den Maximaldruck P_{max}, um in einer Flüssigkeit eine Blase aus einer Kapillare abzulösen. Die Gasblase wächst, bis ihr Radius den Kapillarradius erreicht hat. Bei einer Eintauchtiefe h der Kapillare ist $P_{max} = P_{hydr} + 2\sigma/r_K$, wobei P_{hydr} der hydrostatische Druck und r_K der Kapillarradius ist.

Beispiel 16.2. Die Druckdifferenz an der Grenzfläche ist für den Anstieg bzw. die Depression einer Flüssigkeit in einer Kapillare verantwortlich. Wir betrachten zunächst eine Flüssigkeit, die die Kapillarinnenwand vollständig benetzt, so daß der Randwinkel an der Kapillarwand $\theta = 0°$ beträgt (Abb. 16.3). Dies ist der Fall, wenn stark anziehende Kräfte zwischen Flüssigkeitsmolekülen und Festkörperoberfläche wirken. Weist der Meniskus in der Kapillare eine konstante Krümmung mit dem Radius r auf, ist der Druck in der Flüssigkeit am Meniskus durch $P - 2\gamma/r$ gegeben, während er in der Flüssigkeit selbst gleich dem Atmosphärendruck P ist. In diesem Fall steigt die Flüssigkeit an, bis der hydrostatische Druck gleich der Druckdifferenz an der Grenzfläche ist. Sind ρ^ℓ und ρ^g die Dichten der Flüssigkeit und der Gasphase über der Flüssigkeit, ist

$$\frac{(\rho^\ell - \rho^g) r^2 hg}{\pi r^2} = \frac{2\gamma}{r}.$$

Die Steighöhe h ist daher durch

$$h = \frac{2\gamma}{(\rho^\ell - \rho^g) gr} \cong \frac{2\gamma}{\rho^\ell gr}$$

gegeben. Für Wasser bei 293 K in einer Kapillare mit dem Radius $r = 1$ mm ist $h = 1.49$ cm. Liegt aufgrund schwacher Kräfte zwischen Flüssigkeitsmolekülen und Festkörperoberfläche keine vollständige Benetzung vor, ist der Randwinkel $\theta > 0°$. In diesem Fall wird die Flüssigkeit nur durch die senkrechte Kraftkomponente der Oberflächenkraft gehalten und die rechte Seite der obigen Gleichung muß mit $\cos\theta$ multipliziert werden. Ist $\theta > 90°$ ($\cos\theta < 0$), entsteht eine Kapillardepression ($h < 0$).

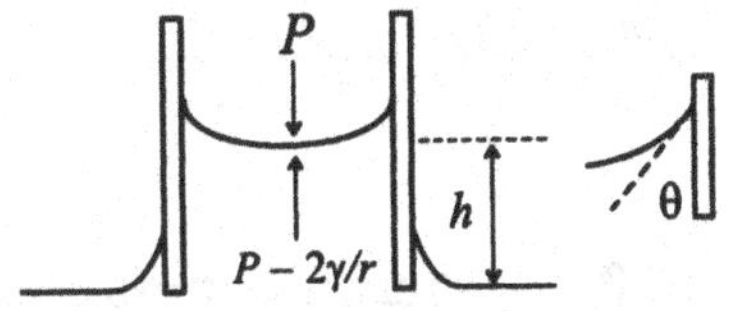

Abb. 16.3
Kapillarmethode zur Messung der Oberflächenspannung.

16.1.4 Dampfdruck von Tröpfchen

Nach der YOUNG-LAPLACE-Gleichung finden wir für die Druckdifferenz zwischen einer Oberfläche mit dem Krümmungsradius r und einer ebenen Oberfläche ($r \to \infty$) die Beziehung $P(r) - P(r \to \infty) = 2\gamma/r$. Da dieser Zusatzdruck das chemische Potential ändert, erwarten wir eine Änderung des Dampfdrucks einer Flüssigkeit bei Krümmung der Oberfläche. Diese läßt sich mit Hilfe der POYNTING-Beziehung (7.22) berechnen. Als Ergebnis erhält man die KELVIN-Gleichung

$$\ln\left(\frac{P(r)}{P(r \to \infty)}\right) = \pm \frac{\overline{V}^\ell}{RT} \frac{2\gamma}{r}. \tag{16.18}$$

Das Pluszeichen gilt für Flüssigkeitstropfen in der Gasphase, das Minuszeichen für Gasblasen in einer Flüssigkeit. Die KELVIN-Gleichung besagt also:

- Kleine Tröpfchen sind aufgrund eines höheren Dampfdrucks instabil gegenüber größeren Tröpfchen und makroskopischen Phasen.

Tab. 16.2 zeigt die Größe der Dampfdruckänderung bei Bildung kleiner Tröpfchen. Allerdings stößt das zugrunde liegende Konzept einer makroskopischen Phase bei Ausdehnungen im Nanometerbereich an Grenzen.

Aus einer homogenen Dampfphase entstehende kleine Tröpfchen gehen aufgrund des hohen Dampfdrucks leicht wieder in die Dampfphase über. Erst bei einer Übersättigung werden Tröpfchen gebildet, die groß genug sind, um stabil zu bleiben und weiter zu wachsen (sog. *homogene Kondensation*). Oft dienen daher Fremdteilchen oder Gefäßwände als bevorzugte Kondensationskeime (*heterogene Kondensation*). Ähnliche Phänomene treten bei Gasblasen auf, wobei ein gewisser Mindestdruck erforderlich ist, um Blasen zu bilden, die weiter wachsen können. Dies verursacht oft eine Überhitzung von Flüssigkeiten (sog. Siedeverzug). Bemerkenswerterweise treten solche Phänomene auch an Grenzflächen zwischen kondensierten Phasen auf. Beispielsweise gilt die KELVIN-Gleichung in analoger Form für die Kristallreifung. Auch im letztgenannten Fall können Hemmungen auftreten. So liegt z. B. die homogene Nukleationstemperatur von sehr sauberem Wasser bei 1 atm bei 230 K.

Tab. 16.2 Dampfdruck von Wassertröpfchen bei 293.15 K.

r	$P(r)/P(r \to \infty)$
1 μm	1.001
100 nm	1.01
10 nm	1.11
1 nm	2.92

16.2 Oberflächenerscheinungen von flüssigen Gemischen

16.2.1 Gibbssche Grenzfläche

Um Oberflächenerscheinungen von Gemischen zu diskutieren, müssen wir uns zunächst das Konzept der GIBBSschen Grenzfläche und der Oberflächenkonzentrationen ansehen. Abb. 16.4 zeigt die Grenzfläche zwischen zwei Phasen α und β im Gleichgewicht. Wir betrachten zunächst im linken Teil der Abbildung einen Reinstoff 1. Wenn wir die Konzentration entlang der Flächennormalen h aufzeichnen, erfolgt der Übergang von Phase α zu Phase β nicht abrupt, sondern erstreckt sich über mehrere Atomschichten.

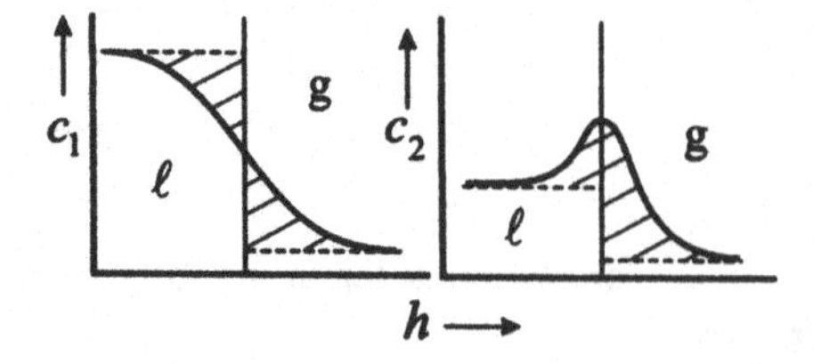

Abb. 16.4
Zur Definition der GIBBSschen Grenzfläche.

Wir wollen nun eine unendlich dünne, hypothetische Grenzfläche dadurch definieren, daß wir im Übergangsbereich eine Trennfläche senkrecht zur Oberflächennormalen legen. Die Stoffmengenbilanz ergibt für die Stoffmenge n_k^S eines Stoffs in der Oberfläche bei einer Gesamtstoffmenge n_k und den Stoffmengen n^α und n^β in den beiden Phasen

$$n_k^S = n_k - n_k^\alpha - n_k^\beta \,. \tag{16.19}$$

Definieren wir die Oberflächenkonzentration des Stoffs k durch

$$\Gamma_k \stackrel{def}{=} n_k^S/\sigma \,, \tag{16.20}$$

ergibt sich aus der Stoffmengenbilanz

$$\Gamma_k\sigma = n_k - c_k^\alpha V^\alpha - c_k^\beta V^\beta \,. \tag{16.21}$$

Da die Volumina der beiden Phasen α und β von der Lage der Trennfläche abhängen, hängt auch die Oberflächenkonzentration von dieser Lage ab. Wir können jedoch die Grenzfläche immer so legen, daß die Oberflächenkonzentration einer Komponente verschwindet. Dies ist in Abb. 16.4 dann der Fall, wenn die beiden schraffierten Flächen gleich sind. Bei einem Reinstoff können wir also immer erreichen, daß $\Gamma_1 = 0$ ist. Dies war die implizite Voraussetzung der in Abschnitt 16.1.2 hergeleiteten Beziehungen.

Bei mehreren Komponenten ist es dagegen nicht möglich, die Grenzfläche so zu wählen, daß die Oberflächenkonzentrationen *aller* Komponenten verschwinden. Nach GIBBS benutzen wir daher eine Konvention:

- Wir legen die hypothetische Grenzfläche so, daß die Oberflächenkonzentration Γ_1 des Lösungsmittels 1 (d. h. der Überschußkomponente) verschwindet.

Damit werden die Oberflächenkonzentrationen der anderen Komponenten von null verschieden sein. Da sie positiv oder negativ sein können, spricht man von *Oberflächenexzeßkonzentrationen*. Abb. 16.4 zeigt im rechten Teil als Beispiel die Konzentration des Gelösten entlang der Oberflächennormalen im Falle einer Anreicherung an der Oberfläche.

16.2.2 Flüssig-Gas-Grenzfläche von Gemischen

Als Konsequenz der Überlegungen im letzten Abschnitt müssen wir bei der thermodynamischen Behandlung der Oberflächenerscheinungen in Gemischen Oberflächengrößen berücksichtigen. Die thermodynamischen Funktionen nehmen also die Form $Y = Y^\alpha + Y^\beta + Y^S$ an. Das Volumen der Grenzschicht wird dagegen definitionsgemäß gleich null gesetzt.[1] Wir beschränken uns im folgenden der Einfachheit halber auf ein binäres Gemisch und betrachten das differential der GIBBS-Energie bei konstantem Druck und konstanter Temperatur, zu der wir einen Term für die Oberflächenarbeit hinzufügen:

$$(\mathrm{d}G)_{P,T} = \gamma \mathrm{d}\sigma + \mu_1 \,\mathrm{d}n_1^S + \mu_2 \,\mathrm{d}n_2^S \tag{16.22}$$

[1] Alternative Definitionen mit endlichen Grenzflächenvolumina führen letztendlich zu den gleichen Beziehungen wie die im folgenden hergeleiteten.

mit $\mu_1^g = \mu_1^\ell \equiv \mu_1$. Wir integrieren die Beziehung zu (siehe auch Kap. 8.1.3)

$$G(\sigma, n_1^S, n_2^S) = \gamma\sigma + \mu_1 n_1^S + \mu_2 n_2^S \,. \tag{16.23}$$

Bilden wir das totale Differential, folgt

$$dG = \gamma d\sigma + \sigma\, d\gamma + \mu_1^S\, dn_1 + \mu_2^S\, dn_2 + n_1^S\, d\mu_1 + n_2^S\, d\mu_2 \,. \tag{16.24}$$

Ein Vergleich mit Gl. (16.22) führt auf ein Analogon zur GIBBS-DUHEM-Beziehung

$$\sigma d\gamma + n_1^S\, d\mu_1 + n_2^S\, d\mu_2 = 0 \,. \tag{16.25}$$

Unter Benutzung der Definition der Oberflächenkonzentration $\Gamma_k = n_k^S/\sigma$ folgt daraus

$$d\gamma = -\Gamma_1\, d\mu_1 - \Gamma_2\, d\mu_2 \,. \tag{16.26}$$

Da wir jedoch die Lage der Grenzfläche willkürlich so festgelegt haben, daß für das Lösungsmittel $\Gamma_1 = 0$ ist, ergibt sich

$$d\gamma = -\Gamma_2\, d\mu_2 \,. \tag{16.27}$$

Wenn wir das chemische Potential durch die Aktivität ersetzen und beachten, daß der Standardanteil bei Differentiation verschwindet, folgt die sog. GIBBS*sche Adsorptionsisotherme*

$$\Gamma_2 = -\frac{a_2}{RT}\left(\frac{d\gamma}{da_2}\right), \tag{16.28}$$

wobei in einer ideal verdünnten Lösung die Aktivität a_2 durch die Konzentration c_2 des Gelösten ersetzt werden kann. Damit liefert die Messung der Oberflächenspannung Information über die Oberflächenexzeßkonzentrationen des Gelösten. Gl. (16.28) zeigt, daß die Anreicherung eines Stoffs an der Oberfläche ($\Gamma_2 > 0$) eine Erniedrigung der Oberflächenspannung verursacht, eine Abreicherung zur Erhöhung der Oberflächenspannung führt.

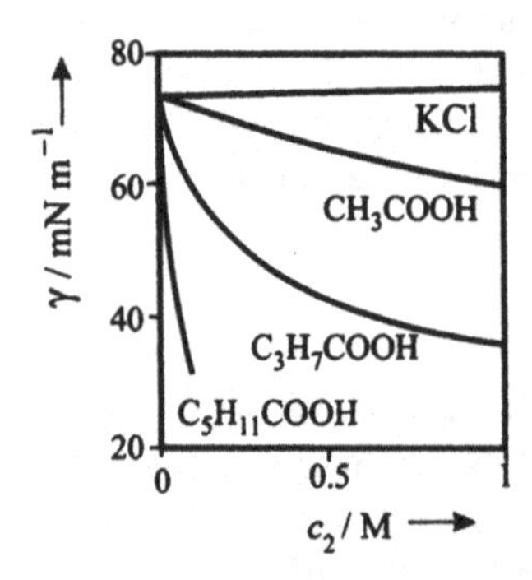

Abb. 16.5
Abhängigkeit der Oberflächenspannung wäßriger Lösungen bei 298.15 K von der Konzentration des Gelösten. Quelle: [ADA].

Abb. 16.5 zeigt einige Beispiele zur Konzentrationsabhängigkeit der Oberflächenspannung wäßriger Lösungen. Aus unserem chemischen Verständnis erwarten wir eine Anreichung amphiphiler Moleküle an der Oberfläche, wobei die hydrophoben Gruppen zur Oberfläche gerichtet sind, während die hydrophilen Gruppen aufgrund der Möglichkeit, Wasserstoffbrücken zu bilden, ins Innere der Lösung zeigen. Dagegen besteht aufgrund der günstigen Hydratationseigenschaften von Ionen die Tendenz, die Oberfläche zu meiden. Das in Abb. 16.5 gezeigte Verhalten bestätigt diese Erwartungen.

Beispiel 16.3. Um mit Hilfe von Gl. (16.28) Oberflächenexzeßkonzentrationen zu bestimmen, kann unter Annahme eines idealen Verhaltens der Gasphase die Oberflächenspannung γ einer Lösung als Funktion des Partialdrucks P_2 des Gelösten bestimmt werden. Dazu formen wir Gl. (16.28) zu

$$\Gamma_2 = -\frac{1}{RT}\left(\frac{d\gamma}{d\ln P_2}\right)$$

um. Die folgende Tabelle stellt einige Daten für Wasser + Ethanol-Gemische und die daraus bestimmten Oberflächenexzeßkonzentrationen zusammen. Ethanol ist Komponente 2. Zur Ermittlung der Oberflächenexzeßkonzentration ist die Steigung der Funktion $\gamma = f(log P_2)$ auszuwerten.

Tab. 16.3 Bestimmung von Oberflächenexzeßkonzentrationen. Quelle: [PIT].

x_2	γ / mN m^{-1}	P_2 / mbar	Γ_2 / mol m^{-2}
0	71.79		
0.02	55.57	5.32	$4.45 \cdot 10^{-6}$
0.04	47.86	10.76	$5.35 \cdot 10^{-6}$
0.1	36.72	17.23	$6.76 \cdot 10^{-6}$
0.12	34.42	27.53	$7.01 \cdot 10^{-6}$
0.15	32.20	31.32	$7.02 \cdot 10^{-6}$

16.2.3 Oberflächenfilme

Langkettige Fettsäuren, etwa mit mehr als 10 Kohlenstoffatomen, sind in Wasser kaum löslich, sondern bilden einen Oberflächenfilm. Dieses Verhalten bildet die Grundlage der Wirkung von Seifen und Detergentien. Zur Beschreibung solcher Oberflächenfilme betrachten wir in Abb. 16.6 das Prinzip einer sog. LANGMUIR-Filmwaage. Dabei ist die Oberfläche des Wassers durch eine bewegliche Barriere der Länge l zweigeteilt. Wir erzeugen nun auf der rechten Seite der Barriere einen Oberflächenfilm und bestimmen die Kraft, die nötig ist, die Barriere um die Strecke dx zu verschieben. Die Verschiebung um die Strecke dx bedingt eine Oberflächenänderung $d\sigma = l\,dx$. Die dazu erforderliche Arbeit ist gleich der Änderung der HELMHOLTZ-Energie.

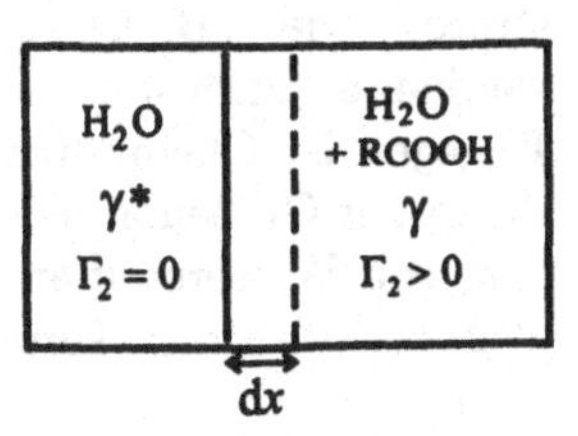

Abb. 16.6
Prinzip der LANGMUIR-Waage zur Messung des Filmdrucks.

Ist γ^* die Oberflächenspannung des reinen Wassers und γ diejenige der Lösung, folgt

$$dA = dA_{\text{rechts}} + dA_{\text{links}} = (\gamma - \gamma^*)\, d\sigma\,. \tag{16.29}$$

Die Ableitung

$$\pi \overset{def}{=} -\frac{dA}{d\sigma} = \gamma^* - \gamma \tag{16.30}$$

entspricht einem Oberflächendruck, den wir als *Spreitungsdruck* bezeichnen. Für kleine Konzentrationen c_2 kann angenommen werden, daß γ linear mit c_2 abnimmt. Unter dieser Annahme kann die GIBBSsche Adsorptionsisotherme (16.28) integriert werden, und wir finden

$$\pi = \Gamma_2 RT = \frac{n_2^S}{\sigma} RT. \tag{16.31}$$

Diese Zustandsgleichung eines perfekten zweidimensionalen Systems entspricht der Zustandsgleichung idealer Gase. Tatsächlich gibt es eine bemerkenswerte Korrespondenz zwischen Zustandsgleichungen von zwei- und dreidimensionalen Systemen. Monoschichten, denen eine große Fläche pro Molekül zur Verfügung steht, sind sehr kompressibel und gehorchen dem Grenzgesetz (16.31). Bei Kompression treten oft Phasenübergänge zu wenig kompressiblen Oberflächenphasen auf, die flüssigen oder festen Volumenphasen entsprechen.

16.3 Adsorption von Gasen an Festkörperoberflächen

Aufgrund zwischenmolekularer Wechselwirkungen können Gasmoleküle auf Festkörperoberflächen haften. Dabei bezeichnet man den Festkörper als Adsorbens, das Gas als Adsorptiv und das Gas im adsorbierten Zustand als Adsorbat. Art und Ausmaß der Adsorption hängen von einer Vielzahl von stoffspezifischen Faktoren ab, wie z. B. der chemischen Natur des Adsorbens und Adsorbats, der Oberflächengestalt und Oberflächenstruktur und der Anwesenheit von Drittstoffen. Adsorbierte Teilchen können auf der Oberfläche statistisch verteilt sein, sich auf der Oberfläche bewegen oder an bevorzugten Stellen fixiert sein, so daß eine geometrische Ordnung entsteht.

Die Adsorption kann aus zwischenmolekularen Wechselwirkungen resultieren, so daß man von *physikalischer Adsorption* oder *Physisorption* spricht. Jedoch können auch spezifische, kurzreichweitige Kräfte für die Adsorption verantwortlich sein, wobei in den adsorbierten Molekülen oft Bindungen gebrochen werden. In diesem Fall spricht man von *chemischer Adsorption* oder *Chemisorption*. In der Realität bestehen gleitende Übergänge zwischen den beiden Grenzfällen. Dementsprechend sind vielfältige Adsorptionserscheinungen möglich. Als Beispiel für Physisorption sei die Adsorption von Edelgasen auf verschiedenen Substraten, wie z. B. Holzkohle, genannt. Physisorption ist praktisch reversibel und die frei werdende Adsorptionsenthalpie liegt in der Größenordnung der Kondensationsenthalpie. Dagegen ist Chemisorption meist irreversibel und mit Adsorptionsenthalpien verbunden, die in der Größenordnung chemischer Bindungsenergien liegen. Ein Beispiel ist die Adsorption von Wasserstoff an Metalloberflächen, wie z. B. Platin, bei der es zur Dissoziation zu Wasserstoffatomen kommt. Die Chemisorption erfordert einen direkten Kontakt mit der Oberfläche.

16.3.1 Adsorptionsisothermen

Bezeichnen wir die pro Oberfläche adsorbierte Stoffmenge wiederum mit $\Gamma = n^{S}/\sigma$, wobei wir auf einen Index für die Komponenten verzichten, ist Γ eine Funktion von Druck und Temperatur. Damit besteht bei gegebener Temperatur eine Beziehung zwischen dem Gasdruck des Adsorptivs, der Temperatur und der Zahl der pro Oberflächeneinheit adsorbierten Teilchen. Man bezeichnet Beziehungen der Form $\Gamma = f(p)$ bei konstanter Temperatur als *Adsorptionsisothermen* und Beziehungen der Form $\Gamma = f(T)$ bei konstantem Druck als *Adsorptionsisobaren*. Gelegentlich werden auch *Adsorptionsisosteren* der Form $P = f(T)$ bei konstanter Bedeckung betrachtet. In der überwiegenden Anzahl der Fälle wird das Adsorptionsverhalten mit Hilfe von Adsorptionsisothermen beschrieben. Adsorptionsisothermen liefern Informationen über thermodynamische Parameter, die die Eigenschaften der adsorbierten Schicht charakterisieren sowie über die Größe der Oberfläche des Substrats. Wegen des vielfältigen Einsatzes von porösen Festkörpern solche Information von großem technischen Interesse.

Die einfachste Form einer Adsorptionsisothermen ist durch $\sigma = kP$ gegeben, wobei σ die bedeckte Fläche und k eine Konstante ist. Diese, der Gleichung eines zweidimensionalen idealen Gases entsprechende Beziehung, kann jedoch das allgemeine Adsorptionsverhalten nur bei sehr niedrigen Gasdrücken (z. B. $P < 10^{-8}$ bar) darstellen. LANGMUIR hat eine andere Adsorptionsisotherme hergeleitet, der die Annahme zugrunde liegt, daß an einer homogenen Oberfläche nur eine Monoschicht des Adsorbats gebildet wird und die adsorbierten Teilchen keine Wechselwirkung miteinander eingehen. Die aus diesem Modell resultierende Beziehung zwischen Gasdruck und Zahl der adsorbierten Teilchen wird als LANGMUIRsche Adsorptionsisotherme bezeichnet. Nimmt man an, daß eine Monoschicht mit N_{mon} Adsorptionsplätzen durch N^{S} Teilchen besetzt ist, kann man den Belegungsgrad Θ durch

$$\Theta \stackrel{def}{=} N^{S}/N_{\text{mon}} \tag{16.32}$$

definieren. Bei vollständiger Bedeckung ist $\Theta = 1$. Der unbedeckte Anteil ist dann durch $(1 - \Theta)$ gegeben. N_{mon} wird als *Monoschichtkapazität* bezeichnet.

Die Herleitung der LANGMUIRschen Isothermen geschieht am schnellsten mit Hilfe der Überlegung, daß im dynamischen Gleichgewicht die Zahl der pro Zeiteinheit adsorbierten Teilchen derjenigen der desorbierten Teilchen entspricht.[2] Die Adsorptionsgeschwindigkeit r_{ads} ist proportional zum unbedeckten Anteil der Oberfläche und zum Partialdruck P_k des Gases k. Die Desorptionsgeschwindigkeit r_{des} hängt vom bedeckten Anteil der Oberfläche ab und ist unabhängig vom Partialdruck des Gases:

$$r_{\text{ads}} = k_{\text{ads}}(1 - \Theta)P_k\,, \qquad r_{\text{des}} = k_{\text{des}}\Theta\,. \tag{16.33}$$

Im Gleichgewicht ist $r_{\text{ads}} = r_{\text{des}}$ und wir erhalten die sog. LANGMUIR-Isotherme

$$\Theta = \frac{KP_k}{1 + KP_k}\,. \tag{16.34}$$

[2] Es existieren zahlreiche andere Herleitungen der LANGMUIR-Isotherme, die rein thermodynamische oder statistisch-mechanische Argumente benutzen.

$K = k_{ads}/k_{des}$ wird als Adsorptionskonstante bezeichnet. Da die Zahl der adsorbierten Teilchen proportional zum Volumen des adsorbierten Gases ist, läßt sich die LANGMUIR-Isotherme auch mit dem adsorbierten Gasvolumen V als unabhängiger Variablen darstellen

$$V = \frac{V_{mon} K P_k}{1 + K P_k}, \tag{16.35}$$

wobei V_{mon} das maximal in einer Monoschicht adsorbierbare Volumen ist.

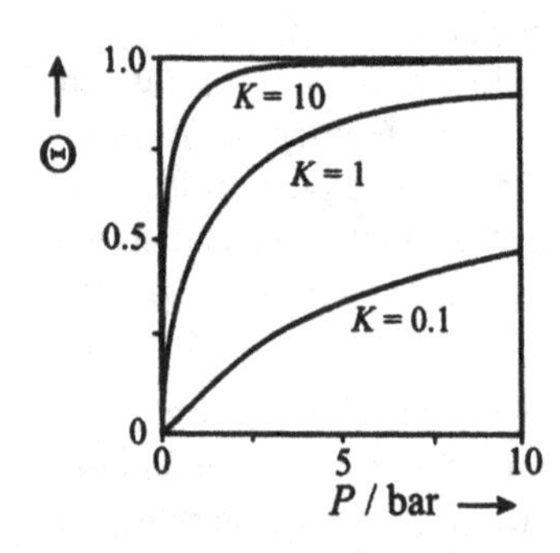

Abb. 16.7
Bedeckungsgrad Θ als Funktion des Drucks für verschiedene Werte der Adsorptionskonstanten K nach der LANGMUIR-Gleichung.

Abb. 16.7 zeigt den Verlauf der Isothermen für verschiedene Adsorptionskonstanten K. Im Bereich kleiner Drücke sind adsorbiertes Gasvolumen und Bedeckungsgrad proportional zum Druck. Für hohe Drücke tritt ein Sättigungsverhalten zum Wert $\Theta = 1$ hin auf. Eine Umformung der Gleichung zu

$$\frac{P_k}{V} = \frac{1}{V_{mon} K} + \frac{P_k}{V_{mon}} \tag{16.36}$$

zeigt, daß eine Auftragung von P_k/V gegen P_k eine Gerade mit der Steigung $1/V_{mon}$ und dem Achsenabschnitt $1/V_{mon}K$ liefert.

Beispiel 16.4. Wir wollen die LANGMUIR-Theorie für a) die Adsorption eines auf der Oberfläche dissoziierenden zweiatomigen Gases sowie b) die gleichzeitige Adsorption zweier Gase betrachten.

Bei Dissoziation auf der Oberfläche werden pro adsorbiertes Molekül zwei *benachbarte* Plätze benötigt. Ebenso kann Desorption nur von benachbarten Plätzen aus erfolgen. Mit der Adsorptions- bzw. Desorptionsgeschwindigkeit $r_{ads} = k_{ads}(1 - \Theta)^2 P_k$ bzw. $r_{des} = k_{des}\Theta$ folgt im Gleichgewicht

$$\Theta = \frac{K P_k^{1/2}}{1 + K P_k^{1/2}}.$$

Werden zwei Gase A und B gleichzeitig adsorbiert, hängt die Adsorptionsgeschwindigkeit der Komponente A von ihrem Partialdruck P_A und dem Bruchteil der freien Plätze $(1 - \Theta_A - \Theta_B)$ ab, die Desorptionsgeschwindigkeit vom Bruchteil Θ_A der von A bedeckten Plätze. Im Gleichgewicht ist

$$\Theta_A = \frac{K_A P_A}{1 + K_A P_A + K_B P_B}.$$

Die Beschränkung auf Monoschichtadsorption reicht jedoch oft zur Beschreibung der Adsorptionsisothermen nicht aus. Abb. 16.8 zeigt eine typische Isotherme im Falle von Mehrschichtenadsorption. Das durch die LANGMUIR-Gleichung vorhergesagte Sättigungsverhalten ist nur andeutungsweise zu sehen, bei hohen Drücken steigt die Isotherme aufgrund der Mehrschichtenadsorption erneut an.

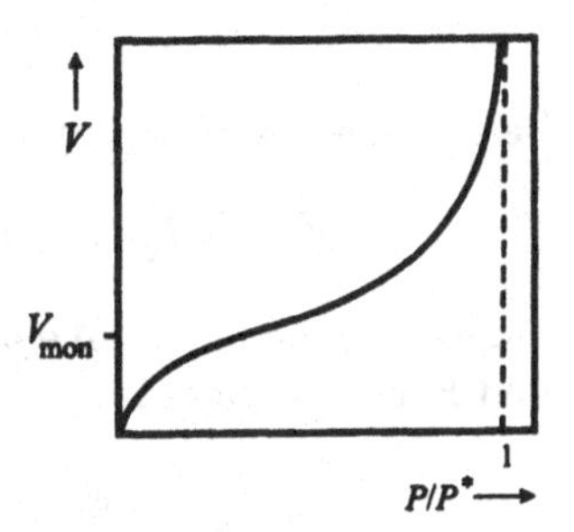

Abb. 16.8
Adsorbiertes Gasvolumen als Funktion des Drucks eines Systems mit Mehrschichtenadsorption.

Ein häufig gebrauchtes Adsorptionsmodell von BRUNAUER, EMMETT und TELLER (BET-Modell) berücksichtigt diese Mehrschichtenadsorption. Dabei wird angenommen, daß die erste Schicht durch eine Adsorptionsenthalpie $\Delta_{ads}\overline{H}$ gekennzeichnet ist, während die Adsorptionsenthalpie der zweiten und aller weiteren Schichten gleich der negativen Verdampfungsenthalpie ist, deren Betrag geringer sein muß als $\Delta_{ads}\overline{H}$. Alle weiteren Annahmen entsprechen den bei Herleitung der LANGMUIR-Isotherme verwendeten. Als Ergebnis erhält man die sog. *BET-Isotherme*

$$\frac{V}{V_{mon}} = \frac{P/P^*}{(1-P/P^*)\{1-(C-1)(P/P^*)\}}. \tag{16.37}$$

P^* ist der Dampfdruck der adsorbierten Substanz bei der vorgegebenen Temperatur. Die BET-Konstante C ist durch

$$C = \exp\left\{-\frac{\Delta_{ads}\overline{H} - \Delta_{vap}\overline{H}}{RT}\right\} \tag{16.38}$$

gegeben. Die BET-Gleichung gibt Adsorptionsisothermen der in Abb. 16.8 gezeigten Form sehr gut wieder. Ist die erste Lage sehr viel fester gebunden als alle folgenden, ist der Betrag der Adsorptionsenthalpie groß gegen die Verdampfungsenthalpie. In diesem Fall nähert sich das Verhalten der BET-Isothermen im Bereich niedriger Drücke demjenigen der LANGMUIR-Isothermen an. Weiterhin divergiert N^S für $P \to P^*$, was formal einer Kondensation des Dampfes auf der Oberfläche des Substrats entspricht.

Die BET-Theorie ermöglicht eine sehr genaue experimentelle Bestimmung der Monoschichtkapazität. Kennt man den Platzbedarf eines Teilchens, kann daraus die Oberfläche des Substrats ermittelt werden. Adsorptionsexperimente mit Molekülen bekannten Platzbedarfs (z. B. N_2) stellen wichtige Verfahren zur Bestimmung der Oberfläche von technischen Adsorbentien und Katalysatoren dar. Im Laufe der Zeit wurden viele andere Modelle zur Beschreibung der Mehrschichtenadsorption entwickelt, ohne die Bedeutung der BET-Theorie zu erlangen.

16.3.2 Thermodynamik der Adsorption an Festkörperoberflächen

Wie alle anderen thermodynamischen Behandlungen von Gleichgewichten geht auch die Beschreibung der Adsorptionserscheinungen von den Gleichgewichtsbedingungen der chemischen Potentiale aus. Wir fordern also für die Adsorption eines Gases k

$$\mu_k^{\mathrm{g}} = \mu_k^{\mathrm{ads}}, \qquad \mathrm{d}\mu_k^{\mathrm{g}} = \mathrm{d}\mu_k^{\mathrm{ads}}. \tag{16.39}$$

Besteht die Gasphase aus einem Reinstoff, ist

$$\mathrm{d}\mu_k^{\mathrm{g}} = -\overline{S}_k^{\mathrm{g}}\,\mathrm{d}T + \overline{V}_k^{\mathrm{g}}\,\mathrm{d}P\,. \tag{16.40}$$

Das chemische Potential eines Stoffs in der adsorbierten Phase hängt von Temperatur, Druck und Bedeckungsgrad ab:

$$\mathrm{d}\mu_k^{\mathrm{ads}} = -\overline{S}_k^{\mathrm{ads}}\,\mathrm{d}T + \overline{V}_k^{\mathrm{ads}}\,\mathrm{d}P + \left(\frac{\partial\mu_k^{\mathrm{ads}}}{\partial\Theta}\right)_{T,P}\mathrm{d}\Theta\,. \tag{16.41}$$

Im Gleichgewicht folgt bei konstanter Bedeckung ($\Theta = const$)

$$\left(\frac{\partial P}{\partial T}\right)_{\Theta} = \frac{\Delta_{\mathrm{ads}}\overline{S}}{(V_k^{\mathrm{g}} - V_k^{\mathrm{ads}})} = \frac{\Delta_{\mathrm{ads}}\overline{H}}{T(V_k^{\mathrm{g}} - V_k^{\mathrm{ads}})}\,. \tag{16.42}$$

Die Größe

$$\Delta_{\mathrm{ads}}\overline{S} \stackrel{def}{=} \overline{S}_{\Theta}^{\mathrm{g}} - \overline{S}_{\Theta}^{\mathrm{ads}} \tag{16.43}$$

heißt *isostere molare Adsorptionsentropie*, die Größe

$$\Delta_{\mathrm{ads}}\overline{H} \stackrel{def}{=} \overline{H}_{\Theta}^{\mathrm{g}} - \overline{H}_{\Theta}^{\mathrm{ads}} \tag{16.44}$$

isostere molare Adsorptionsenthalpie. Setzen wir $V_k^{\mathrm{g}} \gg V_k^{\mathrm{ads}}$ und legen wir Idealverhalten der Gasphase zugrunde, ist

$$\left(\frac{\mathrm{d}\ln(P/P^{\circ})}{\mathrm{d}(1/T)}\right)_{\Theta} = -\frac{\Delta_{\mathrm{ads}}\overline{H}}{R}\,. \tag{16.45}$$

Wir erhalten damit die isostere Adsorptionsenthalpie aus Messungen von Adsorptionsisothermen bei verschiedenen Temperaturen. Dazu bilden wir nach Abb. 16.9 einen isosteren Schnitt durch die Isothermen, die Wertepaare von P und T bei $\Theta = const$ liefern. Ist die isostere Adsorptionsenthalpie unabhängig von der Temperatur, liefert eine Auftragung von $\ln(P/P^{\circ})$ gegen $1/T$ eine Gerade, aus deren Steigung die isostere Adsorptionsenthalpie bestimmt werden kann.[3]

Der Wert der isosteren Adsorptionsenthalpie erlaubt Rückschlüsse auf den Mechanismus der Adsorption, da bei Chemisorption die Adsorptionsenthalpien typischerweise um ein bis zwei Größenordnungen höher sind als bei Physisorption. Als Beispiel sind in Tab. 16.4 isostere Adsorptionsenthalpien von Wasserstoff und Kohlendioxid an Übergangsmetallen zusammengestellt. Wasserstoff liegt im adsorbierten Zustand atomar vor. Allerdings bleiben

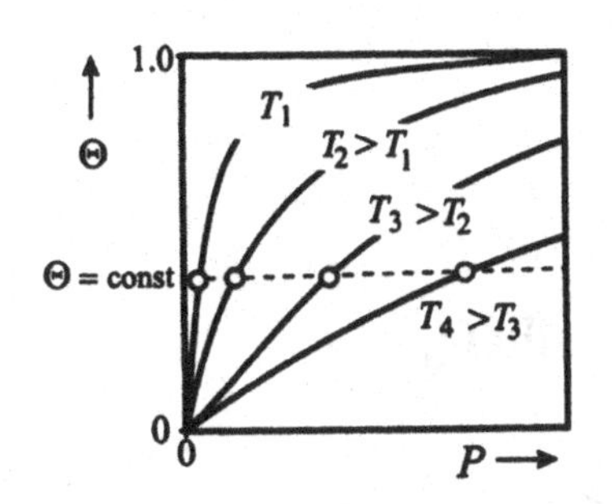

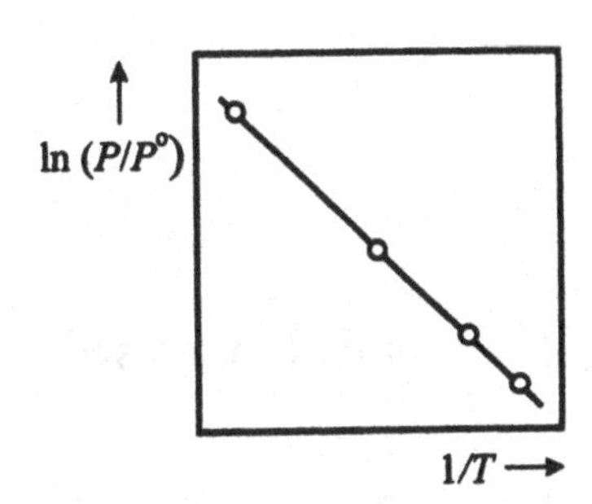

Abb. 16.9 Zur Bestimmung der Adsorptionsenthalpie.

Tab. 16.4 Typische isostere Adsorptionsenthalpien von H_2 und CO_2 an Metallen. Quelle: [ADA].

	$\Delta_{ads}\overline{H}$ / kJ mol^{-1}			
	Ta	Cr	Mo	Fe
H_2	−188	−188	−167	−134
CO_2	−703	−339	−372	−225

im Gegensatz zu eigentlichen chemischen Reaktionen die adsorbierten Moleküle oft an der Oberfläche beweglich.

Nach dem LANGMUIR- und BET-Modell ist die isostere Adsorptionsenthalpie unabhängig von der Belegung, da gleichwertige Adsorptionsplätze angenommen werden und keine Wechselwirkungen zwischen den adsorbierten Molekülen bestehen. In der Praxis wird aufgrund von Wechselwirkungen zwischen den adsorbierten Teilchen und der Heterogenität der Oberfläche in der Regel eine Abnahme der Adsorptionsenthalpie mit steigendem Bedeckungsgrad gefunden. Abb. 16.10 zeigt als Beispiel die Abhängigkeit der Adsorptionsenthalpie des Wasserstoffs an einer Wolframoberfläche vom Bedeckungsgrad.

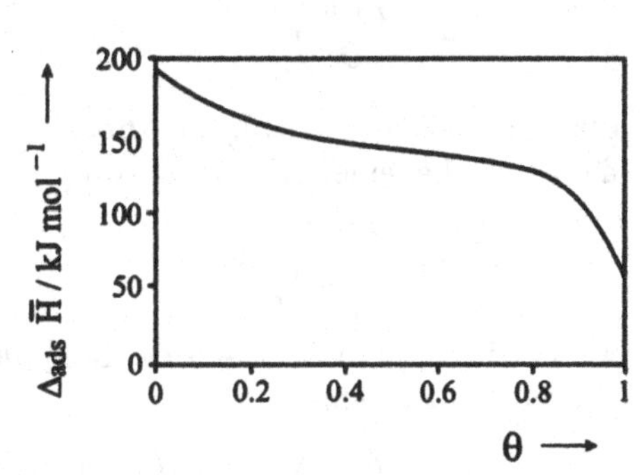

Abb. 16.10
Abhängigkeit der Adsorptionsenthalpie des Wasserstoffs an einer Wolframoberfläche vom Bedeckungsgrad. Nach O. Beeck, Disc. Faraday Soc. 8, 118 (1950).

[3] Daneben ist natürlich auch eine kalorimetrische Bestimmung der Adsorptionsenthalpie möglich.

A Mathematischer Anhang

A.1 Zustandsfunktionen

Wir betrachten der Einfachheit halber eine Funktion $u(x, y)$ zweier Variablen x und y. In der dreidimensionalen Darstellung in Abb. A.1 ergibt $u(x, y)$ eine Fläche über der x, y-Ebene. Wir fragen, wie sich u ändert, wenn sich die beiden Variablen x und y um inifinitesimale Beträge $\mathrm{d}x$ und $\mathrm{d}y$ ändern.

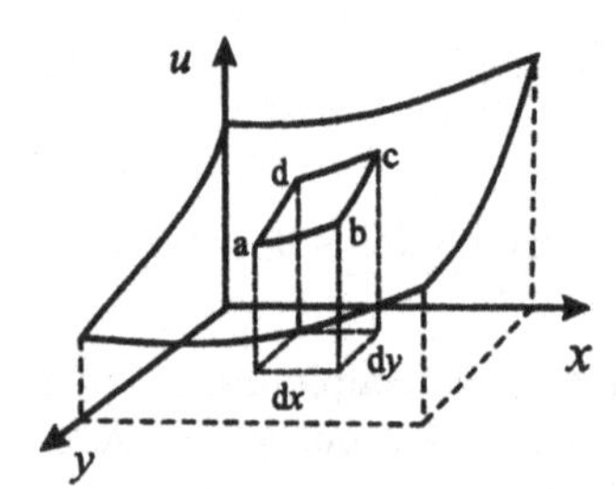

Abb. A.1
Zur Definition der partiellen Differentiale.

Wir zerlegen die gesamte Änderung von u in einen Anteil aufgrund einer Änderung von x um den Betrag $\mathrm{d}x$ bei konstantem Wert von y und einen Anteil aufgrund einer Änderung von y um $\mathrm{d}y$ bei konstantem x. Der erste Anteil ist durch

$$\mathrm{d}u = \left(\frac{\partial u}{\partial x}\right)_y \mathrm{d}x \tag{A.1}$$

gegeben, wobei $(\partial u/\partial x)_y$ in Abb. A.1 die Steigung der Linie a – b ist. In gleicher Weise finden wir bei einer Änderung von y

$$\mathrm{d}u = \left(\frac{\partial u}{\partial y}\right)_x \mathrm{d}y, \tag{A.2}$$

wobei $(\partial u/\partial y)_x$ in Abb. A.1 der Steigung der Linie b – c entspricht. Die gesamte Änderung von $u(x, y)$ ist dann

$$\mathrm{d}u = \left(\frac{\partial u}{\partial x}\right)_y \mathrm{d}x + \left(\frac{\partial u}{\partial y}\right)_x \mathrm{d}y\,. \tag{A.3}$$

$(\partial u/\partial x)_y$ und $(\partial u/\partial y)_x$ heißen *partielle Differentialquotienten*. Die Integration von Gl. (A.3) liefert die Funktion $u(x, y)$. Wir betrachten nun die Änderung der Funktion $u(x, y)$ bei einem Übergang von Punkt 1 nach Punkt 2

$$\Delta u = u_2(x_2, y_2) - u_1(x_1, y_1)$$

und definieren eine *Zustandsfunktion* dadurch, daß die Integration von $du(x,y)$ vom Integrationsweg unabhängig ist. Nur dann hängt der Wert $u(x_2,y_2)$ nicht von der Vorgeschichte ab. Wir nennen in diesem Fall $du(x,y)$ ein vollständiges (oder totales) Differential. Integrieren wir $u(x,y)$ in einem Kreisprozeß entlang eines geschlossenen Wegs, ist

$$\oint \mathrm{d}u = 0\,. \tag{A.4}$$

Als notwendige und hinreichende Bedingung dafür muß die gemischte zweite Ableitung von $u(x,y)$ nach x und y unabhängig von der Reihenfolge der Differentiation sein:

$$\left[\frac{\partial}{\partial y}\left(\frac{\partial u}{\partial x}\right)_y\right]_x = \left[\frac{\partial}{\partial x}\left(\frac{\partial u}{\partial y}\right)_x\right]_y . \tag{A.5}$$

Dies ist der Satz von SCHWARZ. Ist er nicht erfüllt, ist es unmöglich, Gl. (A.3) zu integrieren, ohne daß Kenntnisse über den Integrationsweg vorliegen.

Zustandsfunktionen weisen eine Reihe von mathematischen Besonderheiten auf. Wir wollen drei wichtige Beziehungen betrachten. Erstens können wir das partielle Differential invertieren:

$$(\partial u/\partial x)_y = \frac{1}{(\partial x/\partial u)_y}. \tag{A.6}$$

Diese Beziehung ist hilfreich, wenn bei Bildung der Ableitung eine Funktion nicht nach einer Variablen aufgelöst werden kann. Beispielsweise können wir damit die Ableitung $(\partial V/\partial P)_T$ einer kubischen Zustandsgleichung bilden, die nicht volumenexplizit angebbar ist.

Zweitens gilt für die drei partiellen Ableitungen der impliziten Darstellung $f(u,x,y) = 0$ einer Zustandsfunktion die sog. EULERsche Kettenregel

$$\left(\frac{\partial x}{\partial y}\right)_u \left(\frac{\partial y}{\partial u}\right)_x \left(\frac{\partial u}{\partial x}\right)_y = -1\,, \tag{A.7}$$

von der bei thermodynamischen Berechnungen oft Gebrauch gemacht wird.

Drittens ist es oft nötig, einen Ausdruck von einem Satz unabhängiger Variablen auf einen anderen Satz zu transformieren. Beispielsweise liegen oft Informationen über eine Funktion $u(x)$ bei einem Prozeß bei konstantem Wert von der Variable y vor, wir suchen aber nach einer Funktion $u(x)$ bei einem Prozeß bei konstantem Wert einer Variablen z. Für Zustandsfunktionen gilt

$$\left(\frac{\partial u}{\partial x}\right)_z = \left(\frac{\partial u}{\partial x}\right)_y + \left(\frac{\partial u}{\partial y}\right)_x \left(\frac{\partial y}{\partial x}\right)_z . \tag{A.8}$$

Beispiel A.1. Wir wollen die kalorische Zustandsgleichung für die innere Energie herleiten. Wir suchen einen Ausdruck für $(\partial U/\partial V)_T$. T ist keine natürliche Variable von H, wir kennen aber die partiellen Ableitungen $(\partial U/\partial V)_S = -P$ und $(\partial U/\partial S)_V = T$. Wir finden mit Gl. (A.8)

$$\left(\frac{\partial U}{\partial V}\right)_T = \left(\frac{\partial U}{\partial V}\right)_S + \left(\frac{\partial U}{\partial S}\right)_V \left(\frac{\partial S}{\partial V}\right)_T .$$

Beachten wir noch, daß der letzte Term auf der rechten Seite durch eine MAXWELL-Gleichung umgeformt werden kann, folgt

$$\left(\frac{\partial U}{\partial V}\right)_T = -P + T\left(\frac{\partial P}{\partial T}\right)_V .$$

(In Kap. 3.1.5 wurde eine etwas andere Form der Herleitung gewählt.)

A.2 Legendre-Transformationen

In Kap. 3.1.1 wurde gezeigt, daß die Verknüpfung von erstem und zweitem Hauptsatz die Fundamentalgleichung

$$\mathrm{d}U = -P\,\mathrm{d}V + T\,\mathrm{d}S$$

ergibt, die U als Funktion der *natürlichen* Variablen S und V darstellt. Im Labor ist S (und gelegentlich auch V) schwer vorgebbar. Man sucht daher z. B. nach einer Zustandsfunktion der Variablen T und P (oder T und V) mit der gleichen Information wie $U(S, V)$.

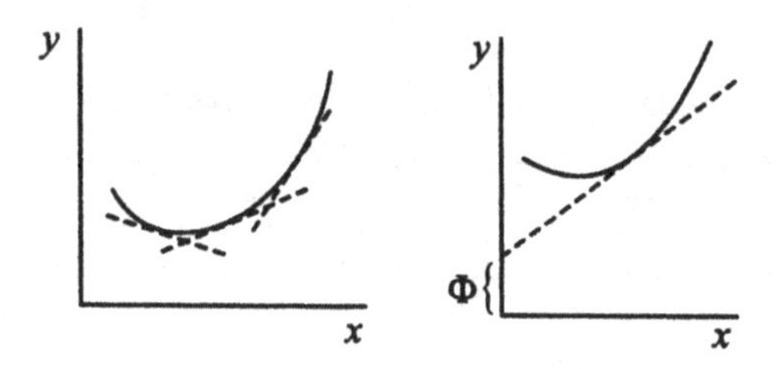

Abb. A.2
Zur Herleitung der LEGENDRE-Transformation.

Zur Transformation der Funktion dient folgende, in Abb. A.2 skizzierte Überlegung. Jede Kurve $y(x)$ ist auch die Einhüllende ihrer Tangentenschar. Jede Tangente weist eine Steigung $m(x)$ auf. Gleichzeitig ist der Achsenabschnitt $\Phi(m)$ einer Tangente der Tangentenschar eine Funktion der Steigung. An jedem Punkt der Kurve ist dann die Steigung m gegeben durch

$$m = \frac{y - \Phi(m)}{x}, \tag{A.9}$$

so daß die Beziehung

$$\Phi(m) = y - mx \tag{A.10}$$

folgt. Man bezeichnet $\Phi(m)$ als LEGENDRE-Transformierte von $y(x)$. Die Information in $\Phi(m)$ ist äquivalent zur Information in $y(x)$, jedoch ist nun m die unabhängige Variable.

Wir suchen als Anwendung die LEGENDRE-Transformierte $U(S, V)$ mit T und V als Variablen. V ist von der Transformation nicht betroffen. Mit $(\partial U/\partial S)_V = T$ ist die Steigung m in der U, S-Ebene gerade durch die Temperatur T gegeben. Für den Achsenabschnitt folgt

$$\Phi(m) = y - mx = U - TS .$$

Die Funktion $U - TS \stackrel{def}{=} A$ ist also die LEGENDRE-Transformierte von $U(S,V)$ mit den natürlichen Variablen T und V.

Wir können nun in der gleichen Art V durch P ersetzen. Gehen wir dazu von $U(S,V)$ aus, erhalten wir die Enthalpie $H(S,P) = U + PV$ als Funktion der natürlichen Variablen S und P. Gehen wir von $A(T,V)$ aus, erhalten wir als LEGENDRE-Transformierte die GIBBS-Energie $G(T,P) = A + PV = U - TS + PV$ als Funktion der natürlichen Variablen T und P. Größen, die durch LEGENDRE-Transformation aus $U(S,V)$ gewonnen werden, heißen *thermodynamische Potentiale*.

A.3 Homogene Funktionen

Wir betrachten eine Zustandsfunktion $u = u(x,y,z)$. Wir ersetzen die Variablen x, y, z durch ein Vielfaches $\lambda x, \lambda y, \lambda z$. Eine Funktion heißt *homogene Funktion n-ten Grades*, wenn gilt:

$$u(\lambda x, \lambda y, \lambda z) = \lambda^n\, u(x,y,z)\,. \tag{A.11}$$

Beispielsweise ist die Funktion $u = ax^2 + bxy + cy^2$ eine homogene Funktion zweiten Grades von x, y:

$$u(\lambda x, \lambda y) = a(\lambda x)^2 + b(\lambda x)(\lambda y) + c(\lambda y)^2 = \lambda^2(x,y)\,. \tag{A.12}$$

Die Bedeutung der homogenen Funktionen liegt in der Tatsache, daß Zustandsfunktionen *homogene Funktionen ersten Grades* der Stoffmengen sind. Vergrößern wir die Stoffmengen um den Faktor λ, gilt beispielsweise für das Volumen:

$$V(\lambda n_1, \lambda n_2, \ldots) = \lambda n_1 \bar{V}_1 + \lambda n_2 \bar{V}_2 + \ldots = \lambda V(n_1, n_2, \ldots). \tag{A.13}$$

Das EULERsche Theorem fordert für eine homogene Funktion $f(x,y)$ n-ten Grades zweier unabhängiger Variablen

$$x\left(\frac{\partial f}{\partial x}\right)_y + y\left(\frac{\partial f}{\partial y}\right)_x = n\, f(x,y)\,. \tag{A.14}$$

Betrachten wir wiederum das Volumen als Funktion der Stoffmengen n_1 und n_2, ist

$$n_1 \frac{\partial V}{\partial n_1} + n_2 \frac{\partial V}{\partial n_2} = n_1 \bar{V}_1 + n_2 \bar{V}_2 = V.$$

Allgemein ergibt sich für eine Zustandsfunktion

$$X = n_1 \bar{X}_1 + n_2 \bar{X}_2 + \ldots + n_N \bar{X}_N\,. \tag{A.15}$$

Wir vergleichen nun diesen Ausdruck mit dem totalen Differential von $X(n_1, n_2, \ldots, n_N)$:

$$\mathrm{d}X = \bar{X}_1\,\mathrm{d}n_1 + n_1\,\mathrm{d}\bar{X}_1 + \bar{X}_2\,\mathrm{d}n_2 + n_2\,\mathrm{d}\bar{X}_2 + \ldots + \bar{X}_N\,\mathrm{d}n_N + n_N\,\mathrm{d}\bar{X}_N\,. \tag{A.16}$$

Dieser Vergleich zeigt, daß die Beziehung

$$\sum_{i=1}^{N} n_i\,\mathrm{d}\overline{X}_i = 0 \tag{A.17}$$

gelten muß. Dies ist die GIBBS-DUHEM-Beziehung.

B Literatur

Lehrbücher der chemischen Thermodynamik

[GME] Gmehling, J.; Kolbe, B.: Thermodynamik. VCH, Weinheim, 1992.

[MCG] McGlashan, M. L.: Chemical Thermodynamics. Academic Press, New York, 1979.

[PIT] Pitzer, K. S.: Thermodynamics. 3. Aufl., McGraw-Hill, New York, 1995.

[SAN] Sandler, S. I.: Chemical and Engineering Thermodynamics. Wiley, New York, 1989.

[SMI] Smith, J. M.; van Ness, H. C.: Introduction to Chemical Engineering Thermodynamics. McGraw-Hill, New York, 1987.

Lehrbücher der statistischen Thermodynamik

[FIN] Findenegg, G. H.: Statistische Thermodynamik. Steinkopff, Darmstadt, 1985.

[GOE] Göpel, W.; Wiemhöfer, H.-D.: Statistische Thermodynamik. Spektrum Verlag, Berlin, 2000.

[MCQ] McQuarry, D. A.: Statistical Mechanics. Harper and Row, New York, 1976.

Experimentelle Thermodynamik

[IUP] International Union of Pure and Applied Chemistry: Experimental Thermodynamics. Butterworths, London, Vol. 1, 1968; Vol. 2, 1975.

[SPR] Specialist Periodical Reports on Thermodynamics, Chemical Society (Herausg. McGlashan, M. L.), London; Vol. 1, 1973; Vol. 2, 1978.

Spezielle Monographien

[ADA] Adamson, A. W.; Gast, A. P.: Physical Chemistry of Surfaces. Wiley, New York, 1997.

[PRA] Prausnitz, J. M.; Gomes de Azevedo, E.; Lichtenthaler, R. N.: Molecular Thermodynamics of Fluid Phase Equilibria. 3. Aufl., Prentice-Hall, New York, 1999.

[ROW] Rowlinson, J. S.; Swinton, F. L.: Liquids and Liquid Mixtures. Butterworths, London, 1982.

[VAN] Van Ness, H. C.; Abott, M. M.: Classical Thermodynamics of Non-Electrolyte Solutions. McGraw-Hill, New York, 1982.

Ausgewählte Datenquellen

[DEC-1] Gmehling, J. et al. (Herausg.): Vapor-Liquid Equilibrium Data Collection. DECHEMA Chemistry Data Series; mehrere Bände ab 1977.

[DEC-2] Sørensen, J. M.; Arlt W. (Herausg.): Liquid-Liquid Equilibrium Data Collection. DECHEMA Chemistry Data Series; mehrere Bände ab 1979.

[DEC-3] Christensen C. et al. (Herausg.): Heats of Mixing Data Collection. DECHEMA Chemistry Data Series; zwei Bände, 1984.

[HCP] Handbook of Chemistry and Physics. CRC Press, 81th Ed., Boca Raton, Florida, 2000–2001.

[JAN] Chase, M. W. et al.: JANAF Thermochemical Tables, J. Phys. Chem. Ref. Data, 14, Supplement 1 (1985).

[LAN] Landolt-Börnstein, Zahlenwerte und Funktion aus Physik, Chemie, Astronomie, Geophysik und Technik, Springer-Verlag, Berlin, Heidelberg, New York; mehrere Bände ab 1950 bzw. ab 1976.

[NBS] Wagman, D. D. et al.: The NBS Tables of Thermochemical Properties, J. Phys. Chem. Ref. Data, 14, Supplement 1, 1985.

[PER] Perdley, J. B., Naylor, R. D., Kirby, S. P.: Thermochemical Data of Organic Compounds, Chapman and Hall, London, 1986.

[REI] Reid, R. C.; Prausnitz, J. M.; Sherwood, T. K.: The Properties of Gases and Liquids. McGraw-Hill, New York, 1977.

[STU] Stull, D. R., Westrum, W. F., Sinke, G. C.: The Chemical Thermodynamics of Organic Compounds. Wiley, New York, 1969.

[TRC-1] Thermodynamic Research Center, Texas A & M University: TRC Thermodynamic Tables – Hydrocarbons, College Station, Texas, 1969.

[TRC-2] Thermodynamic Research Center, Texas A & M University: TRC Thermodynamic Tables – Non-Hydrocarbons, College Station, Texas, 1976.

[WDT] Schmidt, E.: Properties of Water and Steam in SI-Units (sog. Wasserdampftafeln). Springer Verlag, Berlin, Heidelberg, New York, 1979.

Sachverzeichnis

Teubner

Teubner